凝煉知識品味閱讀

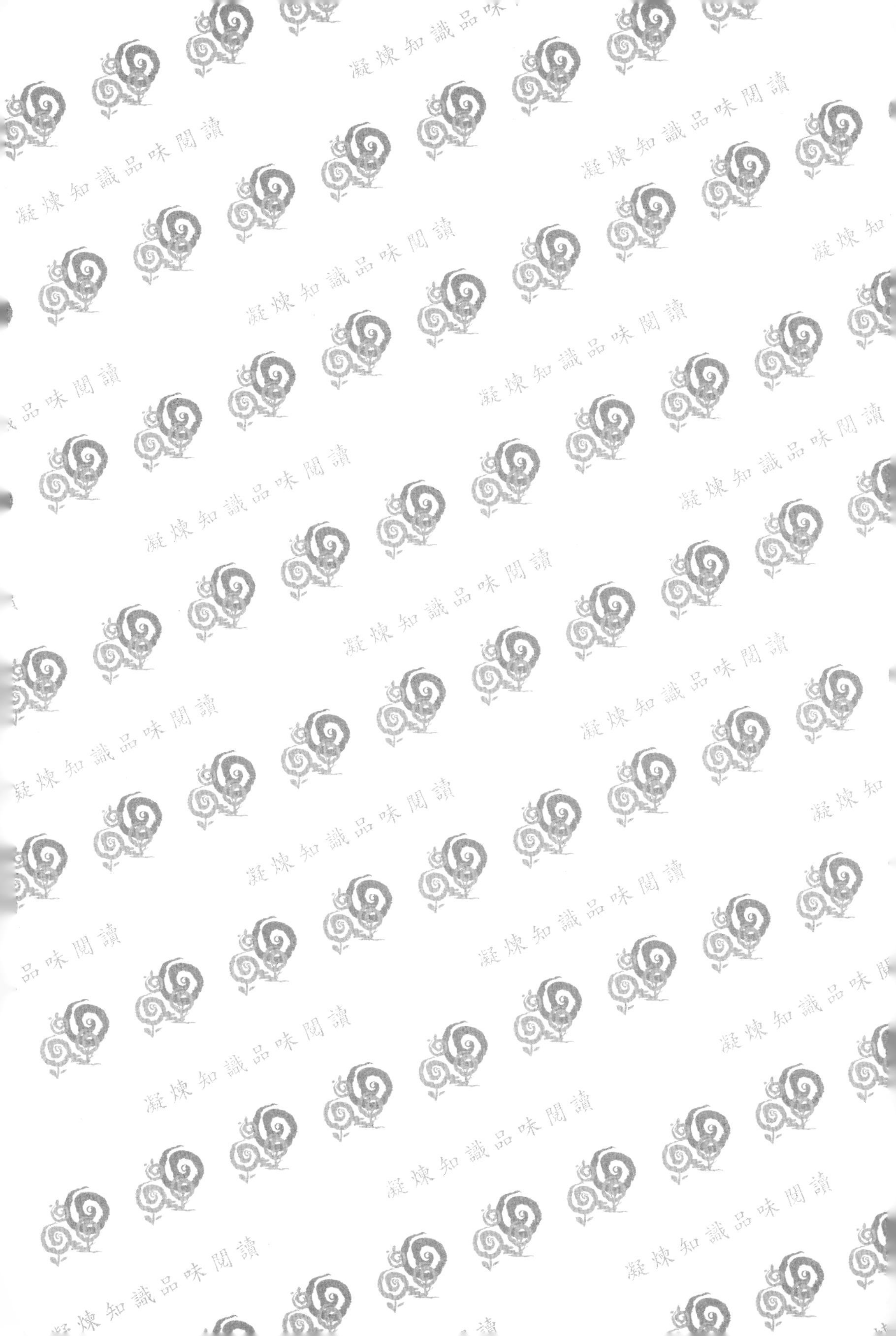

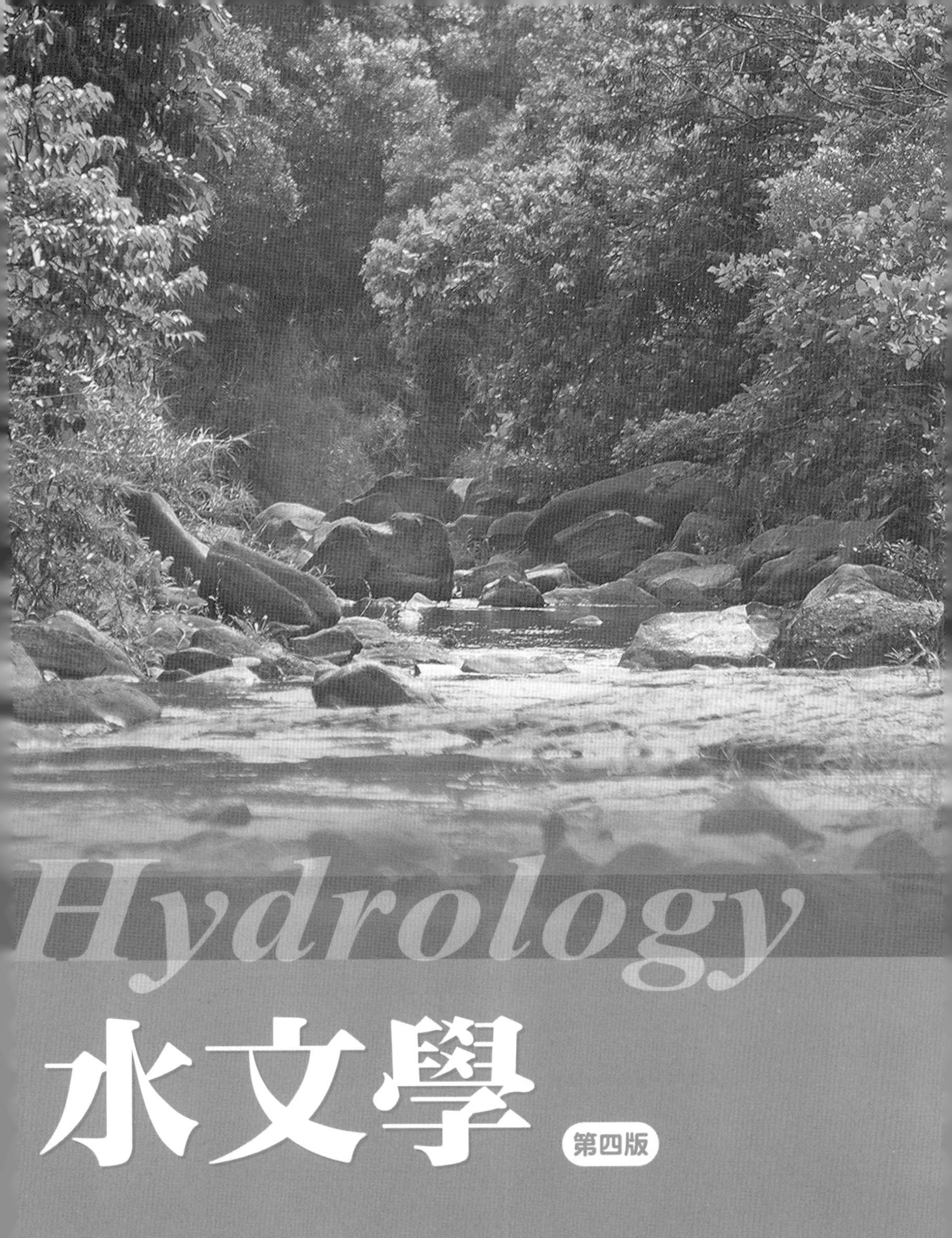

Hydrology

水文學

第四版

五南圖書出版公司 印行

李光敦 著

三版序

一本適合大學階段的水文學書籍究竟應包含哪一些章節，這是作者在撰寫本書過程中所反覆思考的問題。坊間目前各種中英文版的水文學書籍，無不企圖囊括所有水文學領域之範圍；因而導致同學在學習階段，以及後續準備考試過程，無法正確掌握重點，造成事倍功半之情形。因此本書是以目前各大學的共同授課內容為主，並檢視近十年來高普考與各研究所入學考題，以其中超過百分之九十的出現率，而劃定本書的編輯範圍。是以本書應已提供足夠的應考資訊，雖然遺珠之憾仍在所難免。

過去三年來，本書已獲得讀者普遍性的肯定，先前初版時的部分錯誤，已分別在兩次再版時予以更正。相較於坊間其它水文學書籍，本書採用較多的圖例說明，並嘗試應用水力學理論來解釋水文現象，以澄清水文為黑盒系統之譏。第一章旨在說明水文學之定義與水文循環現象。由於水文分析過程中一般均視集水區為一獨立系統，因此第二章先行闡述集水區之定義與地文特性，以確立水文系統觀念。第三章至第五章則分別闡述降雨、蒸發與蒸散、以及入滲之現象與分析方法。第六章至第九章分別說明地下水、集水區降雨逕流演算、水庫與河道演算、以及水文統計與頻率分析；此四章在一般考試中所佔的比例甚重，讀者應多加注意。第十章則為工程實務上之水文量測方法，讀者可以作選擇性的閱讀。

本書中每一章節均有例題與習題，作者與楊其錚先生並編纂有水文習題精解，以方便讀者在詳讀理論之後，作進一步的練習。本書之習題大部份均取自於近年高普考與各研究所入學考題，習題中標示有 # 號者，表示為較少出現或較不重要的考題，讀者可自行斟酌閱讀。本書另附有授課教師上課之課程大綱，可作為一般課堂用講義，或作為同學考前複習之重點整理，讀者如有需要可自行前往 http:// ind.ntou.edu.tw/~ktlee/ 網站下載檔案。本書撰寫過程首先要感謝的是楊其錚先生的協助，沒有他在初稿上所投入的大量心力，本書實無法順利完成。初稿完成後，研究室裡的研究生們提供諸多改進意見，鄭璟生先生惠予提供封面照片，在此致上謝意。最後要感謝已逝的顏本琦教授，教導以嶄新的觀點來詮釋水文學，給予作者深刻的啟發。

多年來在學習水文學的過程裡，同時也領略徜徉山水間的愉悅。在緊湊研究工作中僅有的假日裡，妻子慧玲與幼子祖正總能與我共享山水的清幽，而讓我重拾工作的動力。如同這本書的封面，水文學的內涵盡在山巔水湄之間。希望這本書帶給讀者的不祇是學識上的增進，更是對大自然一種重新的體認。

李光敦　謹識 2005/06

國立臺灣海洋大學河海工程學系

目　錄

CHAPTER 1

導論

水文學是一門與日常生活息息相關的科學，舉凡上至積雲落雨，下至百川匯流，均屬於水文學之範疇。本章首先說明水文學的定義，並詳細描述水文循環過程中，水體之各種傳輸現象。而後概略介紹目前用以模擬水文過程之模擬模式，以及如何將水文模式的模擬結果，應用於實際水資源工程設計之上。最後介紹台灣地區之地文與水文狀況，使讀者瞭解我們目前所處的水文環境，以及亟需解決的水文問題。

1.1 水文學之定義

水文學 (hydrology) 屬於地球科學學門，是研究地球上水的發生、循環、分佈、物理與化學特性以及和所有生物間的關係。水文學相關的學科包括氣象學 (meteorology)、氣候學 (climatology)、地質學 (geology)、地理學 (geography)、地形學 (geomorphology)、沉滓學 (sedimentology) 與海洋學 (oceanography) 等。

工程水文學 (engineering hydrology) 屬於應用地球科學之學門，是利用水文學原理解決人類在地球上，水資源開發所面臨的工程問題。針對水在時間與空間上之變化特性，工程水文學試圖模擬水文循環過程中，水體總量與時間分佈之關係，以作為水資源工程設計之標準，並進一步瞭解工程設施所面臨的風險。

1.2 水文循環

水文循環 (hydrologic cycle) 是指地球上的水在大氣、土壤與海洋之間連續的循環過程。簡單的水文循環可由水份自海面吸收太陽能量，產生蒸發而後進入大氣之中；當此水蒸氣因凝結作用 (condensation) 而產生降水 (precipitation)，以雨、雪以及霜等不同的形態落於地表，最後受重力影響經由河溪再度流入海洋之過程。

如圖 1-1 所示，當降雨 (rainfall) 自空中落下時，首先落於樹梢或建築物，此現象稱之為截留 (interception)。直接落於地面的雨滴，部分滲入地底稱之為入滲 (infiltration)；部分則漫流於地表，稱之為漫地流 (overland flow)。此漫地流經河川網路系統進入河川者，稱之為地表逕流 (surface runoff)。上述滲入地表的水流在尚未深達地下水位 (groundwater table) 之前，便行流出地面者，稱之為中間流 (interflow)；而直接深層滲漏 (percolation) 至地下水位以下，在地下水層流移而進入河川者，稱之為地下水 (groundwater)。

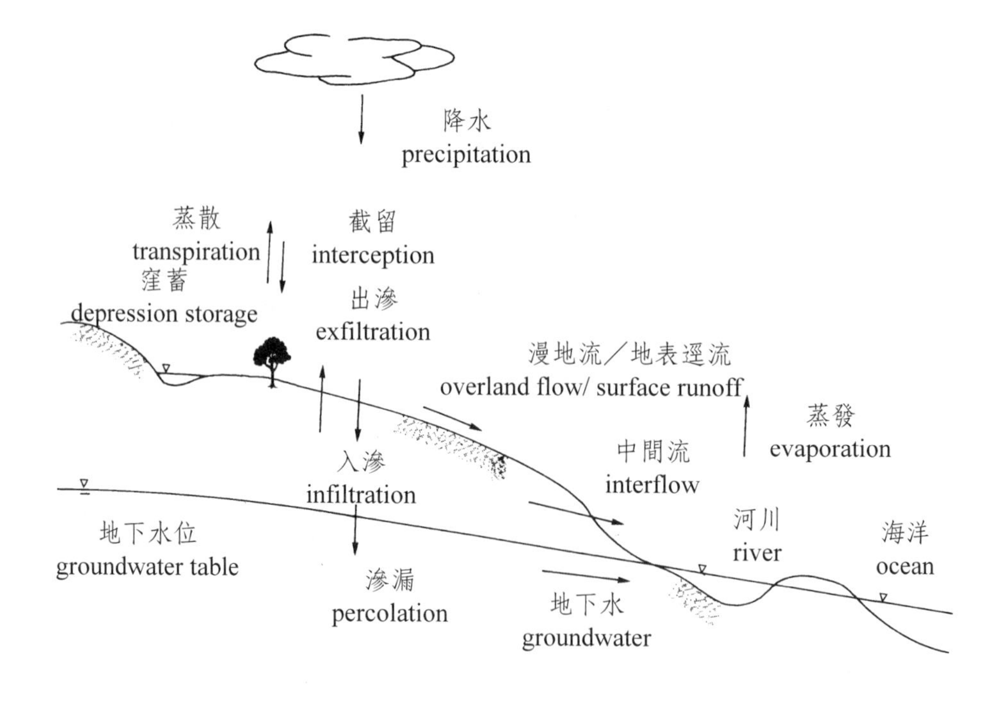

圖 1-1　水文循環

在地表面漫流的水，因地面之凹陷而聚積者，稱之為窪蓄 (depression storage)。當日照旺盛時，土壤或水面（如：窪蓄、河川、湖泊與海洋）之水分子，因吸收太陽能量由液態轉為汽態者，稱之為蒸發 (evaporation)。若水分子是由土壤中經植物根系上傳至莖葉而散失至大氣中，則稱之為蒸散 (transpiration)。上述之水流傳輸現象，可表示如圖 1-2 之簡化流程圖。歸納而言，水文循環中之汽體傳輸現象 (vapor-transport) 包括：

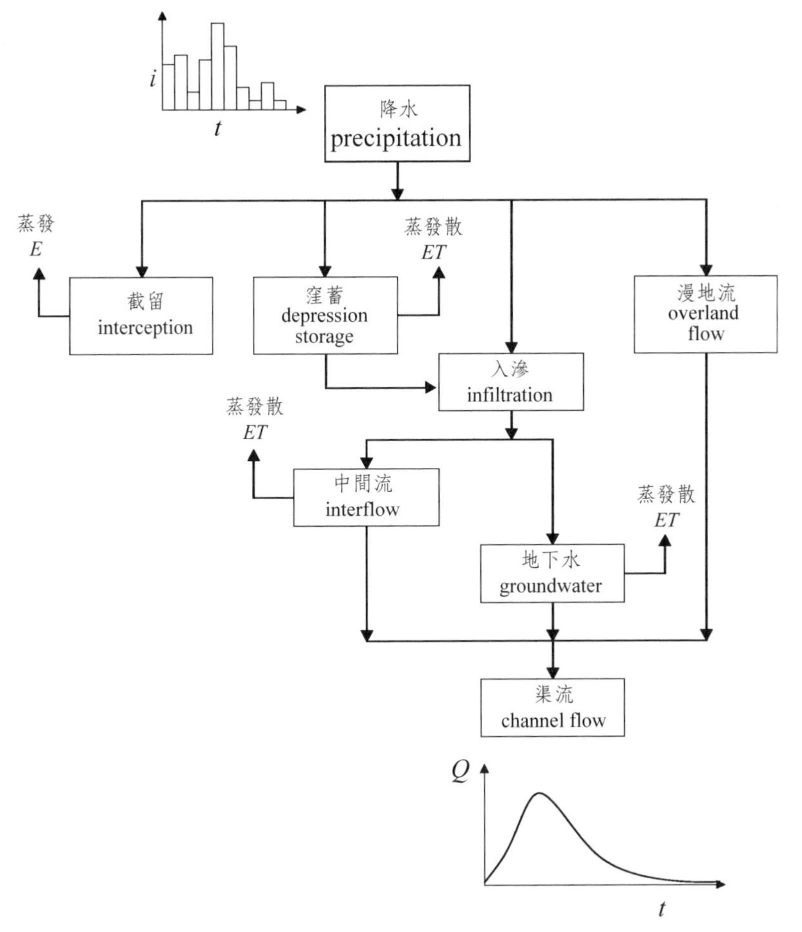

圖 1-2 水文循環示意圖

1. 蒸發 (evaporation)：由地表或水面散失水份至大氣中；

2. 蒸散 (transpiration)：由植物體散失水份至大氣中。

水文循環中之液體傳輸現象 (liquid-transport)包括：

1. 降水 (precipitation)：水份由大氣中以不同形態降至地表；

2. 漫地流 (overland flow)：水份於地表漫流而後進入河川；

3. 入滲 (infiltration)：水份由地表滲入土壤之中；

4. 出滲 (exfiltration)：當表層土壤乾燥，土壤水份由下層傳輸至地表；

5. 中間流 (interflow)：地表入滲之水份在尚未達到地下水位之前，即進入河川；

6. 地下水 (groundwater)：地表入滲之水份經深層滲漏至地下含水層而後流入河川。

在水文學中，是將集水區 (watershed) 或流域 (basin) 視為一個獨立系統，以進行水文分析工作。一般而言，集水區用以描述面積較小的集水範圍，而流域則是指面積較大的集水區。依照質量守恆定律，系統之平衡方程式可表示為

$$I - O = \frac{dS}{dt} \tag{1-1}$$

式中 I 為系統輸入量；O 為系統輸出量；dS/dt 為單位時間內系統之貯蓄改變量。

若分析一個集水區內之水文循環過程，則集水區地表面以上之水文平衡方程式 (hydrologic budget equation)，可表示如下

$$P - (E + T + INF + Q) = \frac{\Delta S_s}{\Delta t} \tag{1-2}$$

式中 P 為降水量；E 為蒸發量；T 為蒸散量；INF 為入滲量；Q 為地表逕流量；$\Delta S_s / \Delta t$ 為單位時間內集水區地表之蓄水改變量。而集水區內地表面以下之水文平衡方程式可表示如下

$$INF-(INT+G)=\frac{\Delta S_g}{\Delta t} \tag{1-3}$$

式中 INT 為中間流出流量；G 為地下水出流量；$\Delta S_g/\Delta t$ 為單位時間內集水區地表下之蓄水改變量。將上兩式合併，可得

$$P-(E+T+Q+INT+G)=\frac{\Delta S}{\Delta t} \tag{1-4}$$

式中 $\Delta S/\Delta t$ 為單位時間內集水區之總蓄水改變量。相較於（1-1）式可知，P為集水區水文系統之輸入量，而$(E+T+Q+INT+G)$則為集水區水文系統之輸出量。由於河川水流包括地表逕流、中間流與地下水流，因此上式中之$(Q+INT+G)$即表示集水區出口處所量測之河川流量。上述之水文平衡方程式，為一切水文演算方法之基礎。

例題 1.1

某一面積為500 ha農地，年降雨量為2200 mm。若有一河川流經該處，平均月入流量為 300000 m^3，月出流量為 250000m^3，平均年蓄水增加量為 6.5 hm^3($1\ hm^3=10^6\ m^3$)。試設立水文方程式，並推算該地區之年蒸發散量，以 mm 表示。（88 水保專技）

解：

進入該農地之水量為降雨量(P)與入流量(Q_i)，而該農地之輸出水量為蒸發量(E)以及出流量(Q_O)，因此水文方程式可表示為

$$(P+Q_i)-(E+Q_O)=\Delta S/\Delta t$$

因為 $1\ ha=10000\ m^2$，所以

$$\left(\frac{2200}{1000}\times 500\cdot 10000+300000\cdot 12\right)-\left(\frac{E}{1000}\times 500\cdot 10000+250000\cdot 12\right)$$

$$=6.5\times 10^6\ m^3/yr$$

故該地區之年蒸發散量為 $E = 1020\ mm/yr$。◆

1.3 水文模擬方法

在水文學中，可以物理模型 (physical model) 或數學模式 (mathematical model) 來模擬水文循環中的任一個過程。由於物理模型與水文真實情況的尺度差異過大，因此水文分析工作仍以數學模式為主；一般可將數學模式區分為定率模式 (deterministic model) 與機率模式 (probabilistic model) 兩種。

定率模式是以水流連續方程式 (continuity equation) 與動量方程式 (momentum equation) 為基礎而建立，常以偏微分方程式描述水流機制。然而，因方程式於求解上之困難，往往應用概念化方式簡化複雜的水文方程式，而以常微分方程式或代數方程式求解，稱之為概念化模式 (conceptual model)。有時藉由試驗或水文紀錄資料分析，得到集水區水文以及地文特性參數，再代入簡化方程式，稱之為參數型模式 (parametric model)。由於概念化模式與參數型模式均是以水流運動之物理機制為基礎，所以此二種模式均屬於定率模式之範疇。而所謂的機率模式則是由或然率 (probability) 來主控水文量的發生過程，其中的統計模式 (statistical model) 著重於處理觀測時距內，某一特殊事件之發生機率；而序率模式 (stochastic model) 則著重於分析水文時間序列 (time series) 之隨機性質。

傳統水文模式均視集水區內之水文與地文特性為均勻，因此模式所使用之參數為一致，稱之為集塊模式 (lumped model)。近年來由於計算機運算速度增快，水文模式得以考慮水文與地文特性在空間上之非均勻性，而採用空間上變異的模式參數，稱之為分佈模式 (distributed model)。典型的集塊模式如單位歷線 (unit hydrograph)，該模式可描述逕流於時間上的變化，卻無法描述逕流於空間上之變化。分佈模式如動力波模式 (dynamic-wave model)，則有能力描述水流於時間與空間上的變化；但分佈模式需要輸入大量具空間變異的模式參數，並配合大量的電腦計算工作，於實際應用上仍有較大的限制。

1.4 水文學之應用

水文學之目的乃在應用水文方程式，配合上述水文模擬方法，以進行水文歷程模擬。藉由水文模式之模擬結果，可解決以下常見的水資源工程問題：

1. 應用降雨頻率分析結果，進行都市排水系統設計與山區水土保持工程設計；
2. 應用流量頻率分析結果，進行堤岸高度設計以及水資源分配與管理；
3. 應用集水區降雨逕流模式，進行集水區整治工程與即時洪水預報；
4. 應用可能最大洪水分析理論，進行水壩排洪道設計。

以上所述，僅為工程水文學中所面臨較具代表性之問題，其他有關污染控制、生態保育以及沖蝕防制等相關領域之問題，則有待專門書籍作進一步之說明。

1.5 台灣地區之地文與水文概況

台灣位於西太平洋的日本與菲律賓之間，北迴歸線橫貫南半部；總面積約為三萬六千平方公里。台灣地區之地文與水文狀況可簡述如下：

台灣呈南北狹長，中央山脈橫亙中央。標高 1000 公尺以上之山區面積佔全島 32%；100 公尺～1000 公尺之丘陵與台地約佔 31%；100 公尺以下之沖積平原約佔 37%，為人口與農業集中地區。台灣山脈多屬沉積岩及變質岩，岩層脆弱易斷裂且高度風化，因降雨強度大與水流速度快，造成嚴重沖蝕，更因地震頻繁而影響山坡地之穩定性。

台灣全島雨量豐沛，年平均降雨量高達 2500 公釐，為世界平均值的 2.5 倍。且降雨集中在每年 5 月至 10 月，佔全年雨量的四分之三，且大部分為颱風所帶來的豪雨。由 1897 年至 1997 年資料統計結果顯示，侵襲台灣之颱風總計 350 次，即平均每年 3.5 次；除此之外，尚有上千次暴雨掠奪，更加深本省水患的嚴重性。由 1983 年至 1995 年間，天然災害損失金額平均達 128 億元，約為同時期火災損失金額的 4.6 倍。

台灣地區共有河川 129 條，河川長度均甚短，流域面積小，坡陡流急；大部分河川洪枯流量差異明顯。因集水區地質不佳且雨量集中，洪流過程挾帶大量泥砂，往往造成下游泥砂淤積而氾濫成災，河川治理頗為困難。台灣地區河川之比流量為世界之最；以中部的濁水溪為例，其比流量為 $7.7\ m^3/s/km^2$，約為長江的 450 倍，為日本信濃川的 25 倍。

綜合以上可知，台灣島為岩層脆弱且坡陡流急之地區，全島大部分屬山區與丘陵地。因降雨量豐沛且集中於少數月份，以致洪水災害頻仍，但於乾旱季節卻有水源供給不足之現象。因此如何應用水文學之知識，以進行河川整治，而達控制洪水災害之目的，並能妥善蓄積溼季雨水，以補乾季之不足，實乃當前水資源工程之要務。

參考文獻

台灣省政府水利處 (1998)，*台灣的水利*。

台灣省政府水利處 (1998)，*台灣省政府水利處簡介*。

Linsley, R. K., Kohler, M. A., and Paulhus, J. L. H. (1982). ***Hydrology for Engineers,*** McGraw-Hill Co.

Ponce, V. M. (1989). ***Engineering Hydrology-Principles and Practices***, Prentice Hall.

Viessman, W. Jr. and Lewis, G. L. (1996). ***Introduction to Hydrology,*** 4th ed., Harper Collins College Pub.

習 題

1. 解釋名詞

(1)水文循環（hydrologic cycle）。（87 水利省市升等考試，84 屏科大土木，80 中原土木）

(2)水文方程式（hydrologic equation）。（87 水利省市升等考試）

(3)滲漏（percolation）。（87 屏科大土木）

(4)#水文歷程（hydrologic process）。（87 屏科大土木，85 水利高考三級）

(5)#比流量（specific discharge）。

(6)#河況係數（coefficient of river regime）。（87 水利專技）

2. 如將水文循環分成地面水及地下水兩大系統，試列出其各自之水平衡方程式並加以說明之。（84 水利乙等特考）

3. 某一面積為 600*ha*之灌溉土地，其使用情形如下：

作物別	所佔面積(*ha*)	作物需水量(*mm*/*ha*)
水稻	300	900
玉米	150	400
水果	100	500
蔬菜	50	600

設該地平均年降雨量為 2200 *mm*，其中 500 *mm* 能為作物所利用，求該地每年所需灌溉水量。以 hm^3 表示。（$1\ hm^3 = 10^6\ m^3$）（82 水利交通事業人員升資考試）

4. 某一水庫之標高－表面積－出流量如下表：

標高，*m*	16.0	15.5	15.0
表面積，*ha*	210	180	160
出流量，*cms*	4.41	4.33	4.24

假設該水庫有一穩定入流量 2.8*cms*，且蒸發及滲流可予不計，試推算該水庫水

位由標高 16m 降至 15m 所需之天數。（81 水利專技）

5. 假設某一水庫在年初時存水量為 60 單位之水量，下表為某年每月流入及流出之單位水量。

月份	1	2	3	4	5	6	7	8	9	10	11	12
流入量（單位）	3	5	4	3	4	10	30	15	6	4	2	1
流出量（單位）	6	8	7	10	6	8	20	13	4	5	7	8

試求該水庫在 8 月底及年底之存水量多少單位水量？（88 淡江水環轉學考）

6. 試述台灣河溪之水文及地文特性。（88 水保檢覈）

7.# ㈠何謂流量累積曲線（Mass Curve），繪一延時 5 年的合理流量累積曲線。

㈡如何利用該曲線決定設計水庫容量？

㈢若水庫容量已知，如何利用該曲線決定使用流量？請分別繪圖說明之。（87 中原土木，86 水利專技）

8.# 欲建壩於某一河川，該河川之月平均流量（立方公尺/每秒）如下表，試計算壩之容量應多少？才能滿足固定需水量 40 立方公尺/每秒。（87 成大水利）

月份	1	2	3	4	5	6	7	8	9	10	11	12
流量(m^3/sec)	60	45	35	25	15	22	50	80	105	90	80	70

CHAPTER 2

集水區地文與水文特性

集水區地文特性 (geomorphic characteristics) 是指集水區面積、長度、坡度與河川網路結構等之幾何特性；而集水區水文特性 (hydrologic characteristics) 則是指區域降雨特性與河川逕流特性。集水區之地文特性可藉由現場測量或由地形圖上量測而得，而降雨與逕流特性則需經由分析水文測站紀錄而得知。由於水文學家慣常以集水區為水文分析單元，因此本章首先詳述集水區之定義，再分析集水區之地文特性，而後詳細說明集水區的水文特性。

2.1 集水區邊界與河川網路特性

本節首先說明集水區之定義，再闡述集水區河溪之成因與河川網路形態。

2.1.1 集水區邊界

如圖 2-1 所示，集水區是一個以山脊陵線為邊界的水文系統。集水區的邊界需視集水區出口位置之指定，而後加以確定。因此在同一個大範圍區域中，會因為集水區出口位置選定之不同，而產生不同的集水區邊界。一般可將集水區分為漫地流部分 (overland area) 與河川部分 (channel)；如圖 2-1 之立體地形圖所示，山谷兩側之坡面即漫地流部分，而山谷間之低地即為河川。由立體地形可以瞭解到，雨滴若是落在此一以山脊陵線為邊界的集水區內，將由坡面匯入緊臨之河川，而後依循河川網路，從上游流至下游，最後抵達集水區之出口。因此集水區所代表的是「一個以出口處為控制點的水文單元」。

工程實務上，立體地形圖較難獲得，一般是應用備有等高線之地形圖 (topographic map) 以判定集水區邊界與河川網路。如圖 2-1 立體地形圖所相對應的平面地形圖顯示，集水區邊界之等高線呈 V 形分佈，而山間溝渠或河川部分之等高線則呈 Λ 形分佈。受限於地形圖之尺度比例，山間溝渠只有使用如1 / 5000之地形圖，方足以精確判釋；而如1 / 50,000地形圖上之藍線，僅代表流量不輟之常流性河川。

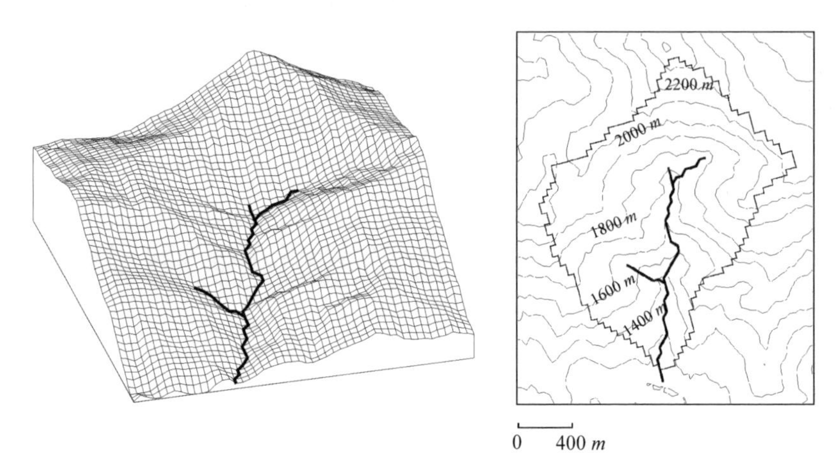

圖 2-1 集水區地形圖（霧社水庫上游次集水區）

2.1.2 河川網路

集水區之河川網路 (channel network) 是地表經年累月受雨滴打擊、水流侵蝕或地殼變動的影響，而逐漸演化形成的地表起伏變化；所以一地區之氣候條件、地質結構與地層活動狀態決定目前的地表幾何情況。最常見之河川網路呈樹枝分歧狀（如圖 2-2），其特性為許多小支流連接至較大的河川，進而形成集水區之主流。一般而言，河川甚少是近乎呈直線的，除非是在地表質地均勻且為陡坡之情況下。辮狀河川 (braided stream) 之特徵為許多互相聯結的細小河渠流經沖積砂丘（如圖 2-2）；然而在高流量情況下，此河渠密佈之砂丘則多數沒入水面，因而辮狀河川漫溢成為寬廣大河。

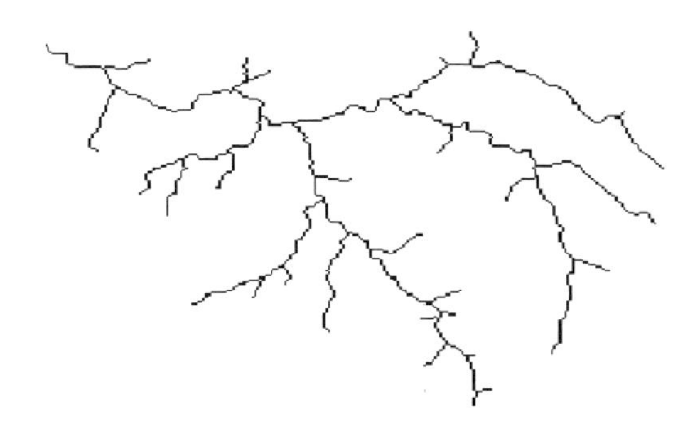

樹枝分歧狀河川網路（橫溪集水區）

辮狀河川網路（林邊溪集水區）

圖 2-2 河川網路形態

河川水流往往隨時間有明顯地變化，水文學上常依河渠中水量之多寡，而將河溪分成瞬流溪、間歇溪與常流河等三種形態。瞬流溪 (ephemeral stream) 是指在降雨時期河槽內才有水流之河川，而在暴雨之後短瞬間，水流立即流盡。間歇溪 (intermittent stream) 為在濕季裡有明顯水流，而在乾季中水流呈斷續現象；常流河 (perennial stream) 則是指一年四季裡均有連續不斷的水流。一般而言，集水區上游河川為瞬流溪，中游河川為間歇溪，而下游河川則為常流河。

瞬流溪中之水流主要為暴雨期間之地表逕流 (surface runoff)，並無中間流 (interflow) 或地下水流 (groundwater) 之成份。在暴雨期間，間歇溪與常流河中之水流包含地表逕流、中間流與地下水流；而在暴雨停歇之後，間歇溪與常流河中之水流則為中間流與地下水流。瞬流溪中之水流常經由河槽底部滲漏，故被稱為入流河 (influent stream)，即指其水流進入地下含水層中。而間歇溪與常流河之水量則因部分源自於地下含水層，故被稱為出流河 (effluent stream)。

事實上集水區之河川網路並非是一成不變的，因水流的沖蝕與淤積作用，會導致河川源點 (channel head) 朝上游方向逐漸發展，或受泥砂淤積而逐漸湮滅，所以集水區之河川網路會隨時間而變化發展。Montgomery and Dietrich (1989) 之研究指出，河川源點多落於河谷源頭 (valley head) 下游數十至數百公尺遠處，該位置點即代表地下水位與地表接觸之點。

2.2 集水區地文特性分析

本節針對常見之集水區地文因子進行說明，藉由地形圖上地文因子的推求，可進一步從事集水區地文特性之定量分析。

2.2.1 面積與長度

集水區邊界所圍繞之面積即為集水區面積，集水區面積是最重要的地文因子之一。面積較大的集水區於暴雨時期所匯集的水量較多，因此會在集水區出口處產生較大的流量；反之，小集水區於暴雨時期所匯集的水量較少，因此在集水區出口處僅有較小的流量。早期水文學家建立尖峰流量與集水區面積之公式如下

$$Q = aA^b \tag{2-1}$$

式中 Q 為流量；A 為集水區面積；a 與 b 為係數。例如在美國新墨西哥州之分析結果顯示 (Leopold and Miller, 1956)，重現期為 2.3 年之洪峰量的係數為 $a = 12$, $b = 0.79$，其中流量 Q 是以 ft^3/s 表示，而面積 A 是以 $mile^2$ 表示。事實上，集水區邊界僅為地表水 (surface water) 之分水嶺，並不一定是地表下水流的分水嶺，因此 (2-1) 式並不完全適用於所有集水區。

主流長度 (mainstream length) 是從集水區出口處，沿主河道上溯至河川末端所量測之長度。Hack (1957) 利用美國維吉尼亞州與馬里蘭州之資料推導主流長度與面積之指數關係式如下

$$L = 1.4A^{0.6} \tag{2-2}$$

其中 L 為主流長度 ($mile$)；A 為面積 ($mile^2$)。Hack 指出若集水區之幾何相似性完全成立，則上式之冪次應為 0.5。當上式之冪次大於 0.5，則表示隨著冪次之增加，集水區形狀愈狹長。Eagleson (1970) 利用 Hack 之資料，推導得主流長度與面積之關係近似於

$$A = \frac{1}{3}L^2 \tag{2-3}$$

上式隱含集水區之平均寬度為主流長度的 $1/3$ 倍。

Horton (1932) 定義集水區之形狀因子 (form factor) 如下

$$F_f = \frac{W}{L} = \frac{A/L}{L} = \frac{A}{L^2} \tag{2-4}$$

式中 W 為集水區平均寬度；L 為集水區長度；A 為集水區面積。Strahler (1964) 認為集水區之形狀對河川流量特性有顯著的影響，一個狹長之集水區有較小的尖峰流量，且其洪水歷線較為平緩。而一個寬扁的集水區則有較大的尖峰流量，且其洪水歷線較為尖聳（如圖 2-3）。

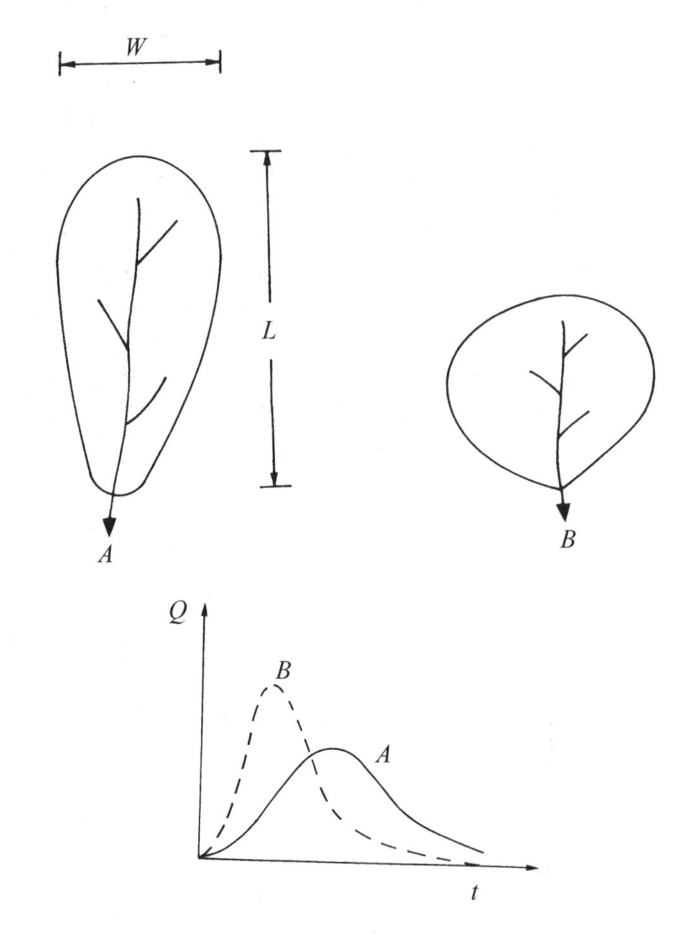

圖 2-3　集水區幾何形狀與流量歷線關係

2.2.2　高程差與坡度

高程差 (relief) 是兩個參考點間的垂直距離；集水區最大高程差為集水區邊界上最高點與集水區出口間之高程差。藉由圖 2-4 之集水區高程曲線 (hypsometric curve)，可瞭解集水區內高程差之分佈。因水文變數如降雨、植被或降雪等因子，皆顯示其物理量隨著高程而變化的明顯趨勢，故集水區高程曲線可提供定量的水文分析結果；集水區中值高程(median elevation)可由50 %面積所對應的高度而得。

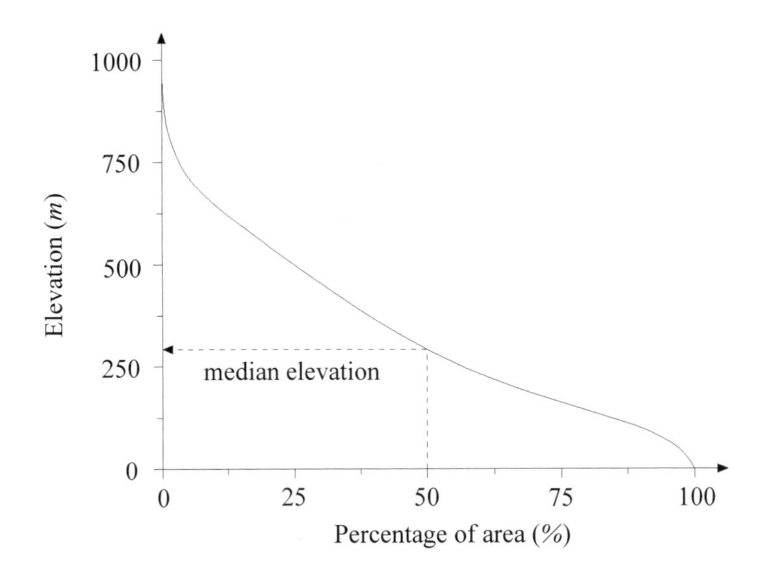

圖 2-4 集水區高程曲線（橫溪集水區）

坡度 (slope) 是將兩點間之高程差除以兩點間之距離；如圖 2-5 所示，集水區最大坡度 S_{max} 為集水區最大高程差除以集水區長度。在無特殊地質情況下，河川的縱向剖面通常呈上凹曲線，亦即顯示河床坡度由上游往下游逐漸降低之趨勢。較適切代表平均坡度之方式為圖中的 $\bar{S}$，即劃一條線段使得圖中之 a_1 與 a_2 面積為相等。此外，基於水力學上曼寧公式 (Manning formula) 之觀點，水流速度正比於坡度的1 / 2次方，因此可定義等量坡降 S_E (equivalent slope) 為

$$S_E = \left(\frac{\sum_{i=1}^{n} S_i^{1/2}}{n} \right)^2 \tag{2-5}$$

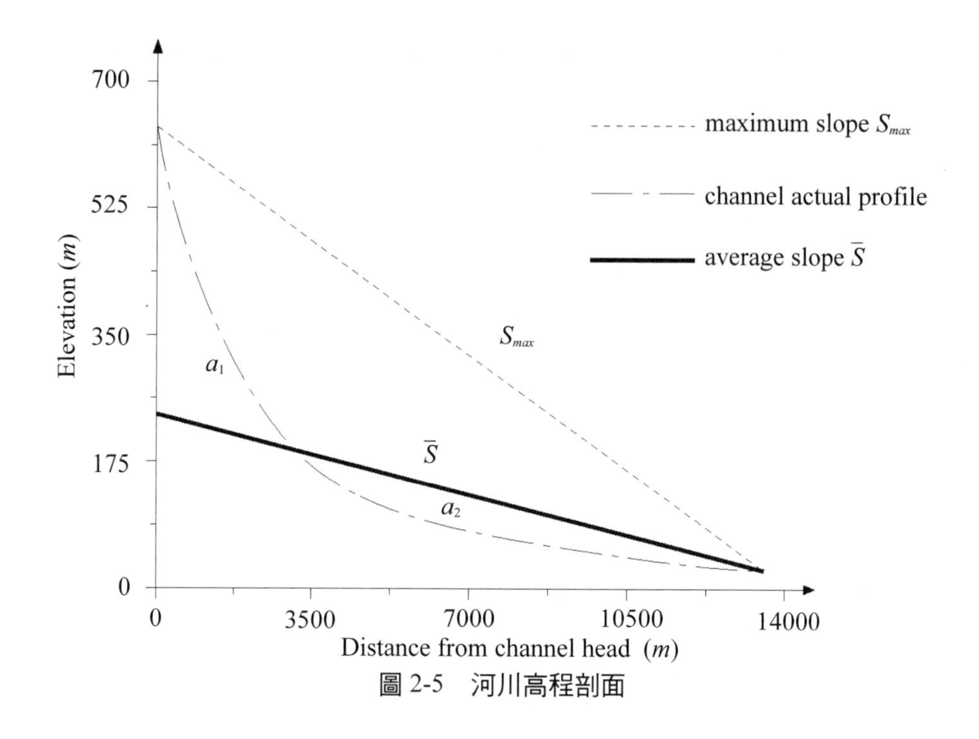

圖 2-5　河川高程剖面

式中 S_E 為等量坡度；S_i 為第 i 河段坡度；n 為河段數。此外，小型集水區估算平均坡度常使用方格法 (grid method)，即在地形圖上覆蓋一透明網格紙，計算集水區內每一格點內之坡度，而得到集水區之平均坡度。

研究顯示，集水區的漫地流平均坡度與河川平均坡度呈正相關性。Strahler (1950) 利用美國 9 個集水區的地文資料，得到如下之關係式

$$\log \bar{S}_o = 0.6 + 0.8 \log \bar{S}_c \qquad (2\text{-}6)$$

式中 $\bar{S}_o$ 為漫地流平均坡度；$\bar{S}_c$ 為河川平均坡度。

2.2.3　河川級序定律

一般而言，上游或是接近集水區邊界之河川，其寬度較窄且坡度較陡，河床常為粒徑較大之礫石所組成；而下游河川則寬度較大且坡度較緩，河

床常為粒徑較小之細砂所組成。上游河川往下游匯流集中後，逐漸形成水量澎湃的主流，因此上游河川之水深較淺，而下游河川之水深較深。Horton (1945) 建議將河川劃分級序 (order) 以便進行河川之定量分析，Strahler (1952) 對 Horton 所提之級序分類方式略作修正，為現今所慣常採用的河川分類法，但仍稱之為荷頓河川級序定律 (Horton stream order law / Horton-Strahler stream order law)。荷頓河川級序定律之劃分原則，可簡述如下：

⑴由河川源頭起始之河川為第 1 級序河川；

⑵兩條 1 級序河川交匯，形成第 2 級序河川；

⑶ i 級序河川與 j 級序河川相匯時，若 i 大於 j 則河川級序數仍為 i；若 i 等於 j 則河川級序數增為 $i+1$；若 i 小於 j，則河川級序數為 j。

如圖 2-6 所示之河川網路，網路節點包括內節點 (interior node) 與外節點 (exterior node)。第 1 級序河川為包含內節點與外節點之河段，而 2 級序以上之河川為連接兩個內節點的河段。集水區中河川之最高級序數即為此集水區之級序數，故圖 2-6 所示為級序數 $\Omega=3$ 之集水區。

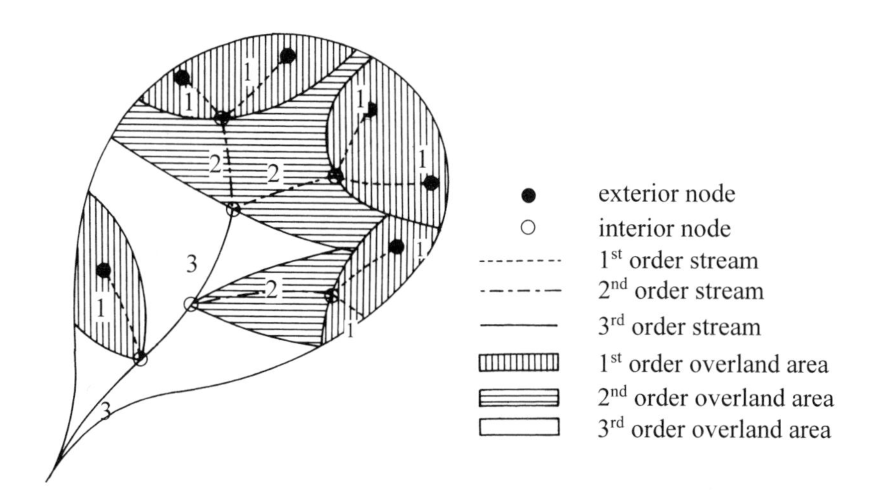

圖 2-6　集水區河川網路

利用河川級序定律對集水區之河川網路予以分類，將有助於對不同河段水力特性之掌握。Horton (1945) 針對集水區中不同級序之河川數目、河川集水面積、河川長度與河川坡度進行分析，發現其數值之間具有良好的指數關係，分別稱為分岔比、面積比、長度比與坡度比，茲詳述如下。

1. 分岔比

河川分岔比 R_B (bifurcation ratio) 可定義如下

$$R_B = \frac{N_{i-1}}{N_i} \quad ; i = 2, 3, \cdots, \Omega \tag{2-7}$$

式中 N_i 為 i 級序之河川數目；Ω 為集水區級序。在自然集水區中，低級序之河川數目會比高級序之河川數目為多，所以 $R_B \geq 1$ 。因為 $N_\Omega = 1$ ，故 N_i 可進一步以分岔比表示為

$$N_i = N_\Omega R_B^{\Omega - i} = R_B^{\Omega - i} \quad ; \; i = 1, 2, 3, \cdots, \Omega - 1 \tag{2-8}$$

因為不同級序集水區間之幾何相似性 (geometrical similarity) 並不成立，所以每一級序分岔比之值不盡相同，但此分岔比會趨近一定值。一般將河川數目相對於河川級序繪於半對數紙上，而其迴歸直線之斜率即為集水區之分岔比（如圖 2-7）。當分岔比愈大，表示集水區形狀愈狹長；而當分岔比愈小時，表示集水區形狀愈寬扁。Strahler (1952) 之研究顯示，R_B值通常介於 3～5 之間，平均值約為 4。

2. 面積比

自然集水區中之河川集水面積會隨著級序數之增加而加大，河川面積比R_A (area ratio) 可定義如下

$$R_A = \frac{\overline{A}_i}{\overline{A}_{i-1}} \quad ; i = 2, 3, \cdots, \Omega \tag{2-9}$$

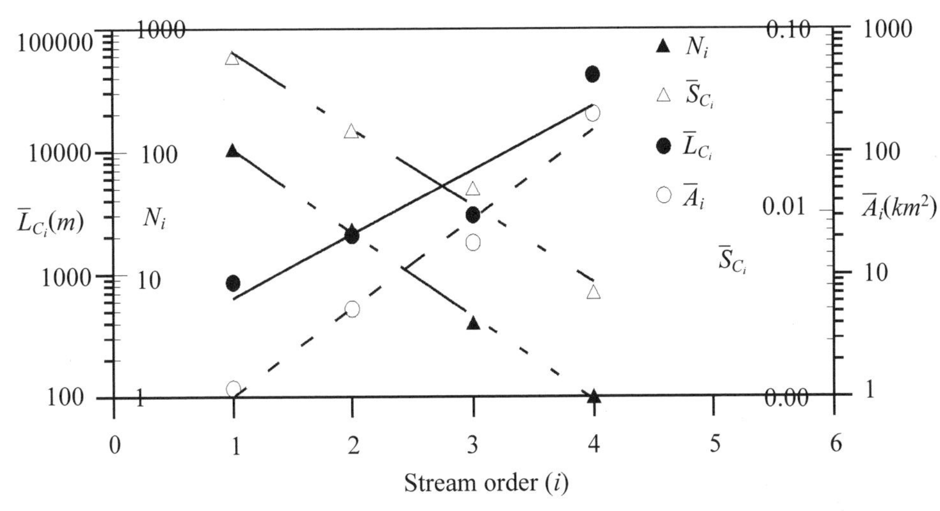

圖 2-7 河川數目 N_i、集水面積 $\overline{A}_i$、長度 $\overline{L}_{C_i}$、坡度 $\overline{S}_{C_i}$ 與級序數之關係（基隆河五堵以上集水區）

式中 $\overline{A}_i$ 表 i 級序河川平均集水面積；此面積為包含 i 級序河川之漫地流區域，以及所有流經 i 級序河川之上游漫地流區域。對於各級序河川平均集水面積可以面積比表示為

$$\overline{A}_i = A \cdot R_A^{i-\Omega} = \overline{A}_1 R_A^{i-1} \quad ; i = 1, 2, 3, \cdots, \Omega \tag{2-10}$$

式中 A 為集水區總面積。同理，河川平均集水面積之對數值與河川級序數約呈線性關係，其迴歸直線之斜率即為集水區之面積比（如圖 2-7）。一般而言，R_A 值通常介於 3～6 之間；且 Smart (1968) 的研究顯示，集水區面積比與分岔比呈正相關性。

3. 長度比

自然集水區中之河川長度隨著級序數之增加而加長，河川長度比 R_L (length ratio) 可定義如下

$$R_L = \frac{\overline{L}_{c_i}}{\overline{L}_{c_{i-1}}} \quad ; i = 2, 3, \cdots, \Omega \tag{2-11}$$

式中$\overline{L}_{c_i}$表i級序河川平均長度。Smart (1968) 利用美國 46 個集水區地文資料進行分析，得知河川分岔比與長度比呈正相關性。R_L值通常介於 1.5～3.5 之間，平均值約為 2。利用（2-11）式，各級序河川平均長度可以長度比表示為

$$\overline{L}_{c_i}=\overline{L}_{c_\Omega} R_L^{i-\Omega}=\overline{L}_{c_1} R_L^{i-1} \quad ; i=1,2,3,\cdots,\Omega-1 \tag{2-12}$$

若結合分岔比R_B與長度比R_L，可得i級序河川之總長度表示式如下

$$\sum_{j=1}^{N_i}(L_{c_i})_j=\overline{L}_{c_1} R_B^{\Omega-i} R_L^{i-1} \tag{2-13}$$

利用上式可推得集水區之河川總長度表示式如下（Horton, 1945）

$$\sum_{i=1}^{\Omega}\sum_{j=1}^{N_i}(L_{c_i})_j=\overline{L}_{c_1} R_B^{\Omega-1}\frac{R_{LB}^{\Omega}-1}{R_{LB}-1} \tag{2-14}$$

式中$\overline{L}_{c_1}$為第 1 級序河川之平均長度；R_{LB}為R_L與R_B之比值 $(=R_L/R_B)$。

4. 坡度比

自然集水區中之河川平均坡度隨著級序數之增加而減緩，河川坡度比R_S (slope ratio) 可定義如下

$$R_S=\frac{\overline{S}_{c_i}}{\overline{S}_{c_{i-1}}} \quad ; i=2,3,\cdots,\Omega \tag{2-15}$$

式中$\overline{S}_{c_i}$為i級序河川之平均坡度。各級序河川之平均坡度可以坡度比表示為

$$\overline{S}_{c_i}=\overline{S}_{c_\Omega} R_S^{i-\Omega}=\overline{S}_{c_1} R_S^{i-1} \quad ; i=1,2,3,\cdots,\Omega-1 \tag{2-16}$$

Horton (1945) 利用潮溼氣候地區之河川資料，分析得到坡度比$R_S=0.55$；Broscoe (1959) 分析半乾燥氣候地區之河川資料，得到坡度比$R_S=0.57$。

2.2.4 排水密度與河川頻率

排水密度 (drainage density) 為集水區所有級序河川長度與集水區面積之比值，可表示如下

$$D=\frac{\sum_{i=1}^{\Omega}\sum_{j=1}^{N_i}\left(L_{c_i}\right)_j}{A} \quad ; i=2,3,\cdots,\Omega \tag{2-17}$$

式中 D 為排水密度，其單位為長度之倒數 [$1/L$]。影響排水密度之因素包括降雨特性、地表地質、地表坡度與植生覆蓋狀況。若集水區之地質為較軟弱之黏土或泥岩，植生覆蓋狀況較稀疏或集水區坡度較陡之情況，則地表易產生沖蝕溝，因此排水密度較高；反之，若集水區之地質較堅硬、植生覆蓋狀況良好或集水區坡度較緩，則排水密度較低。高排水密度集水區之逕流反應較快，會產生較高的洪峰；而低排水密度集水區之逕流反應較為遲緩，產生較低的洪峰。如圖 2-8 所示，由於漫地流長度表示集水區分水嶺（邊界）流至最近河川之距離，故漫地流平均長度應近似於河川與河川間距離的一半，即近似於河川密度倒數之半，可表示如下

$$\bar{L}_0=\frac{1}{2D} \tag{2-18}$$

式中 $\bar{L}_0$ 為集水區之漫地流平均長度。

河川頻率 (stream frequency) 為集水區單位面積之河段數，可表示如下

$$F=\frac{\sum_{i=1}^{\Omega}N_i}{A} \tag{2-19}$$

式中 F 為河川頻率，其單位為長度平方之倒數 [$1/L^2$]。一般而言，若集水

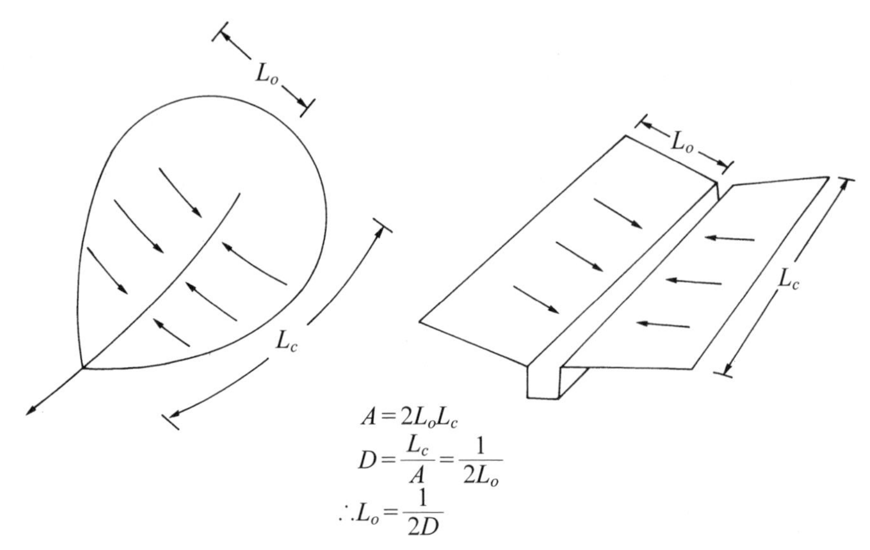

$$A = 2L_oL_c$$
$$D = \frac{L_c}{A} = \frac{1}{2L_o}$$
$$\therefore L_o = \frac{1}{2D}$$

圖 2-8　排水密度與漫地流長度

區之地質較堅硬則有較低之河川頻率；反之，若集水區之地質較軟弱則有較高之河川頻率。Melton (1958) 利用美國 156 個集水區地文資料，對排水密度與河川頻率之相關性進行分析，得到如下之關係式

$$F = 0.694\,D^2 \tag{2-20}$$

由上式可知無因次參數 F/D^2 近似於一常數 0.694。

2.3　集水區水文特性分析

本節首先介紹降雨落於集水區後之流動特性，繼而分析集水區出口處之逕流歷線特徵與基流分離方式，並說明降雨特性對逕流歷線形狀之影響。

2.3.1 逕流分類與歷線特性

集水區是一個以山脊陵線為邊界的水文系統，一般可將集水區分為漫地流部分 (overland area) 與河川部分 (channel)。漫地流 (overland flow) 是暴雨期間即發生的地表面逕流，渠流 (channel flow) 則是匯集來自河川四周的漫地流，而形成具有相當深度且流路分明的逕流。在某些水文學分類上，又將漫地流至渠流之過程詳加細分，指定漫地流僅為地面上片流 (sheet flow) 形式，而後漫地流逐漸集中成為紋溝流 (rill flow)，紋溝流匯集而形成溝渠流 (gully flow)，最後才匯入河川成為渠流。

如 1.2 節所述，漫地流經由河川網路系統進入河川者，稱之為地表逕流 (surface runoff)。雨水滲入地表而在尚未深達地下水位之前，即流出地面者，稱之為中間流 (interflow)。而經深層滲漏進入地下水位以下，在地下水層流移而進入河川者，稱之為地下水 (groundwater)。由於一般河川所佔面積，均低於集水區總面積之 5% (Viessman and Lewis, 1996)，因此直接落在河槽上之河面降水 (channel precipitation) 可予以忽略，故河川逕流之主要成份為地表逕流、中間流與地下水（基流 base flow）三者（如圖 2-9）。一般將逕流歷線分為歷線上昇段 (rising limb)、峰段 (crest segment) 與退水段 (recession limb)。如圖 2-3 所示，集水區幾何形狀影響流量歷線的形態，因此逕流歷線上昇段與峰段之形狀，是由集水區降雨特性與地文特性所主控；而因歷線退水段發生時降雨已停歇，所以退水段之形狀僅受集水區地文特性所影響。

若將圖 2-9 之直軸座標改換為對數標示，則可發現歷線退水段呈現三段明顯折線（如圖 2-10）。圖中退水段 I 包含地表逕流、中間流與地下水流三者，但其中以地表逕流為主。退水段 II 包含中間流與地下水流，但中間流為主要部分；而退水段 III 則為地下水之退水歷線。所以圖中 *A* 點表示地表逕流結束點 (end of surface runoff)，而 *B* 點則表示中間流結束點 (end of interflow)。由於地表逕流之流動速率最快，中間流流動速率次之，地下水流速率最慢；因此圖 2-10 顯示退水段 I 之斜率最大，而退水段 III 之斜率最緩。一般可將 t 時刻退水歷線之流量 Q_t，表示如下

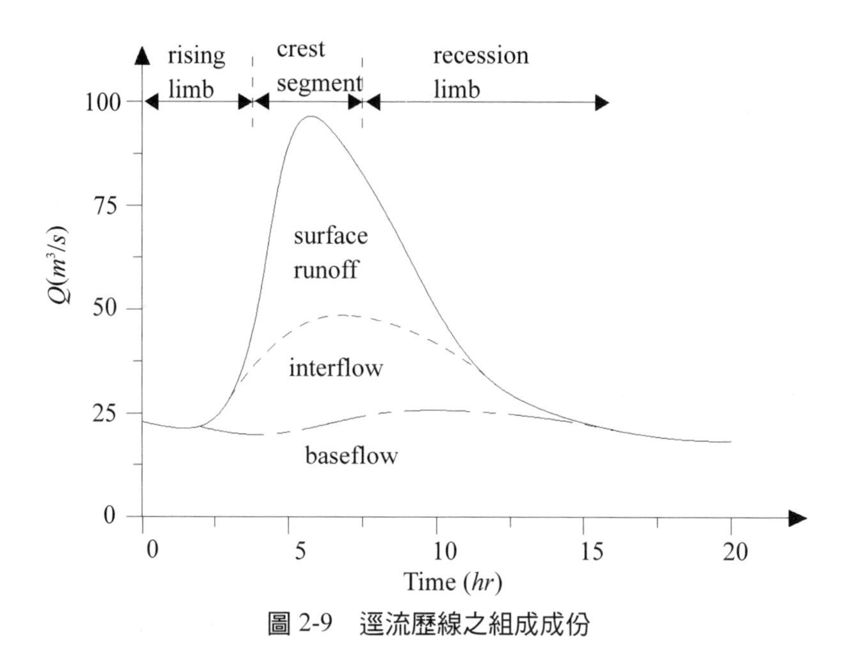

圖 2-9　逕流歷線之組成成份

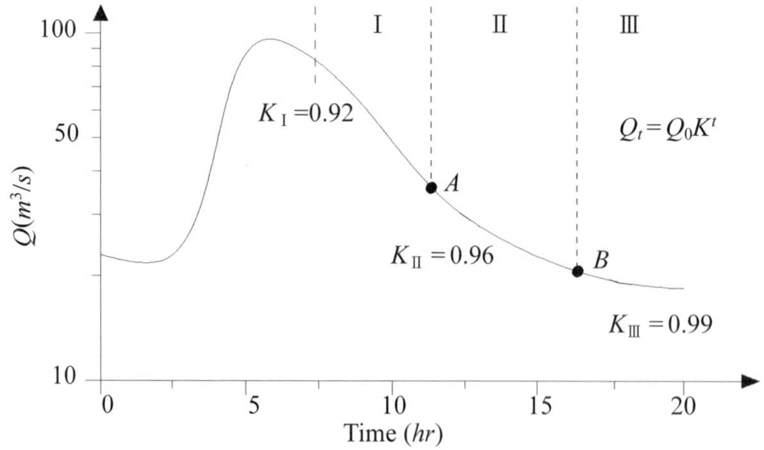

I　II　III

$K_{\mathrm{I}}=0.92$

$Q_t=Q_0K^t$

A

$K_{\mathrm{II}}=0.96$

B

$K_{\mathrm{III}}=0.99$

$Q(m^3/s)$

100　50　10

0　5　10　15　20

Time (hr)

圖 2-10　歷線退水段特性

$$Q_t = Q_0 K^t \tag{2-21}$$

式中 Q_0 為起始計算時刻之流量；K 為退水常數。以圖 2-10 之流量歷線為例，退水段 I 之 K 值為 0.92，退水段 II 之 K 值為 0.96，而退水段 III 之 K 值為 0.99。

2.3.2　基流分離

由於地表逕流與中間流，均在降雨停歇不久後即全部流出，不似地下水流之流動甚為緩慢，往往需數週或數月，甚至於數年後才會全部流出。因此降雨期間河川水位之迅速昇降，主要源自於地表逕流與中間流；而久旱不雨情況下，河川仍有不輟的水流，則來自於地下水流。水文工程師往往將地表逕流與中間流合稱為直接逕流 (direct runoff)，而將地下水流部分稱為基流 (base flow)。直接逕流為集水區之迅速水文反應，而基流則為集水區之延遲水文反應。水文學上把相對於地表逕流部分之降雨，稱之為超量降雨 (rainfall excess)；而將相對於直接逕流部分之降雨，稱之為有效降雨 (effective rainfall)。

工程實務上需要針對暴雨所產生的立即性水文反應進行分析，因此先後發展出不同的基流分離方式。如圖 2-11 所示，分別表示四種不同的基流分離方法。第一種基流分離方法為 a-b 線段，亦即是由歷線上昇起點水平延伸的直線。第二種方法為 a-c-b 線段，是由原歷線退水趨勢順勢延伸，至歷線尖峰到達位置 c 點，而後再連接 b 點。

第三種方法為 a-d 線段；即利用圖 2-10 之退水歷線分段觀念，分離中間流與地下水流退水歷線，因此 d 點代表中間流結束點，聯結 a 點與 d 點即可分離基流。第四種方法為 a-c-f 線段；即利用經驗公式決定歷線尖峰至 f 點之時距，再聯結 c-f 線段。Linsley et al., (1988) 建議的經驗公式如下

$$N = 0.8A^{0.2} \tag{2-22}$$

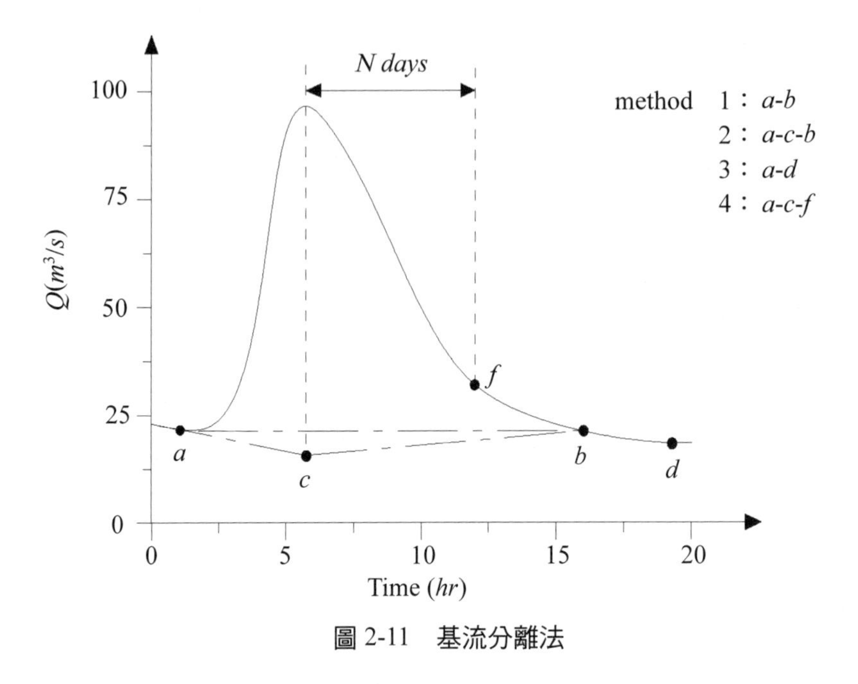

圖 2-11　基流分離法

式中 N 為時間 (*day*)；A 為集水區面積 (km^2)。

2.3.3　降雨特性與歷線形狀

Horton (1935) 考慮降雨強度 i、土壤入滲能力 f、土壤累積入滲量 F 以及土壤水份有效容量 S_e 之相互關係，而歸納降雨逕流過程之歷線形狀為以下四類（如圖 2-12）：

1. 低強度、短延時降雨　⇒　$i<f$ 且 $F<S_e$；
2. 低強度、長延時降雨　⇒　$i<f$ 且 $F>S_e$；
3. 高強度、短延時降雨　⇒　$i>f$ 且 $F<S_e$；
4. 高強度、長延時降雨　⇒　$i>f$ 且 $F>S_e$。

此處所指之累積入滲量 F 為本次降雨事件所產生之入滲總量；然而在降雨發生之前，土壤中之孔隙可能已部分蓄積水份，所以此處之土壤水份有效

容量 S_e 是指土壤孔隙中尚未飽和之部分。

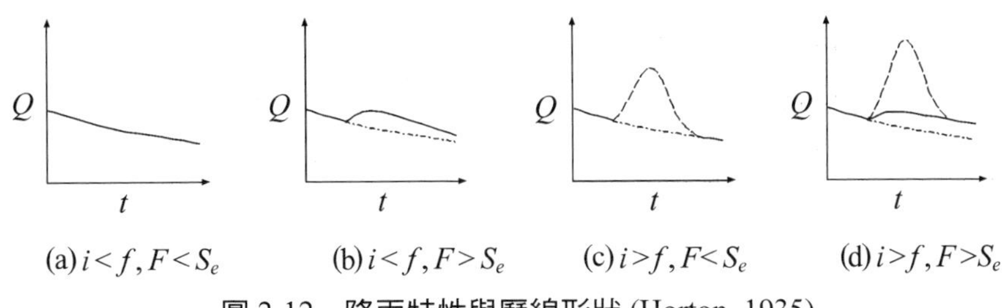

(a) $i<f, F<S_e$　(b) $i<f, F>S_e$　(c) $i>f, F<S_e$　(d) $i>f, F>S_e$

圖 2-12　降雨特性與歷線形狀 (Horton, 1935)

圖 2-12a 顯示降雨強度極小且降雨延時甚短的降雨情況；因為 $i<f$，所以並無漫地流發生，同時累積入滲量 F 未超過土壤水份有效容量 S_e，故不會產生中間流或新增地下水流 (added groundwater)。此處所言之新增地下水流，是指本次降雨事件所產生的地下水流，而非先前降雨事件所延遲發生之地下水流。因此除了直接落於河渠表面的水量，造成逕流歷線的微量上升之外，逕流歷線並無明顯變化。圖 2-12b 顯示降雨強度極小但降雨延時較長的降雨情況；因為 $i<f$，所以並無漫地流發生。但是因為降雨延時較長，累積入滲量 F 已超過土壤水份有效容量 S_e，故產生中間流或新增地下水流。因此如圖 2-12b 所示，由本次降雨所產生之退水歷線（實線），高於常態情況下之退水歷線（虛線）。

圖 2-12c 顯示降雨強度較高但降雨延時較短的情況；因為 $i>f$，所以產生漫地流，造成歷線明顯上升。但是因為降雨延時較短，累積入滲量 F 並未超過土壤水份有效容量 S_e，故暴雨不會產生明顯的中間流或新增地下水流，因此歷線退水段與常態退水歷線相近。圖 2-12d 則顯示高降雨強度且降雨延時較長之情況；因為 $i>f$，所以產生漫地流，造成歷線明顯上升。而且因為降雨延時較長，累積入滲量 F 已超過土壤水份有效容量 S_e，故產生中間流或新增地下水流，因此歷線退水段高於常態退水歷線。

由上述分析可知，因乾燥土壤可吸收大量的水份，所以在降雨期間並非整個集水區表面均會產生地表逕流。在微小降雨情況，集水區大部分區域對集水區出口處並不供給地表逕流；然而若降雨持續不停，土壤逐漸趨於飽和，則此集水區對出口處之地表逕流集水面積 (runoff contributing area) 將持續擴大。因此降雨初期之逕流供給面積僅侷限於中、下游近河川區域（如圖 2-13），而後隨上游之瞬流溪逐漸延伸，逕流供給面積持續擴大，直至幾乎擴張至整個集水區為止。此種逕流供給面積隨暴雨強度與時間而變化之過程，水文學中稱之為部分面積逕流現象 (partial area runoff)。

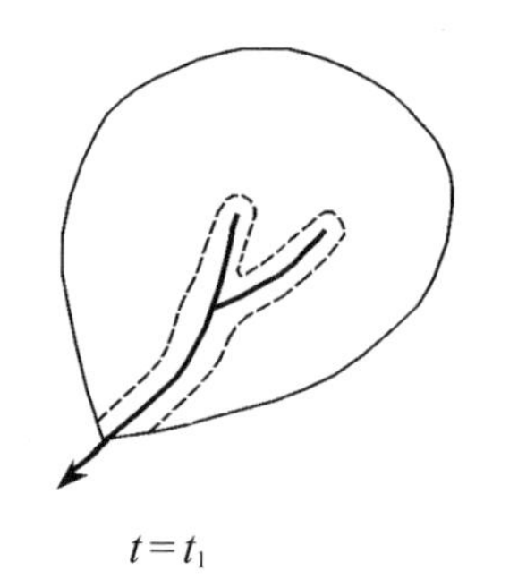

$t=t_1$

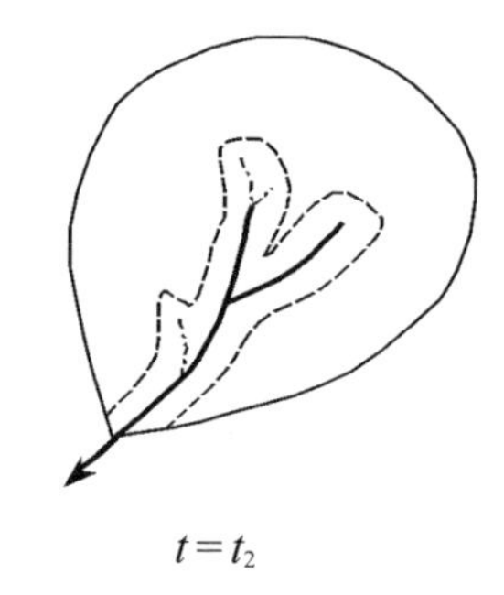

$t=t_2$

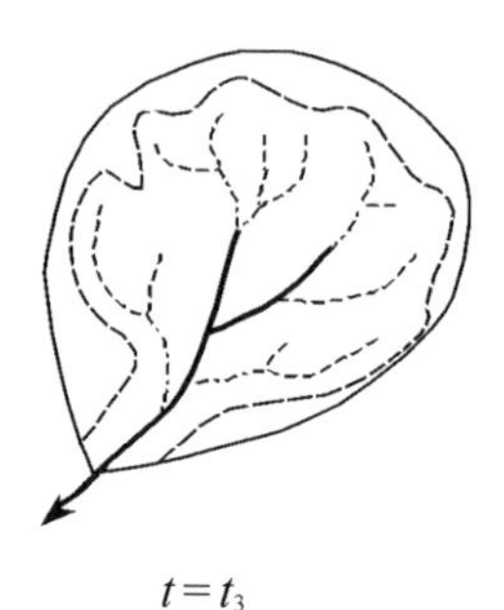

$t=t_3$

圖 2-13 集水區部分面積逕流現象

2.3.4　流量延時曲線

前述所談論的逕流歷線均指暴雨發生後，短時距內所形成之洪水歷線 (flood hydrograph)，此洪水歷線主要成份為地表逕流與中間流，而地下水流僅佔極小之部分。由於全年中之降雨日數甚為有限，因此若要評估河川供水能力，常應用統計理論分析河川日流量 (daily flow) 之特性。

利用水文站長期之日流量紀錄，分析超過某一流量值所出現之時間百分率，可繪成流量延時曲線 (flow duration curve)。如圖 2-14 所示，流量延時曲線之橫軸為時間百分比，而縱軸為流量；藉由流量延時曲線可以推求該河川所能保證提供的最低流量。若欲提高此最低保證流量，則可藉由興建攔河堰或水庫等方式達成。如圖 2-14 所示，因興建小型攔河堰調節河川

流量 (stream flow regulation)，造成流量延時曲線改變，而將最低保證流量由 $9m^3/s$ 提升至 $16m^3/s$。

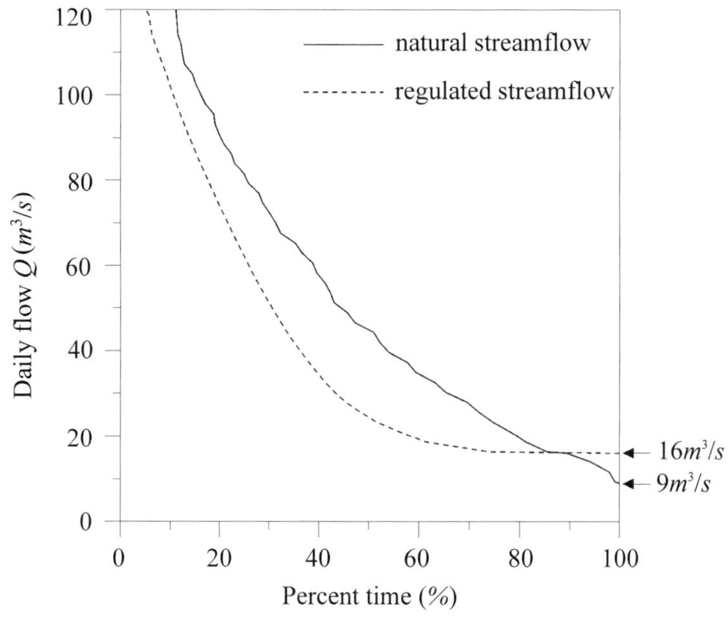

圖 2-14　流量延時曲線（日流量記錄）

參考文獻

Broscoe, A. J. (1959). "Quantitative analysis of longitudinal stream profiles of small watersheds," ***Project*** NR 389-042, ***Tech. Rept.*** 18, Columbia University, Department of Geology, ONR, Geography Branch, New York.

Eagleson, P. S. (1970). ***Dynamic Hydrology***, CH-16, p. 379, McGraw-Hill Book Co., New York.

Hack, J. T. (1957). "Studies of longitudinal stream profiles in Virginia and Maryland," ***U.S. Geol. Surv. Prof. Paper*** 294-B.

Horton, R. E. (1932). "Drainage basin characteristic," ***Trans. Am. Geophys. Union,*** Vol. 13, 350-361.

Horton, R. E. (1935). ***Surface Runoff Phenomena,*** Ann Arbor, MI: Edwards Bros.

Horton, R. E. (1945). "Erosional development of streams and their drainage basins: hydrophysical approach to quantitative morphology, ***Bull. Geol. Soc. Am.***, 56, 275-370.

Leopold, L. B., and J. P. Miller (1956). "Ephemeral Streams – Hydraulic Factor and Their Relation to the Drainage Net," ***U.S. Geological Survey professional paper*** no. 282-A, pp. 16-24.

Linsley, R. K., Kohler, M. A., and Paulhus, J. L. H. (1988). ***Hydrology for Engineers,*** McGraw-Hill Book Co., New York.

Melton, M. A. (1958). "Geometric properties of mature drainage systems and their representation in an E_4 phase space," ***J. Geol.***, 66, 35-54.

Montgomery, D. R. and Dietrich, W. E. (1989). "Source areas, drainage density and channel initiation". ***Water Resour. Res.,*** 25, 1907-18

Smart, J. S. (1968). "Statistical properties of stream lengths," ***Water Resour. Res.,***

4, 1001-1014.

Strahler, A. N. (1950). "Equilibrium theory of erosional slopes approached by frequency distribution analysis," ***Am. J. Sci.,*** 248, 673-696.

Strahler, A. N. (1952). "Hypsometric (area-altitude) analysis of erosional topography," ***Bull. Geol. Soc. Am.***, 63, 1117-1142.

Strahler, A. N. (1964). "Quantitative geomorphology of drainage basins and channel networks," Ch-4, ***Handbook of Applied Hydrology***, V. T. Chow ed., McGraw-Hill, New York.

Viessman, W. Jr. and Lewis, G. L. (1996). ***Introduction to Hydrology,*** Harper Collins College Pub., New York.

習　題

1. 解釋名詞
   (1)高程面積曲線（hypsometric curve）。（86 環工專技）
   (2)中值高程（median elevation）。（86 環工專技）
   (3)水系之地形 4 法則（Horton 地形法則）。（87 水利專技）
   (4)辮狀河水（braided river）。（84 水保專技）
   (5)# 流域密集度（compactness of basin）。（87 水利專技，86 環工專技）
   (6)# 圓比值（circularity ratio）。
   (7)# 細長比（elongation ratio）。（86 環工專技）
   (8)# 單位河川功率（unit stream power）。（88 水利中央簡任升等考試，86 環工專技）
2. 水系模式主要是由於溪流之地勢而定，試問其基本模式可分為幾種形態？又水系要如何分級？試述之。（82 水利檢覈）
3. 試述集水區平均高程之各種計算方法。（83 水利檢覈）
4. 試說明流域大小（size）、形狀（shape）、坡度（slope）、排水密度（drainage density）、與土地使用（land use）等流域特性對流量歷線（flow hydrograph）之影響？（87 成大水利）
5. 集水區（如圖一）之地形高度與某高程以下面積間之關係可以一相對高度比~相對面積比（$h/H \sim a/A$）之曲線表示之。其中，h：某高程等值線之高程；H：集水區最高點之高程；a：集水區內高於 h 之面積；A：集水區總面積。且假設集水區出口處高程為零。試比較並說明圖二中 A，B，C 三曲線所代表集水區內之沖蝕（erosion）活動何者最為劇烈？（87 水保檢覈）

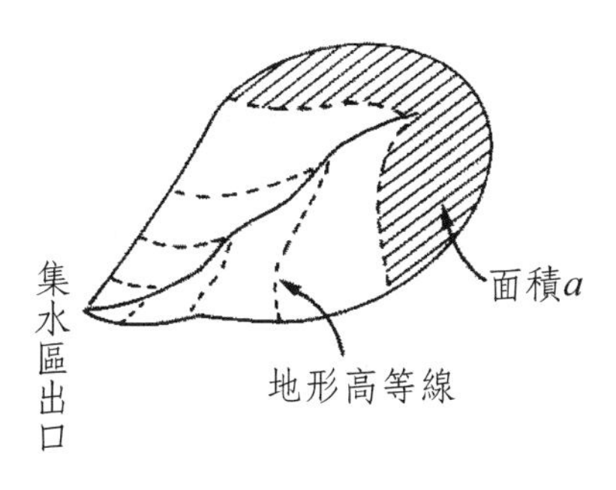

圖一

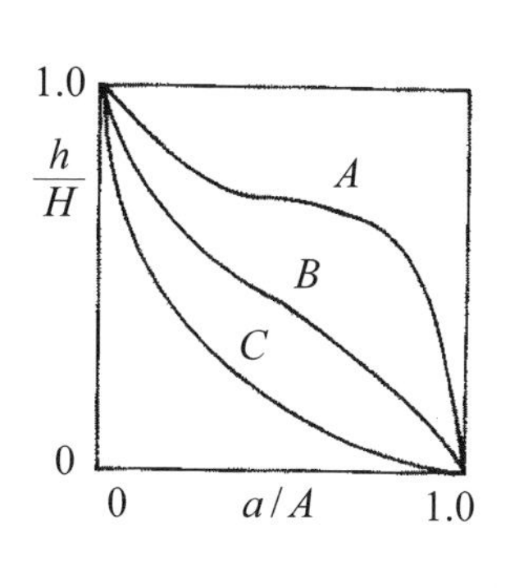

圖二

6. 試簡述集水區都市化過程所導致水文現象之變化。（88 水保工程高考三級）

7. 試繪出各座標系二變數間之關係示意圖，並說明該兩者之關係。但其座標為假設值。（87 水保專技）

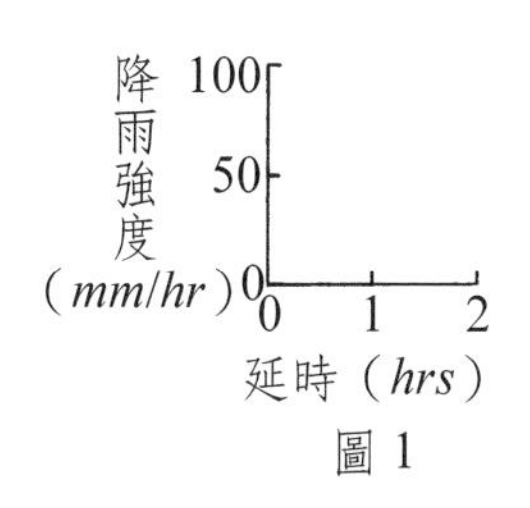

圖 1

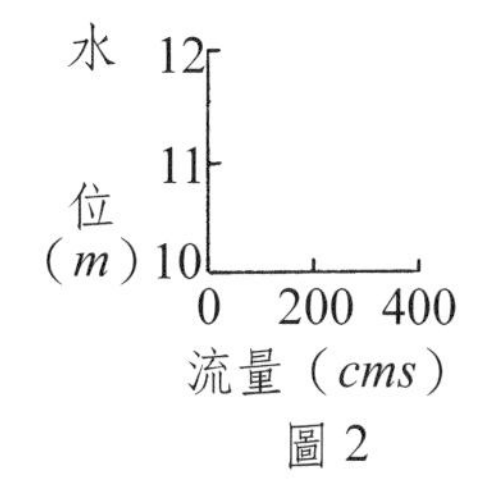

圖 2

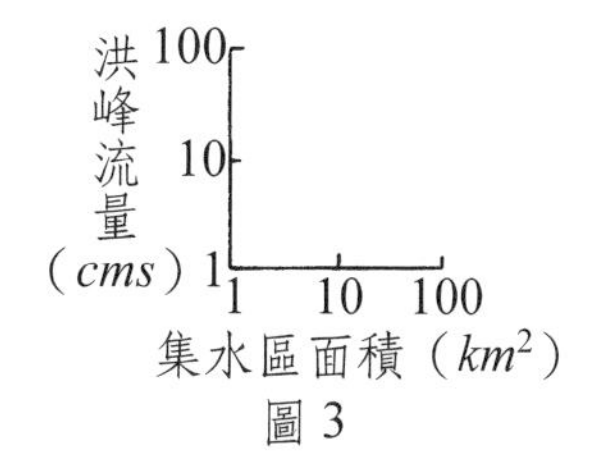

圖 3

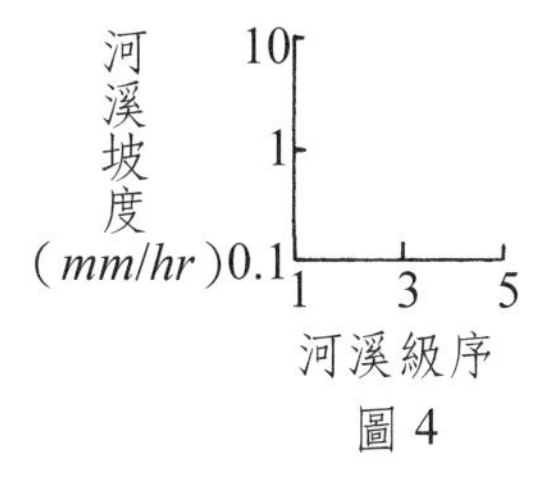

圖 4

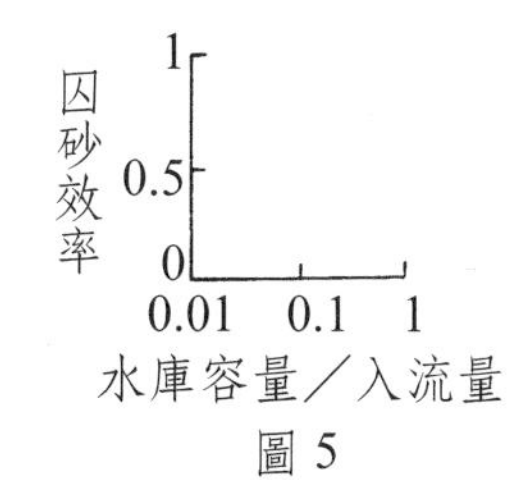

圖 5

8. 試述 surface runoff, interflow, groundwater 之退水特性並說明其原因；並以圖示說明退水常數之特性，以 $q_t = q_0 K^t$ 表示之。（88 海大河工）

9. (一)試繪流量歷線之退水段於半對數紙上，並說明各線段及折點所代表之物理意義。

(二)基流退水曲線可用 $q_t = q_0 K^t$ 表示，其中 q_0 為初始流量，K 為退水常數，t 為時間，試推導基流退水期間基流量 q_t 與地下水儲存量 S_t 之關係式。

(三)若於半對數紙（Q 與 t 之單位分別為 cms 與 day）上求得基流退水曲線之斜率為 -0.026，試求基流量為 $50cms$ 時之地下水儲存量。（82 水利專技）

10. 已知某測站之流量記錄如下表所示，表中的流量確定完全由地下水供應。

日期（月 / 日）	5/1	5/2	5/3	5/4	5/5
流量 (cms)	200	180	162	145	131

(一)試求地下水退水常數。

(二)若地下水退水延續至 5 月 21 日，試求當日河川流量及地下水儲存量。（84 水利中央簡任升等考試）

11. 試述如何製作日流量延時曲線（duration curve）？該曲線的功用何在？（89 海大河工）

12. # 假設集水區之形狀如右圖所示，試求該集水區之：

(一)圓比值。

(二)細長比。（87 水保專技）

已知：$\sqrt{2} = 1.414 \quad \sqrt{3} = 1.732$

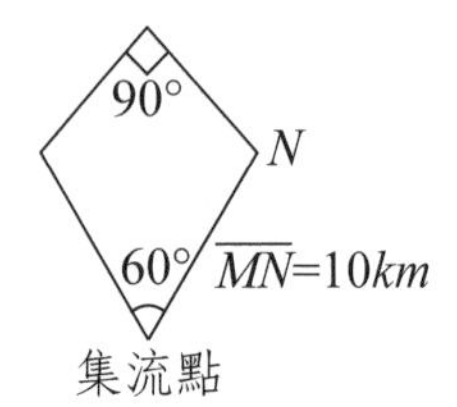

CHAPTER 3

降雨

大氣中之水汽 (water vapor) 因凝結而降落到地面，稱之為降水 (precipitation)。降水的形式包括液態與固態，可細分為雨 (rain)、濛 (drizzle)、雪 (snow)、露 (dew)、霜 (frost)、霰 (sleet)、雹 (hail)、冰雨 (glaze) 以及濕凇 (rime) 等。台灣地區因地理位置與地形特性之因素，降水形態仍以降雨 (rainfall) 為主。

3.1 降雨之成因

本節先針對影響降雨之基本氣象因子如：大氣壓力、水汽壓力、飽和水汽壓力、溼度、露點與可降水量等進行探討，而後詳述降水生成機制。

3.1.1 基本氣象因子

當液態水分子受熱，水分子活動速率隨之增高，進而逸入大氣中，稱之為蒸發 (evaporation)。若水分子直接由固態變為汽態，稱之為昇華 (sublimation)。當空氣中之水汽壓力大於水面汽壓力時，則空氣中之水分子將進入水中，稱之為凝結 (condensation)。同溫同壓下，單位重的水在其三態間之轉化，所需釋放或吸收的熱量稱為潛熱 (latent heat)。固態與液態間轉化所需之熱能，稱之為溶解潛熱 (latent heat of fusion)，液態與汽態間轉化所需之熱能，稱之為蒸發潛熱或凝結潛熱 (latent heat of evaporation / latent heat of condensation)；而固態與汽態間轉化所需之熱能，稱之為昇華潛熱 (latent heat of sublimation)；昇華潛熱亦等於溶解潛熱與蒸發潛熱之和。水分子之各種潛熱估算公式為

$$L_f = 79.7 \tag{3-1}$$

$$L_e = -L_c = 597.3 - 0.564T \tag{3-2}$$

$$L_s = 677 - 0.564T \tag{3-3}$$

式中L_f為溶解潛熱 (cal/g)；L_e為蒸發潛熱 (cal/g)；L_c為凝結潛熱 (cal/g)；L_s為昇華潛熱 (cal/g)；T為溫度 $(°C)$。

1. 大氣壓力

大氣壓力 (atmospheric pressure) 是單位面積上所承受的大氣分子重量；一個標準大氣壓 $(1\ atm)$ 相當於 76 公分水銀柱高之壓力，因此

$$\begin{aligned}1\ atm &= (76\ cm)\cdot(13.595\ g/cm^3)\cdot(980.665\ cm/s^2) \\ &= 1.0132\times10^6\ g/(cm\cdot s^2) \\ &= 1.0132\times10^6\ dyne/cm^2 \\ &= 1.0132\times10^5\ N/m^2 \\ &= 14.70\ lb/in^2\ (psi)\end{aligned} \tag{3-4}$$

一般大氣壓力之單位常以毫巴（millibar，簡寫為mb）以及巴斯卡 $(Pascal = N/m^2)$ 來表示；由於一個毫巴等於 1000 $dyne/cm^2$，所以

$$1\ atm = 1013.2\ mb = 1.0132\times10^5\ Pascal \tag{3-5}$$

大氣中包括乾空氣與水汽，利用理想氣體公式，可將大氣壓力表示為

$$P_a = \rho_a \frac{R_0}{M_a} T = \rho_a R_a T \tag{3-6}$$

式中P_a為濕空氣（乾空氣與水汽）壓力；ρ_a為溼空氣密度；R_0為萬用氣體常數 (universal gas constant, $R_0 = 1.9857\ cal/K/mol$)；M_a為濕空氣之分子重 (molecular weight)；R_a為濕空氣之氣體常數，其值隨空氣中所含水汽比例之增加而增大；T為絕對溫度 (absolute temperature, K)。

2. 水汽壓力

水汽壓力 (vapor pressure) 僅佔大氣壓力的一部分，可表示為

$$e = \rho_v R_v T \tag{3-7}$$

式中 e 為水汽壓力；ρ_v 為水汽密度；R_v 為水汽之氣體常數。因大氣壓力為水汽壓力與乾空氣壓力之總和，因此乾空氣壓力為

$$P_d = P_a - e = \rho_d R_d T \tag{3-8}$$

式中 ρ_d 為乾空氣密度；R_d 為乾空氣之氣體常數。在同溫同壓情況下水汽分子重 (vapor molecular weight, $M_v = 18$) 為乾空氣分子重 ($M_d = 29$) 之 0.622 倍，因此 $R_v = R_d / 0.622$。也因為水汽分子較乾空氣分子為輕，因此較溼的空氣（含大量水汽）比較乾的空氣（含少量水汽）為輕；所以低氣壓代表水汽較多，為即將要降雨的表徵。

3. 飽和水汽壓力

在固定溫度下，大氣中水汽的含量有其極限值，稱之為飽和水汽壓力 (saturated vapor pressure)，以 e_s 表示之。而此飽和水汽壓力值隨溫度之升高而加大，其關係如圖 3-1 所示。圖 3-1 之飽和水汽壓力 e_s 與溫度 T 之關係，可表示為如下之近似公式 (Raudkivi, 1979)

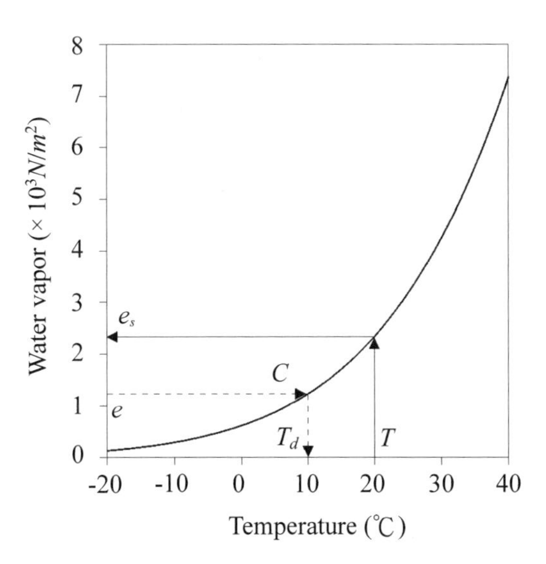

圖 3-1 空氣溫度與飽和水汽壓之關係曲線

$$e_s = 611\exp\left(\frac{17.27T}{237.3+T}\right) \tag{3-9}$$

式中 e_s 為飽和水汽壓力 (N/m^2)；T 為溫度 (℃)。

4. 濕度

溼度可用以估計大氣中之水汽含量，一般用以下四種方式衡量溼度：

⑴絕對濕度

絕對濕度 (absolute humidity) 為單位體積中之水汽質量，常以 g/m^3 表之，亦即是大氣之水汽密度 ρ_v (vapor density)。由於 $R_v = R_d/0.622$，因此利用（3-7）式可得

$$H_a = \rho_v = 0.622\frac{e}{R_d T} \tag{3-10}$$

式中 H_a 為絕對溼度 (g/cm^3)；e 為水汽壓力 (mb)；T 為絕對溫度 (K)。

⑵相對濕度

相對濕度 (relative humidity) 為同溫度某容積中，空氣中之水汽量與飽和水汽量之比，或某溫度汽壓力與該溫度飽和汽壓力之比。相對濕度為一無因次值，普通以百分數表示之，其公式為

$$H_r(\%) = 100\frac{m_v}{m_s} = 100\frac{e}{e_s} \tag{3-11}$$

式中 H_r 為相對濕度；m_v 為空氣中水汽量；m_s 為同溫度空氣飽和時之水汽量。

⑶比濕度

比濕度 (specific humidity) 為單位質量濕空氣中之水汽質量，其值等於水汽密度與濕空氣密度之比，可表示為

$$H_s = \frac{\rho_v}{\rho_a} = \frac{\rho_v}{\rho_d+\rho_v} = \frac{\frac{e}{R_vT}}{\frac{P_d}{R_dT}+\frac{e}{R_vT}}$$
$$= \frac{0.622e}{P_d+0.622e} = \frac{0.622e}{P_a-0.378e}$$
$$\approx 0.622\frac{e}{P_a} \quad (3\text{-}12)$$

式中 ρ_a 為濕空氣密度；ρ_d 為乾空氣密度。

(4)混合比

混合比 (mixing ratio) 為水汽質量與乾空氣質量之比，或為水汽密度與乾空氣密度之比，公式為

$$W_r = \frac{m_v}{m_d} = \frac{\rho_v}{\rho_d} = \frac{0.622e}{P_a-e} \quad (3\text{-}13)$$

式中 m_d 為乾空氣質量。

最常用於濕度量測之儀器為乾濕濕度計 (psychrometer)，該儀器由兩個溫度計組合而成；其中一個溫度計裸露於空氣中，另一個溫度計的水銀球則用細紗布包裹並浸於蒸餾水中。由於蒸發過程吸收蒸發潛熱所致的冷卻效應，濕球溫度計之讀數必低於乾球溫度計，故藉由二者溫度讀數，並參照濕度表即可求出相對濕度。此外，毛髮濕度計 (hair hygrometer) 是利用毛髮長度隨相對濕度而變的特性製成，處理過的毛髮經由機械裝置來顯示其長度變化，進而得知相對濕度值。其他尚有露點濕度計 (dew-point hygrometer)、光譜濕度計 (spectral hygrometer) 與電子濕度計 (electrical hygrometer) 等；在氣象因子中，濕度為最難以精確量測的物理量之一。

5. 露點

露點 (dew point) 為於一定壓力與水汽含量之條件下，空氣冷卻變成飽和之溫度。在一般情況下，空氣中之水汽通常為未飽和狀態，但如周圍環

境之溫度遽降，則可達水汽飽和狀態。圖 3-1 為溫度與飽和汽壓之關係曲線；設溫度為 T，其飽和汽壓為 e_s，如相對濕度 H_r 為已知，則可求得當時之汽壓 e，再由汽壓 e 繪一水平直線交曲線於 C 點，即可求得所對應的露點溫度 T_d。因此圖 3-1 所表示之物理量，除了先前所述為溫度（T）與飽和汽壓（e_s）之關係之外，亦可解釋為露點溫度（T_d）與汽壓（e）之關係圖。

6. 可降水量

空氣中之水汽因凝結而後發生降雨，故欲瞭解某地區目前之可降雨量 (precipitable water)，可計算該地區單位面積上空氣柱 (atmospheric column) 之水汽含量，即

$$W_p = \int_0^z \rho_v dz \qquad (3\text{-}14)$$

式中 z 為積分上限；通常可降水量之計算是由地表面至 8000 公尺處高空。假設大氣壓之垂直分佈符合靜壓力分佈 (hydrostatic pressure distribution)，則

$$dP_a = -\rho_a g dz \qquad (3\text{-}15)$$

因此由（3-14）式與（3-15）式得

$$\begin{aligned} W_P &= \frac{1}{g}\int_P^{P_0} \frac{\rho_v}{\rho_v + \rho_d} dP_a \\ &= \frac{1}{g}\int_P^{P_0} H_s dP_a \end{aligned} \qquad (3\text{-}16)$$

式中 H_s 為比濕度；P_0 為地表面大氣壓力。將（3-12）式之比濕度代入上式可得

$$W_P = \frac{0.622}{g}\int_P^{P_0} e\frac{dP_a}{P_a} \qquad (3\text{-}17)$$

式中 W_P 為可降水量，單位為 g/cm^2；P_a 的單位為 mb。若知道 e 與 P_a 間之關係，則可積分求得此式之解析解。而若採用數值積分方法，則必須將氣

柱分隔為數個氣層計算後再累加之，以確保壓力在各氣層內為定值。前述所求者為可降水量的質量，將之除以水密度並考慮單位換算，即可轉換成可降水量之水深。上述計算所得的可降水量是表示所有空氣柱內之水汽都凝結落至地表，但是由於風與大氣環流的作用，這種情形相當罕見；因此可降水量與當地實測降雨量，往往有很大的差異。

例題 3-1

㈠已知水汽 (water vapor) 和乾空氣之密度分別為 0.014 kg/m^3 與 1.166 kg/m^3，試求絕對濕度、比濕度、混合比。

㈡已知氣溫為 20℃，相對濕度為 73%，試求汽壓 (vapor pressure) 及露點溫度。（82 水利專技）

提示：飽和汽壓 e_s（單位：N/m^2）和氣溫 T（單位：℃）之關係如下：

$$e_s = 611\exp\left(\frac{17.27T}{237.3+T}\right)$$

解：

㈠絕對濕度 $H_a = \rho_v = 0.014\ kg/m^3 = 1.4\times10^{-5}\ g/cm^3$；

比濕度 $H_s = \dfrac{\rho_v}{\rho_\alpha} = \dfrac{\rho_v}{\rho_d+\rho_v} = \dfrac{0.014}{1.166+0.014} = 0.0119$；

混合比 $W_r = \dfrac{\rho_v}{\rho_d} = \dfrac{0.014}{1.166} = 0.012$。

㈡已知

$$H_r(\%) = 100\ e/e_s = 73\% \qquad (E3\text{-}1\text{-}1)$$

$$e_s = 611\exp\left(\frac{17.27\times20}{237.3+20}\right) = 2339.05\ N/m^2 \qquad (E3\text{-}1\text{-}2)$$

利用（E3-1-1）得水汽壓

$$e = \frac{73}{100}\times2339.05 = 1707.50\ N/m^2 \qquad (E3\text{-}1\text{-}3)$$

將 $e = 1707.50\ N/m^2$ 代入（E3-1-2）得

$$1707.50 = 611\exp\left(\frac{17.27 \times T_d}{237.3 + T_d}\right) \quad \text{(E3-1-4)}$$

故求得 $T_d = 15$℃（作法如圖 3-1 所示）。 ◆

例題 3-2

下表為某地之標高、溫度、壓力及汽壓記錄。試求地表至 14000 英呎高空氣柱之可降水量。（83 水利高考二級）

標高 (1,000 ft)	0	2	4	6	8	10	12	14
氣溫 (°F)	59	52	45	38	30	23	16	9
壓力 (mb)	1,013	942	875	812	753	697	644	595
汽壓 (mb)	7.0	5.0	3.8	3.2	2.0	1.6	1.1	0.8

解：

表中第(1)、第(2)與第(3)欄位為已知，其它欄位分析步驟如下：

(1) 標高 (1,000ft)	(2) 壓力P_a (mb)	(3) 汽壓 e (mb)	(4) 比濕度H_s (10^{-3})	(5) 平均比濕度$\overline{H}_s$ (10^{-3})	(6) 壓力差ΔP_a (mb)	(7) $\overline{H}_s \Delta P_a$ (mb)
0	1,013	7.0	4.298			
2	942	5.0	3.301	3.800	71	0.2698
4	875	3.8	2.701	3.001	67	0.2011
6	812	3.2	2.451	2.576	63	0.1623
8	753	2.0	1.652	2.052	59	0.1211
10	697	1.6	1.428	1.540	56	0.0862
12	644	1.1	1.062	1.245	53	0.0660
14	595	0.8	0.836	0.949	49	0.0465
						$\sum \overline{H}_s \Delta P_a = 0.9530$

1. 第(4)欄位為比濕度 $H_s = 0.622\ e / P_a$；
2. 第(5)欄位為各高程間之平均比溼度，可由第(4)欄位的數據求得；
3. 第(6)欄位為各高程間之壓力差；
4. 利用第(7)欄位計算可降水量（質量）

$$
\begin{aligned}
W_p &= \frac{1}{g} \int_p^{p_0} H_s dP_a \\
&= \frac{1}{g} \sum \overline{H}_s \Delta P_a \\
&= \frac{1}{32.2} \times 0.9530 \cdot 100 \cdot 0.02089\ lb \cdot s^2/ft^3 \\
&= 0.0618\ slug/ft^2
\end{aligned}
$$

式中 $g = 32.2\ ft/s^2$；$1\ mb = 100\ N/m^2$；$1\ N/m^2 = 0.02089\ lb/ft^2$。可降水量之重量表示式除以密度 ($1.94\ slug/ft^3$) 後，即等於可降水量之深度表示式。故

$$
\begin{aligned}
W_{p(depth)} &= \frac{0.0618}{1.94} \cdot 12\ inch \\
&= 0.3823\ inch
\end{aligned}
$$

◆

3.1.2 降雨機制

降雨乃大氣中所含水汽因溫度降低，使得未飽和的水汽趨於飽和，而由汽態轉為液態之凝結過程。水汽冷卻凝結，須以凝結核 (condensation nucleus) 為核心，此類凝結核多為灰燼微粒、氧化物分子與鹽微粒，凝結水黏附此凝結核上而生成細小水珠。在對流層 (troposphere) 中，大氣之溫度隨其高程增加而降低。乾燥氣團平均每升高 1000 公尺，溫度下降 $9.8°C$ (Brutsaert, 1982)；此溫度隨高程之遞減率，稱之為乾絕熱遞減率 (dry-adiabatic lapse rate)。若氣團上升後，因降低溫度而致水汽凝結成水滴，放出大量蒸發潛熱，導致氣團溫度稍微增加，故其溫度遞減率變為 $6.5°C/km$，稱之為飽和絕熱遞減率 (saturated adiabatic lapse rate)。上升之氣團如因水汽凝結而發生降水，則釋出的部分蒸發潛熱隨著降雨落至地面，氣團中之熱能

因而散失至外部，雖其溫度遞減率與飽和絕熱遞減率相同，但其作用已非絕熱過程，稱之為假絕熱遞減率 (pseudo-adiabatic lapse rate)。

因此當氣團上升時，因周圍溫度降低，而導致氣團中之水汽凝結發生降雨；或是當高溫與低溫氣團混合所產生之冷卻，亦會發生降雨。而露、霜以及霧等次要降水，則是由高溫氣團與低溫地面之接觸冷卻，以及夜間氣團之輻射冷卻所形成的降水現象。

例題 3-3

某地面氣團之溫度為 20℃，而此時之露點溫度為 5℃。若此氣團由地面上升至海平面以上 3000 m，試推求此氣團溫度之變異。（87 海大河工）

註：已知乾絕熱遞減率為 9.8℃ /km，飽和絕熱遞減率為 6.5℃ /km。

解：

當氣團溫度高於露點溫度之時應採用乾絕熱遞減率，而當氣團溫度低於露點溫度時則應採用飽和絕熱遞減率；所以可得

$$(20-5)\times\frac{1000}{9.8}=1531\ m$$

$$3000-1531=1469\ m$$

$$1469\times\frac{6.5}{1000}=9.5℃$$

$$20-15-9.5=-4.5℃$$

◆

集水區內之雨量分佈與該集水區之地理位置、地形特性以及水源供給等因素有關；影響降雨之因素可簡述如下：

1. 地理位置：赤道附近地區因熱空氣對流旺盛，降雨量較多。地球上約三分之二的雨量降於南緯與北緯 30°之間。然而因地球表面風系之分佈，緯度也並非為唯一的主控因素。風本身並不能影響降水，但卻可攜帶大量水汽至其它地區而形成降雨。

2. 地形特性：氣團在前進過程時，如遇山麓將被迫上升，水汽因上升而冷卻，而後發生降雨。地面高程愈高則雨量愈多，故山地雨量較平地為多，較陡坡面之雨量亦大於較平坦地面之雨量；且迎風山坡之降雨大於背風山坡之降雨。
3. 水源供給：雨水之最大供給源為海洋，因熱帶地區海水之蒸發速率較快，愈近海洋之陸地，其雨水愈多。而近水庫、湖泊以及較大河川之地區，因水汽供給充分，故亦常有較大的降雨量。

3.2 降雨種類

如前節降雨機制所述，氣團上升過程因溫度降低，以致於水汽凝結而發生降雨；因此形成降雨的肇因為氣團抬升 (lifting) 所產生的動冷卻效應 (dynamic cooling)。氣團抬升的機制可分為對流抬升 (convective lifting)、地形抬升 (orographic lifting) 與氣旋抬升 (cyclonic lifting) 三類，茲詳述如下。

1. 對流雨 (convective precipitation)

對流雨為熱帶地區最典型的降雨形態；當地面受太陽照射而導致地面空氣溫度增高，空氣受熱膨脹而上升，遂發展成垂直氣流。此時上升氣團中的水汽，因動冷卻產生凝結，以致發生降雨。對流雨為範圍較小、延時較短的局部性降雨，盛行於夏季。對流雨生成時，常同時發生雷電，故又稱為熱雷雨 (thunder storm)。

2. 地形雨 (orographic precipitation)

當含有水汽之氣團向前移動，遇到山脈而被迫抬升，因動冷卻而致水汽凝結形成降雨，稱之為地形雨。影響地形降雨的重要因子有橫阻風向之山脈高度、局部坡度、山坡方向、水汽來源之距離、水汽含量與氣團移動速度等。如風向穩定，此種降雨一般降落於迎風面 (windward) 之山坡。一般言之，地形雨強度不大，但延時較長，是以對於大集水區之逕流量影響較大。

3. 氣旋雨 (cyclonic precipitation)

氣旋雨可區分為鋒面型 (frontal type) 與非鋒面型 (nonfrontal type) 兩種。如圖 3-2 所示，當氣團行進時，暖氣團取代冷氣團則其鋒面稱作熱鋒面 (warm front)；反之，冷氣團取代暖氣團則為冷鋒面 (cold front)；若鋒面不移動，即形成滯留鋒面 (stationary front)。熱鋒雨為攜有水汽之熱氣團，向前行進時遇冷氣團而爬升到其上方，佔據原屬於冷氣團的地區，因絕熱冷卻而降雨。冷鋒雨為攜有水汽之冷氣團，向前移動時遇一較高溫氣團，因其密度較大，而沿地面向熱氣團之下部楔入，熱氣團遂被迫上升發生動冷卻而形成降雨。

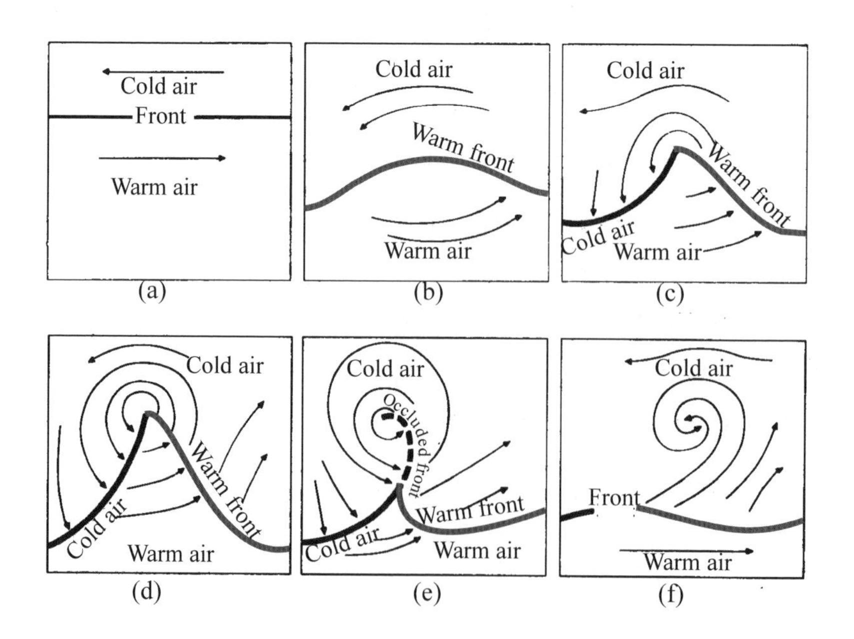

圖 3-2　北半球鋒面氣旋循環過程（Chow et al., 1988）

氣團的移動是由氣壓較高處流向氣壓較低處；如圖 3-3 所示，在北半球，低氣壓區的空氣作反時針方向的內聚型旋轉，高氣壓區的空氣則作順時針方向的外散型旋轉。低氣壓系統稱作氣旋 (cyclone)，高氣壓系統則稱作反氣旋 (anticyclone)。在南半球，氣壓系統之旋轉方向恰與北半球相反。

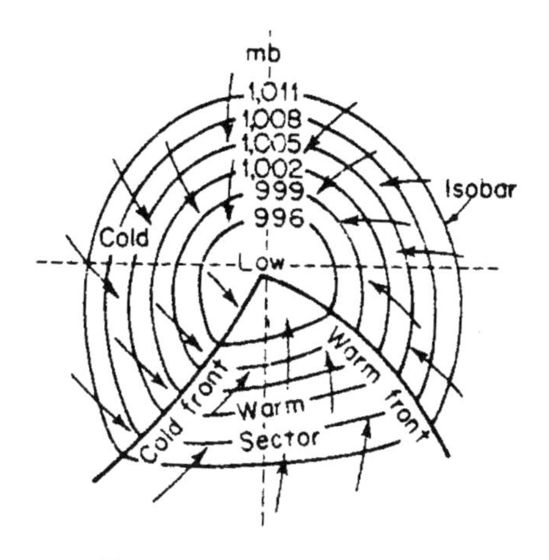

(a) cyclone (low pressure center)

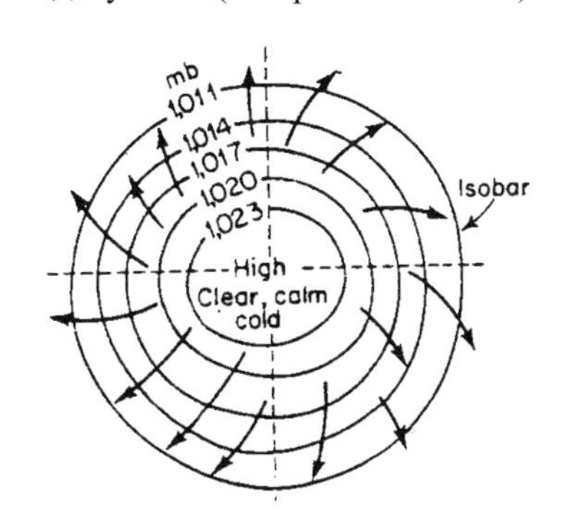

(b) anticyclone (high pressure center)

圖 3-3　北半球之氣旋與反氣旋（Trewartha, 1954）

在西太平洋地區由於太陽終年直射海面，蒸發量鉅大，水汽升高時，將海面空氣挾帶上升，因中心氣團上升速度極大，而導致周圍氣團向中心移動速度亦甚大，故造成氣流之極端擾動，乃形成颱風 (typhoon)。每年侵襲台灣地區的颱風，即屬於非鋒面型氣旋雨。

3.3 降雨紀錄補遺與校正

量測降雨之儀器稱作雨量計 (rain gage)，依操作方式可分為非自記式雨量計與自記式雨量計兩種。在缺乏或無法設置雨量站的地方，則可採用雷達或衛星進行降雨之觀測。記錄降雨量在時間上變化之圖形稱為降雨歷線或稱降雨組體圖 (rainfall hyetograph)，一般是採用柱狀圖來顯示單位時間內的平均降雨強度值；若座標是以累積雨量呈現者，則稱作降雨累積曲線 (rainfall mass curve)。

降雨紀錄常因人為因素或雨量計機件故障而有缺漏。對於缺漏之雨量紀錄，可應用附近較完整之水文站紀錄，以填補該站漏失之紀錄。有時因降雨資料蒐集程序改變，而導致所收集之降雨資料特性發生變異，必須進行紀錄校正工作，茲分述如下。

3.3.1 降雨紀錄補遺

降雨紀錄補遺之方法可分為以下三種：

1. 內插法 (interpolation method)

如圖 3-4 所示，若集水區內設有雨量站 A、B、C、D、E 及 F 六站，B、C、D、E、F 之雨量紀錄為完整。某次暴雨之即時雨量紀錄 P_B、P_C、P_D、P_E、P_F 為已知，但 P_A 遺失，則可用簡單的內插法以求 A 站之雨量如下

$$P_A = \frac{1}{5}(P_B + P_C + P_D + P_E + P_F) \tag{3-18}$$

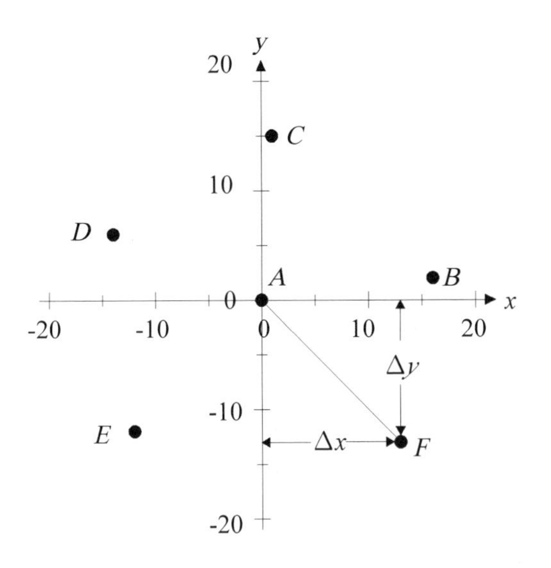

圖 3-4 集水區雨量站分佈

上述方式僅可用於各雨量站與 A 站之年雨量差值小於 A 站年雨量之 10%，否則應採用較精確之正比法。

2. 正比法 (normal ratio method)

此法乃將各測站之年雨量予以加權 (weighting)，其方法如下

$$P_A = \frac{1}{5}\left(\frac{N_A}{N_B}P_B + \frac{N_A}{N_C}P_C + \frac{N_A}{N_D}P_D + \frac{N_A}{N_E}P_E + \frac{N_A}{N_F}P_F\right) \tag{3-19}$$

式中 N_A、N_B、N_C、N_D、N_E 與 N_F 分別表示 A、B、C、D、E 與 F 雨量站之年雨量值。因雨量分佈與地形關係密切，正比法適合使用於地形變化較大地區之雨量紀錄補遺。

3. 四象限法 (four quadrants method)

由氣象與地形特性條件可知，相鄰地區的降雨量應較為接近。因此可假設紀錄遺失之雨量值與已知紀錄之測站的距離平方成反比，其計算方式

可表示如下

$$P_A = \sum_{i=1}^{N}\left(\frac{P_i}{\Delta X_i^2 + \Delta Y_i^2}\right) \Big/ \sum_{i=1}^{N}\frac{1}{\Delta X_i^2 + \Delta Y_i^2} \tag{3-20}$$

式中 N 為已知紀錄之測站總數；ΔX_i 與 ΔY_i 分別為已知紀錄測站與未知紀錄測站距離之 x 軸與 y 軸分量（如圖 3-4）。

例題 3-4

有相鄰之四雨量站 A，B，C，D，其七、八、九月份之長期月平均雨量如表一，今在某年中，D 站缺漏雨量紀錄，其餘三站七、八、九月份之雨量如表二，試補登錄 D 站在七、八、九月份之雨量？表中雨量皆以 mm 為單位。（85 水利專技）

表一

雨量站	A	B	C	D
七月	60	65	70	67
八月	50	55	65	60
九月	45	47	60	55

表二

雨量站	A	B	C	D
七月	55	65	75	?
八月	47	50	45	?
九月	45	40	55	?

解：

七月、八月與九月之長期平均雨量分別為：$N_A = 51.7\ mm$、$N_B = 55.7\ mm$、$N_C = 65\ mm$、$N_D = 60.7\ mm$，以此判別雨量站間之雨量差值

$$|N_A - N_D| = 9 > N_D\left(\frac{10}{100}\right) = 6.07$$

$$|N_B - N_D| = 5 < N_D\left(\frac{10}{100}\right) = 6.07$$

$$|N_C - N_D| = 4.3 < N_D\left(\frac{10}{100}\right) = 6.07$$

A 站與 D 站之差值過大，故應採用正比法，如下

$$7月\quad P_D=\frac{1}{3}\left(\frac{67}{60}\times 55+\frac{67}{65}\times 65+\frac{67}{70}\times 75\right)=66.7\ mm$$

$$8月\quad P_D=\frac{1}{3}\left(\frac{60}{50}\times 47+\frac{60}{55}\times 50+\frac{60}{65}\times 45\right)=50.8\ mm$$

$$9月\quad P_D=\frac{1}{3}\left(\frac{55}{45}\times 45+\frac{55}{47}\times 40+\frac{55}{60}\times 55\right)=50.7\ mm$$

◆

3.3.2 降雨紀錄校正

雙累積曲線分析 (double-mass curve analysis) 是用以檢視某測站資料蒐集程序有無變異的方法，這些變異可能肇因於儀器改變、觀測程序改變、計量器位置改變所導致人為或天然的變化。雙累積曲線圖通常以一可視為標準的測站紀錄為基準（或利用數個測站之量測值為基準），再配合需檢視之測站紀錄予以繪圖。如圖 3-5 所示，圖中之橫軸與直軸分別為五個測站雨量紀錄之平均累計值與需檢視測站雨量紀錄之累積值。在測站沒有變化的情況下，這兩項數值應呈現單一線性關係。但若有任何改變影響測站紀錄，將會造成圖中斜率的變化；必須調查其原因，並修正該紀錄。

如圖 3-5 所示，欲修正 1996 年之後的紀錄，使之與前期紀錄之特性相一致，則可利用下式修正 1997 年至 2000 年之紀錄

$$P_{adj}=P_{obs}\cdot\left(\frac{B}{A}\right) \tag{3-21}$$

式中 P_{adj} 為校正後之累積雨量；P_{obs} 為觀測之累積雨量；B/A 如圖中所示之校正率。上述的作法，原則上是認為前期水文紀錄（1991 年至 1996 年）的可信度較高，因此用其校正後期水文紀錄（1997 年至 2000 年）。有時基於某種原因考量，亦有可能以 1996 年至 2000 年之紀錄為基準，而用以校正 1991 年至 1995 年之紀錄。

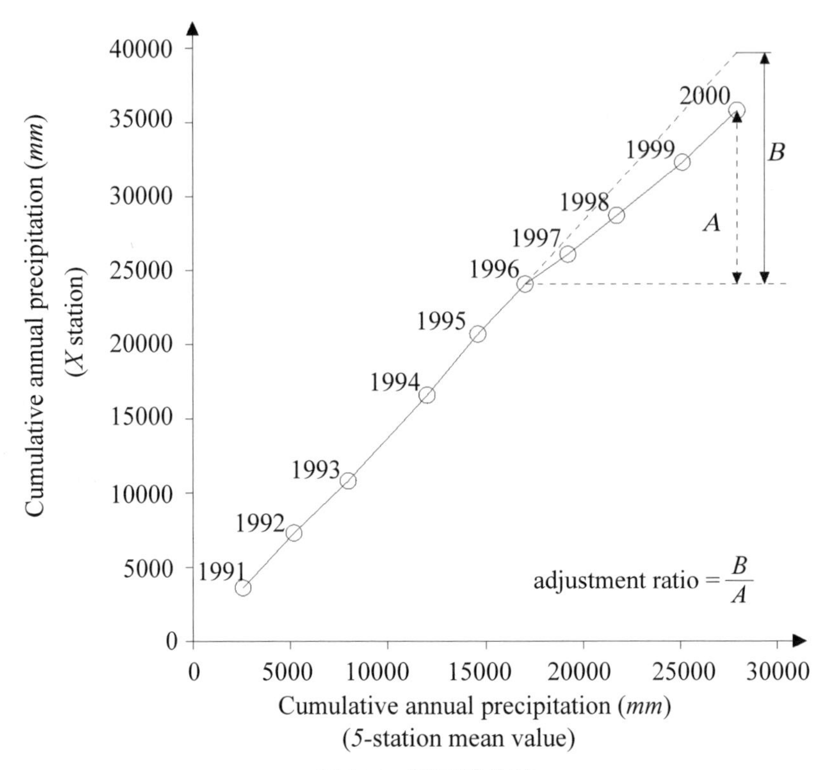

圖 3-5 雙累積曲線

例題 3-5

*X*站之年降水量及其周圍五站之平均年降水量如下表所示，試求㈠*X*站記錄之一致性，㈡何年該區產生變化？㈢校正*X*站之雨量記錄。

年份		1991	1992	1993	1994	1995	1996	1997	1998	1999	2000
年雨量 (*mm*)	*X*站	3,600	3,700	3,500	5,800	4,100	3,400	2,000	2,600	3,600	3,500
	五站平均	2,600	2,600	2,800	4,000	2,600	2,400	2,200	2,500	3,400	2,800

解：

利用上表資料，分析步驟如下所述：

年份		1991	1992	1993	1994	1995	1996	1997	1998	1999	2000
累積雨量 (*mm*)	*X*站	3,600	7,300	10,800	16,600	20,700	24,100	26,100	28,700	32,300	35,800
	五站平均	2,600	5,200	80,00	12,000	14,600	17,000	19,200	21,700	25,100	27,900
*X*站校正紀錄	年雨量	3,600	3,700	3,500	5,800	4,100	3,400	**2,654**	**3,450**	**4,777**	**4,645**

1. 首先計算累積雨量，並將此累積雨量資料繪成如圖 3-5，利用雙累積曲線圖即可檢視得知*X*站雨量資料並無一致性；
2. 由圖中可以看出，直線斜率在 1996 年以後發生改變；
3. 由圖 3-5 可知 1991 年至 1996 年線段之斜率為

$$S=\frac{24100-3600}{17000-2600}=1.424$$

4. 因圖中虛線代表 1991 年至 1996 年數據之延伸段，所以*B*值之關係式為

$$S=1.424=\frac{B}{27900-17000}$$
$$\therefore \quad B=15522$$

5. 利用 1996 年至 2000 年之數據推求*A*值，可得

$$A=35800-24100=11700$$
$$\therefore \quad B/A=15522/11700=1.327$$

6. 利用校正率*B*/*A*校正*X*站 1997 年以後的數據；例如，1997 年校正值為

$$P_{1997}=2000\times1.327=2654\ mm$$

其餘年份之記錄校正，如上表所示。 ◆

3.4 降雨分析

降雨為水文系統中最主要的輸入變數，為了避免錯誤的推論，必須對降雨資料作適當的分析。由於降雨具有時間與空間的變異性，因此需以下述之統計方式進行處理。

3.4.1 集水區平均降雨

在進行集水區降雨逕流模擬過程中（詳見第七章），往往需要知道集水區於各不同時段之空間上的平均降雨量。一般可應用下列三種方法以推算集水區之平均雨量。

1. 算術平均法 (arithmetic averaging method)

將集水區內各雨量站紀錄累加再除以其測站數 N，如下

$$\bar{P}=\frac{1}{N}\sum_{i=1}^{N}P_i \tag{3-22}$$

式中 $\bar{P}$ 為集水區平均雨量。此法之優點為簡易快速，適用於地形平坦、雨量變化較小之區域。但因其未考慮水文站控制之範圍及地形變化，準確性較差。

2. 徐昇多邊形法 (Thiessen polygons method)

若考慮降雨之空間變異，可依各雨量站之相對位置，以決定各雨量之控制面積。此法是將 N 個水文站以直線相互連接，構成多個三角形，再做三角形各邊之垂直平分線，三垂直平分線必交於一點，即為三角形之外心（如圖 3-6）。連接各三角形之外心，可形成 N 個徐昇多邊形網 (Thiessen polygon network)，而每個雨量站所控制之範圍為該多邊形面積A_i，因此可得集水區之平均雨量為

$$\overline{P}=\frac{\sum_{i=1}^{N}P_iA_i}{\sum_{i=1}^{N}A_i} \tag{3-23}$$

此法之精確度較算術平均法為佳，唯其仍未能完全考慮地形之變化。

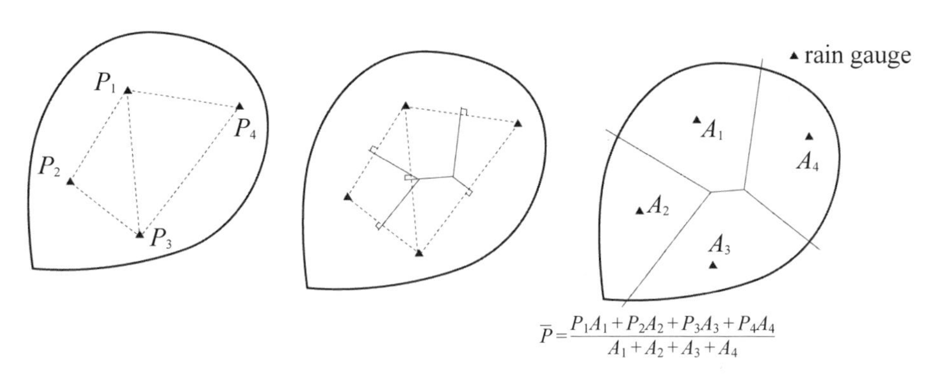

圖 3-6　徐昇氏多邊形法

3. 等雨量線法 (isohyetal method)

此法乃利用雨量站之位置與雨量資料，線性內插得等雨量線圖（如圖3-7），利用求積儀 (planimeter) 測出不同等雨量線（isohyets）所圍成之面積A_i，而後乘上該兩等雨量線之平均值，最後累加得其總和，再除以集水區總面積。等雨量線法能考慮地形變化所生成之影響，其值最為精確，但手續繁瑣。

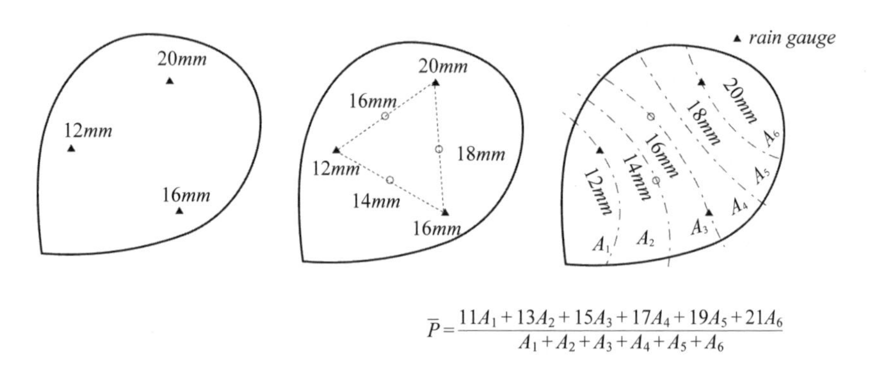

圖 3-7　等雨量線平均雨量法

例題 3-6

有一矩形集水區，其四個角落之位置座標分別為（0,0）、（0,10）、（14,10）及（14,0）。集水區內設有四個雨量測站，各測站所在位置的座標及降雨量如下表。所有座標值的單位均為公里。試以徐昇法推算此集水區的平均降雨量及逕流總體積（註：假設無任何降雨損失。）（86 水利中央簡任升等考試）

雨量站位置	（4,2）	（4,7）	（11,7）	（11,2）
降雨量（*cm*）	1.5	2.0	2.4	4.3

解：

繪徐昇多邊形網如圖 E3-6 所示，則各雨量站所控制之面積分別為

$$A_{(4,2)}=7.5\times4.5=33.75$$
$$A_{(4,7)}=7.5\times5.5=41.25$$
$$A_{(11,7)}=6.5\times5.5=35.75$$
$$A_{(11,2)}=6.5\times4.5=29.25$$

平均降雨量為

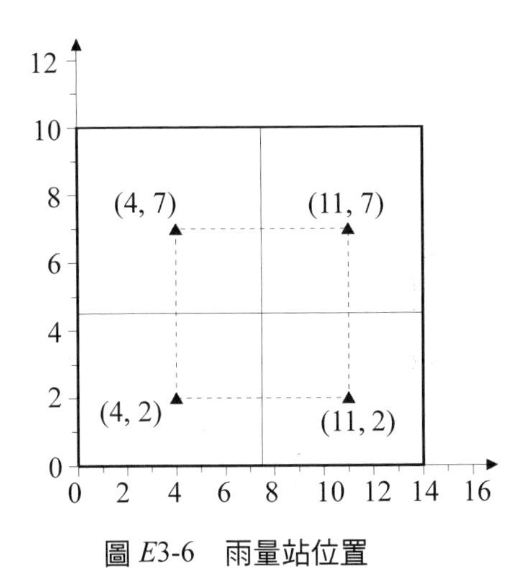

圖 *E*3-6 雨量站位置

$$\overline{P}=\frac{1.5\times 33.75+2.0\times 41.25+2.4\times 35.75+4.3\times 29.25}{33.75+41.25+35.75+29.25}$$
$$=2.46\ cm$$

逕流總體積則為

$$Q=\overline{P}A$$
$$=\frac{2.46}{100}\cdot 140\times 10^6$$
$$=3.444\times 10^6\ m^3$$

◆

3.4.2 降雨強度-延時-頻率曲線

降雨的特性可以降雨強度 (rainfall intensity) 與降雨延時 (rainfall duration) 來表示，水資源規劃與設計時，除了需要考慮降雨強度與延時之間的關係外，還需要考慮某一特定降雨強度與延時之降雨的發生頻率 (frequency)。這種由降雨強度、延時與頻率三種變數所畫出的關係圖，稱為降雨強度-延時-頻率曲線 (intensity-duration-frequency curves，簡稱 *IDF* 曲線)。

IDF 曲線常以圖示呈現，表示某一特殊發生機率情況下降雨強度與降雨延時之關係。此發生機率一般以重現期 (return period) 稱之，其定義為等於或大於某水文量之水文事件，發生所需之平均時距，亦即該事件在單位時間內發生機率之倒數。圖 3-8 為基隆河集水區五堵雨量站之 *IDF* 曲線，圖中顯示降雨延時等於 10 小時，重現期為 25 年，其所對應的降雨強度為 39 mm/hr。由圖中可以得知，在同一重現期情況下，較長的降雨延時對應較低強度的降雨；反之，較短的降雨延時則對應較高強度的降雨。

在此必須特別說明的是，*IDF* 曲線中之降雨延時並非為暴雨的真實歷時長度。例如以圖中延時為 10 小時所對應的降雨強度而言，該數據是從延時較 10 小時為長之暴雨紀錄，所篩選出來的連續 10 小時最大平均降雨強度。因此 *IDF* 曲線是由許多不同場次暴雨資料所顯示之結果，此圖無法呈現某一場真實暴雨的時間歷程。

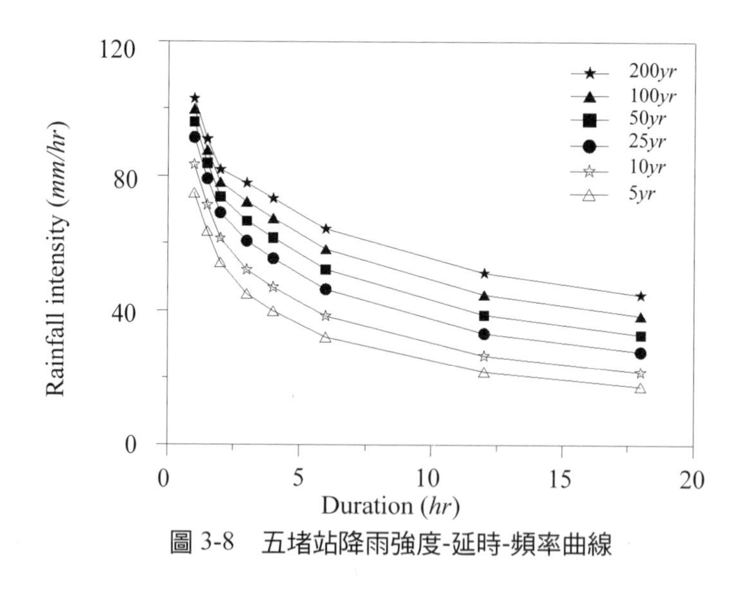

圖 3-8　五堵站降雨強度-延時-頻率曲線

為避免判圖過程所導致資料讀取的誤差，*IDF* 曲線亦可表示為迴歸公式之型式，例如台灣地區常用的 Horner 公式

$$i=\frac{a}{(t_d+b)^c} \tag{3-24}$$

式中 i 為降雨強度；T_d 為降雨延時；a、b 與 c 為係數，隨地點與重現期而變。另有包含重現期 T 之公式，可表示如下

$$i=\frac{aT^d}{(t_d+b)^c} \tag{3-25}$$

或是

$$i=\frac{aT^d}{(t_d)^c} \tag{3-26}$$

式中 a、b、c 與 d 均為係數。

例題 3-7

下表為某站 1992 年 7 月 1 日之暴雨資料

時間 (min)	0	5	10	15	20	25	30	35	40
降雨量 (in)	0	0.07	0.20	0.25	0.22	0.21	0.16	0.12	0.03

試回答下列問題：

㈠繪降雨組體圖 (Rainfall hyetograph)。

㈡繪累積雨量組體圖 (Cumulative rainfall hyetograph)。

㈢求 10 分鐘之最大降雨深度及降雨強度。

㈣求 20 分鐘之最大降雨深度及降雨強度。

㈤求 30 分鐘之最大降雨深度及降雨強度。（81 水保專技）

解：

㈠以時間與降雨量點繪者即為降雨組體圖，如圖 E3-7-1；

㈡降雨量隨時間累積者則為累積雨量組體圖，累積雨量如下表所示，並繪於圖 E3-7-2；

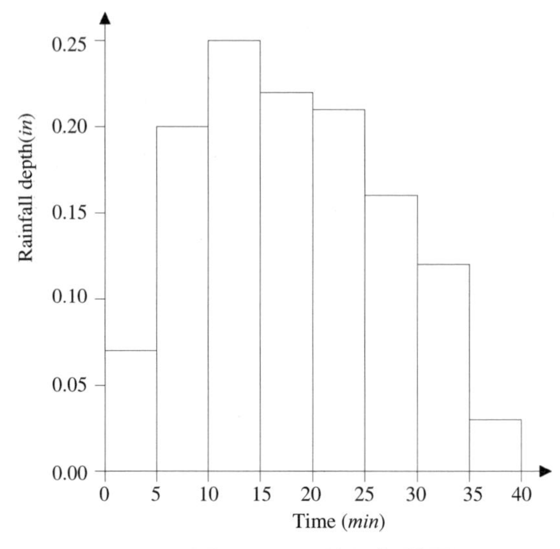

圖 E3-7-1　降雨組體圖

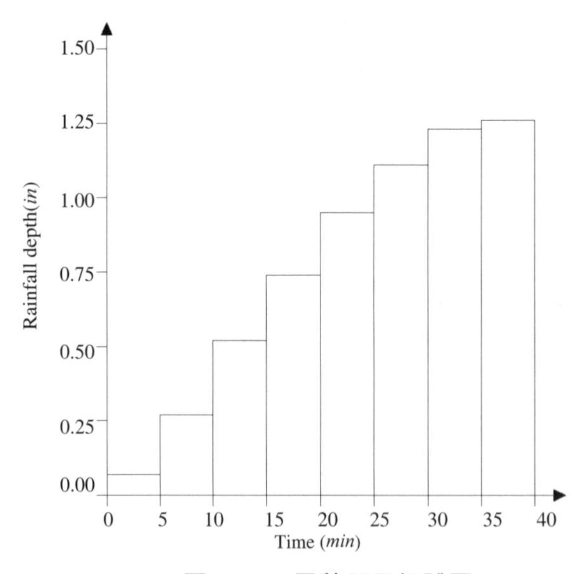

圖 E3-7-2 累積雨量組體圖

時間(*min*)	0	5	10	15	20	25	30	35	40
累積雨量(*in*)		0.07	0.27	0.52	0.74	0.95	1.11	1.23	1.26

㈢由降雨組體圖中選取連續 10 分鐘之最大降雨深度P_{10}，除以時間間距即為降雨強度i_{10}

$$P_{10} = 0.25 + 0.22 = 0.47 \ in$$
$$i_{10} = 0.47 / 10 = 0.047 \ in / min$$

㈣ 20 分鐘之最大降雨深度及降雨強度為

$$P_{20} = 0.20 + 0.25 + 0.22 + 0.21 = 0.88 \ in$$
$$i_{20} = 0.88 / 20 = 0.044 \ in / min$$

㈤ 30 分鐘之最大降雨深度及降雨強度為

$$P_{30} = 0.20 + 0.25 + 0.22 + 0.21 + 0.16 + 0.12 = 1.16 \ in$$
$$i_{30} = 1.16 / 30 = 0.039 \ in / min$$

◆

3.4.3 降雨深度-面積修正曲線

降雨強度-延時-頻率曲線是由單一雨量站紀錄所推導而得，曲線中的數值代表著該位置點，在特定重現期與降雨延時情況下之最大降雨量。然而對某一場特殊暴雨而言，其降雨強度是由暴雨中心向外圍逐漸遞減；因此進行水文設計時，若利用 *IDF* 曲線上的數值，以代表一個面積大於 10 km^2 集水區之降雨量，則將有高估集水區雨量之疑慮，進而影響集水區設計流量之正確估計。

圖 3-9 所示為利用一個地區數個雨量站紀錄，所分析得到之降雨深度-面積-延時曲線 (depth-area-duration curve，簡稱 *DAD* curve)。該圖顯示在特定延時情況下，區域降雨總深度隨面積之增加而減少。由於此圖分析過程繁瑣費時，在無足夠降雨紀錄下，世界氣象組織 (World Meteorological Organization, 1983) 建議採用如圖 3-10 所示之降雨面積遞減圖。因此將點降雨資料乘以圖 3-10 之折減百分率，則可以修正由 *IDF* 曲線所得到之點降雨數值。

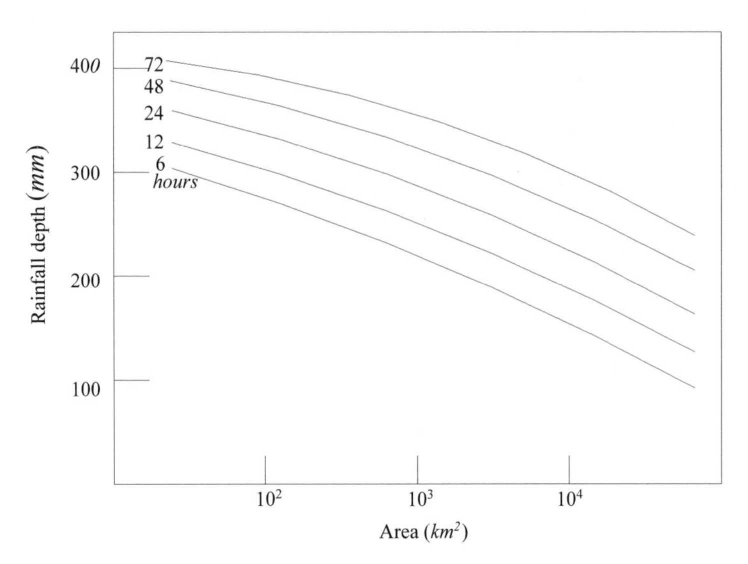

圖 3-9 降雨深度-面積-延時曲線

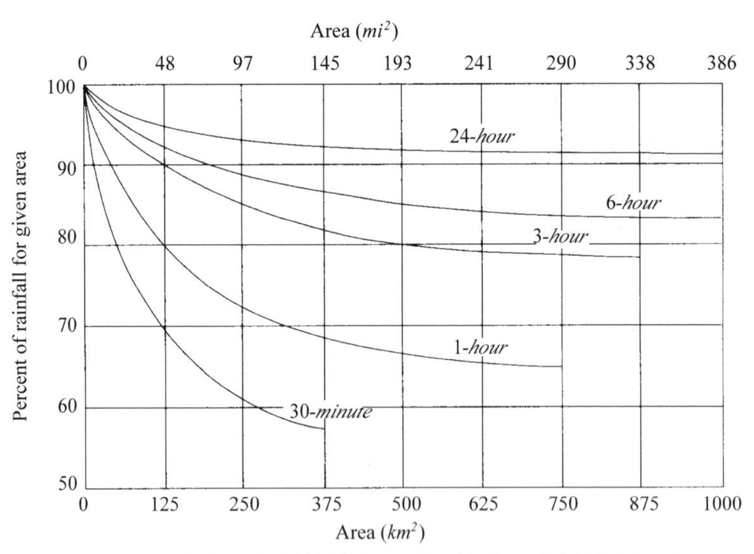

圖 3-10 點降雨資料轉換為區域平均降雨之折減百分率
(World Meteorological Organization, 1983)

3.5 設計暴雨

設計暴雨 (design storm) 是水文設計過程所需之輸入條件，若將設計暴雨經集水區降雨逕流演算方法，即可得到集水區出口點之出流量，稱之為設計流量 (design discharge)。設計暴雨可以表示為某位置點之降雨深度，或是指定暴雨延時內之降雨時間分佈，或經由等雨量線圖顯示降雨之空間分佈形態。本節內容包含設計雨型之說明，以及可能最大降雨的推估方法。

3.5.1 設計雨型

雨型是指降雨在某一段時間內之分佈情形，由於降雨強度-延時-頻率曲線上的數值是特定降雨延時內之平均降雨強度（或降雨總量），因此需應用設計雨型 (design hyetograph) 理論，將降雨總量分佈至所指定的延時之內。雨型設計過程須將歷年降雨紀錄予以整理分類，應用統計方法分析最可能產生之雨型分佈。推求設計雨型的方法眾多，本書僅就應用最廣的交替組體法 (alternating block method) 作一介紹。

交替組體法 (Chow et al., 1988) 是直接利用降雨強度-延時-頻率曲線，所發展而成的設計雨型方法。此法是在降雨延時 t_d 中分為 n 個組體，每個組體之時間間距為 Δt，故總延時為 $t_d = n\Delta t$。當選取適當之重現期後，自 *IDF* 曲線（或 *IDF* 迴歸公式）讀取延時分別為 Δt、$2\Delta t$、$3\Delta t$、...、t_d 之降雨強度，再計算相對應的總降雨深度，接著計算各時距間之降雨增量。若將最大的增量置於總延時 t_d 之中間，而後將其它增量由大至小交替置於最大增量之兩側，則形成延時為 t_d 的設計雨型。

交替組體法之設計雨型分析步驟，可參考例題 3-8 所述。Wenzel（1982）的研究顯示，降雨尖峰 t_p 通常發生在整個降雨延時 t_d 的前半段時間裡，即 $t_p = 0.4\,t_d \sim 0.5\,t_d$。因此若有研究地區降雨尖峰發生時刻之分析資料，可考慮將上述之最大增量置於非中間位置。

例題 3-8

某地區重現期為 25 年之降雨強度公式可表示如下

$$i=\frac{537.06}{(t_d+17)^{0.425}}$$

式中 i 為降雨強度 (mm/hr)；t_d 為降雨延時 (min)。試以交替組體法推求延時為 12 hr 之設計雨型。

解：

第(1)欄位為降雨延時，其它欄位可依下述步驟分析：

(1) 延時 (hr)	(2) 降雨強度 (mm/hr)	(3) 總降雨深度 (mm)	(4) 單位時間降雨增量 (mm)	(5) 降雨組體 (mm)
1	84.8	84.8	84.8	20.7
2	66.4	132.8	48.0	22.2
3	56.9	170.7	37.9	24.3
4	50.8	203.2	32.5	29.3
5	46.5	232.5	29.3	37.9
6	43.2	259.2	26.7	84.8
7	40.5	283.5	24.3	48.0
8	38.4	307.2	23.7	32.5
9	36.6	329.4	22.2	26.7
10	35.0	350.0	20.6	23.7
11	33.7	370.7	20.7	20.6
12	32.5	390.0	19.3	19.3

1. 第(2)欄位是將降雨延時代入降雨強度公式中，所計算之降雨強度；

2. 第(3)欄位為降雨強度與延時之乘積，即相對應之降雨水深。例如，延時為 2-*hr*之累積降雨水深$P = it_d = 66.4 \times 2 = 132.8$ *mm*；

3. 第(4)欄位為單位時間降雨增量。例如 2-*hr* 的單位時間降雨增量為 $132.8 - 84.8 = 48.0$ *mm*；

4. 第(5)欄位為設計雨型之降雨組體。即將第(4)欄位之增量水深予以重排，將最大增量 (84.8*mm*) 置於第 6 小時；第二大增量 (48.0*mm*) 置於最大增量的右邊（第 7 小時）；第三大增量 (37.9*mm*) 置於最大增量的左邊（第 5 小時），餘者以此類推。其結果繪於圖 E3-8，圖中可見各時段之增量依序漸減分置於最大增量之左右。以此法可得代表 25 年降雨事件的設計雨型，其延時為 12 小時且最大增量位於延時之中間。 ◆

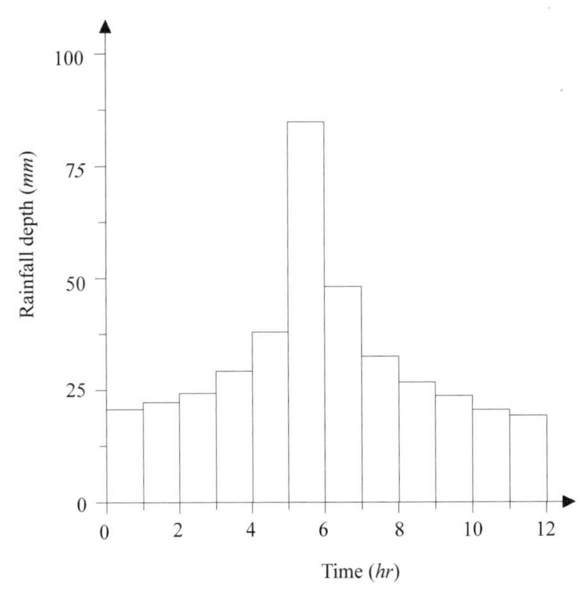

圖 E3-8 設計雨型

3.5.2 可能最大降雨

可能最大降雨 (probable maximum precipitation，簡稱 *PMP*) 是指在特定降雨延時情況下，某地區所可能產生的最大降雨深度。由於 *PMP* 之發生機率未知，因此其推求過程並不完全能與真實水文情況相符，一般是用於大壩排洪道等大型水工構造物的設計。

常見的 *PMP* 推求方法有以下三種：

1. 暴雨模式模擬

圖 3-11 為對流氣團模式 (convective cell model) 架構；圖中將暴雨結構分為三個部分所組成的垂直氣柱。入流區 (inflow region) 接近地面，故溫濕氣體由外部引進氣柱；上升區 (uplift region) 在中間，空氣上揚故使水汽凝結產生降雨；出流區 (outflow region) 為上層大氣，產生乾冷氣體流出氣柱之外，流出的空氣可降至外圍，帶起更多水汽後再度進入氣柱底部；這整個過程稱作對流氣團循環 (convective cell circulation)。當暴雨紀錄不足或代表性不夠、以及地勢崎嶇致使暴雨現象複雜，可採用暴雨模式以估算 *PMP*。

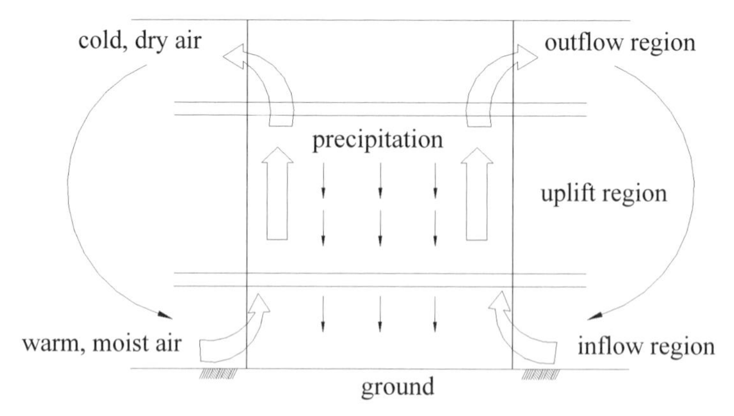

圖 3-11　對流氣團模式

2. 實際暴雨最大化

暴雨模式因過度簡化實際暴雨的結構，因此較佳的作法是利用實際暴雨紀錄，而將其所含水汽量增至最大值而得到*PMP*。此分析程序是分析該地區理論上氣團可能最大含水汽量，而修正實際觀測之暴雨雨量。

3. 暴雨移置法

若研究集水區內無合適的暴雨紀錄，則可藉由其它地區之暴雨紀錄以計算 *PMP* 值，稱之為暴雨移置法 (storm transposition)。該方法需選擇適合用以移置分析的暴雨，決定暴雨方位，並調整如露點溫度、高程以及地形效應等因素。

世界氣象組織 (World Meteorological Organization, 1983) 分析世界上最大降雨紀錄之關係為

$$P = 422T_d^{0.475} \tag{3-27}$$

式中 P 為降雨深度 (*mm*)；T_d 為降雨延時（*hr*）。此公式為分析世界各地降雨延時，由一分鐘至數個月的極大降雨觀測資料。

3.6 降雨損失

降雨損失 (abstraction) 是指總降雨量因集水區內之截留 (interception)、入滲 (infiltration)、窪蓄 (depression storage)、蒸發 (evaporation) 以及蒸散 (transpiration) 作用而減少的量。總降雨量扣除降雨損失，稱之為超量降雨 (rainfall excess)；此超量降雨經漫地流過程，而後匯入集水區河川網路系統，稱之為地表逕流 (surface runoff)。本章僅就截留與窪蓄先行討論，而入滲以及蒸發與蒸散現象則留待後續章節再作說明。

3.6.1 截留

截留是指植物或其它物體，攔阻降雨直接落於地表之過程。若降雨直接穿越攔阻而落於土地上，稱之為透雨 (through fall)。截留損失量僅佔總降雨量甚小部分。此截留損失量保留於植物或其它物體表面，若不為其所吸收，則終將經由蒸發作用返回大氣中。影響截留損失的因素包括：⑴暴雨特性，即強度與延時，⑵植物之形態、範圍與密度，以及⑶年度（或季節）內降雨發生之時間。

截留損失可區分為兩個部分，第一為截留貯蓄 (interception storage)，即抵擋風力及重力而保留於植物葉上之深度（或體積），其次為在整個暴雨延時內來自植物葉表面所發生的蒸發損失，合併這兩種過程可得到推估截留損失量之公式 (Horton, 1919)

$$L = S + KEt \tag{3-28}$$

式中 L 為截留損失量 (mm)；S為截留貯蓄深度 (mm)，通常在0.25 mm ～1.25 mm之間；K 為蒸發植物葉面與水平投影之比值；E 為蒸發率 (mm/hr) 以及 t 為降雨延時 (hr)。

美洲地區的分析顯示，微小降雨之截留量約佔年平均雨量的 25%。而中度暴雨之截留損失則顯現較大的變化，此截留量在生長季節中較大，而在其它時段較小。研究顯示截留量在生長季節可能佔總雨量的 7%～36%，年度內其餘時間則佔 3%～22% (Chow, 1964)。然而，強烈暴雨之截留損失僅佔總降雨量中的極少部分；在較長延時或罕見的暴雨過程中，截留之效應幾乎可予以忽略。因此在台灣地區進行洪水事件分析時，截留損失量往往不予考慮。

3.6.2 窪蓄

窪蓄 (depression storage) 是貯留降雨於坑、溝及其它天然或人造地表窪地之過程。此貯存於窪地之水份，可能經由蒸發而重返大氣層，或是以入滲方式成為土壤水份。一般而言，較平緩之集水區有較大的窪蓄量 (Viessman et al., 1977)。水文學上通常將窪蓄以等量深度 (equivalent depth) 表示；例如，Hicks (1944) 分析美國洛杉磯地區資料，得知砂土、壤土與黏土之窪蓄深度約分別為 5*mm*、4*mm* 與 3*mm*；Tholin and Keifer (1960) 利用美國芝加哥地區資料，估計部分透水之市區窪蓄量約為 6*mm*，而於鋪面地區之窪蓄量約為 2*mm*。由於窪蓄量的估算相對地較為困難，因此窪蓄常與其它水文損失如截留與入滲，併在一起以進行分析。

事實上窪蓄量是隨時間而變的；在降雨初期窪蓄量增加極為迅速，而後因窪蓄容積逐漸填滿，任何增加的水量都將會成為逕流。窪蓄的概念模式可以指數型式表示如下 (Linsley et al., 1949)

$$V_s = S_d\left(1 - e^{-kP_e}\right) \tag{3-29}$$

式中 V_s 為窪蓄之等量深度 (*mm*)；P_e 為超量降水 (precipitation excess)，為總降水深度扣除截留損失及總入滲深度；S_d 為窪蓄容量 (*mm*)；k 為常數。一般集水區之 S_d 值在 10 *mm* ～ 50 *mm* 之間，而常數 k 等於 $1/S_d$。

參考文獻

Brutsaert, W. (1982). ***Evaporation into the Atmosphere,*** D. Reidel, Dordrecht, Holland.

Chow, V. T. (1964). ***Handbook of Applied Hydrology,*** McGraw-Hill Book Co., New York.

Chow, V. T., Maidment, D. R., and Mays, L. W. (1988). ***Applied Hydrology,*** McGraw-Hill Book Co., New York.

Hicks, W. I. (1944). "A method of computing urban runoff," ***Transactions, ASCE,*** 109, 1217-1233.

Horton, R. E. (1919). "Rainfall interception," ***U.S. Monthly Weather Rev***., 47, 603-623.

Keifer, C. J. and Chu, H. H. (1957). "Synthetic storm pattern for drainage design," ***J. Hydr. Div., ASCE***, 83(HY4), 1-25.

Linsley, R. K., Kohler, M. A., and Paulhus, J. L. H. (1949). ***Applied Hydrology***, McGraw-Hill Book Co., New York.

Raudkivi, A. J. (1979). ***Hydrology,*** Pergamon Press, Oxford.

Tholin, A. L., and Keifer, C. J. (1960). "The hydrology for urban runoff," ***Transactions, ASCE***, 125, 1308-1379.

Trewartha, G. T. (1954). ***An Introduction to Climate***., 3rd ed., McGraw-Hill Book Co., New York.

Viessman, W., Knapp, J. W., Lewis, G. L., and Harbaugh, T. E. (1977). ***Introduction to Hydrology***, 2nd ed., Harper&Row Pub. Co., New York.

Wenzel, H. G. (1982). "Rainfall for urban stormwater design," in ***Urban Storm Water Hydrology***, ed. By David F. Kibler, Water Resources Monograph 7,

American Geophysical Union, Washington, D. C.

World Meteorological Organization (1983). ***Guide to Hydrological Practices***, Vol. Ⅱ, Analysis, forecasting and other applications, WMO no. 168, 4th ed., Geneva, Switzerland.

習 題

1. 解釋名詞

⑴露點（dew point）。（82 中原土木）

⑵相對濕度（relative humidity）。（80 中原土木）

⑶比濕度（specific humidity）。（88 水利中央簡任升等考試，88 台大農工）

⑷可降水量（precipitable water）。（88 水利高考三級，88 台大農工）

⑸降雨累積曲線（rainfall mass curve）。（82 水利檢覈）

⑹徐昇氏法（Thiessen method）。（87 淡江水環轉學考）

⑺降雨強度-延時-頻率曲線（rainfall intensity-duration-frequency curve）。（81 環工專技）

⑻雙累積曲線（double mass curve）。（87 台大農工）

⑼可能最大降水（probable maximum precipitation）。（85 水利高考三級，85 屏科大土木）

⑽地表保持（surface retention）。（88 水利中央簡任升等考試，84 水利高考二級）

⑾# 對流層（troposphere）。（88 水利高考三級）

⑿# 溫室效應（greenhouse effect）。（88 水利高考三級）

2. 海平面之空氣壓力為 1011.0mb，溫度為 25℃，露點溫度為 20℃；且知每升高 1000m，溫度將降低 9℃。

試求㈠海平面上之比濕度（Specific humidity）。

㈡ 1500m 高處之飽和水汽壓力。（88 水保專技）

註：飽和水汽壓力與溫度之關係可表示如下：

$$e_s = 2.749 \times 10^8 \exp\left(\frac{-4278.6}{T+242.79}\right)$$

其中，e_s：飽和水汽壓力（mb）；

T：溫度（℃）。

3.試由可降水量公式推導其深度表示式：

$$W_p(mm)=0.01\,\Sigma\,\overline{H}_s\Delta P_a$$
$$W_p(inch)=0.0004\sum\overline{H}_s\Delta P_a$$

式中$\overline{H}_s$為平均比溼度(g/kg)；ΔP_a為大氣壓力差(mb)。

4.假設一地方自地面起均為飽和之標準大氣，地面氣壓為 $101.3kPa$，地面溫度 $T=30$ ℃，溫度降率（lapse rate）$\alpha=7.0$ ℃$/km$，試計算高程 0～1 km 間，面積為一平方公尺之可降水重。（86 水利檢覈）

註：㈠採用高程間距 $\Delta Z=1$ km 計算，氣體常數（gas constant）$R_a=287$ J/kgK，並假設空氣密度 ρ_a 及比濕度 q_v 在高程方向分佈可以平均值代入。

㈡下列公式可依需要使用：

高程 Z_1 及 Z_2 對應之溫度變化式：$T_2=T_1-\alpha(Z_2-Z_1)$

不同高程之壓力變化式：$\dfrac{P_2}{P_1}=\left(\dfrac{T_2}{T_1}\right)^{g/\alpha R_a}$，$g$ 為重力加速度

理想氣體之空氣密度公式：$\rho_a=P/(R_aT)$

飽和氣壓式：$e_s=611\exp\left(\dfrac{17.27\times T}{237.3+T}\right)$

比濕度（specific humidity）：$q_v=0.622\dfrac{e}{P}$

高程間距之可降水重：$\Delta m_p=\overline{q}_v\cdot\overline{\rho}_a\cdot A\cdot\Delta Z$，其中 A：面積。

5.試述降水形成的物理過程。（88 水保高考三級）

6.試詳述：

㈠雨量資料發生缺漏之原因。

㈡雨量資料補遺之方法及其假設。（83 水利普考）

7.X 某雨量站之年雨量與其鄰近 20 雨量站平均年雨量列如下表：

年份	年雨量(mm)		年份	年雨量(mm)	
	X站	20站平均		X站	20站平均
1972	188	264	1954	223	360
71	185	228	53	173	234
70	310	386	52	282	333
69	295	299	51	218	236
68	208	284	50	246	251
67	287	350	49	284	284
66	183	236	48	493	361
65	304	371	47	320	282
64	228	234	46	274	252
63	216	290	45	322	274
62	224	282	44	437	302
61	203	246	43	389	350
60	284	264	42	305	228
59	295	332	41	320	312
58	206	231	40	328	284
57	269	234	39	308	315
56	241	231	38	302	280
55	284	312	37	414	343

試以雙累積曲線法，推求：

㈠檢定 X 雨量站雨量之一致性。

㈡何時發生變異？討論其可能原因。

㈢校正此項雨量紀錄。（87 淡江水環）

8. 試求分析降雨諸要素彼此間關係：

㈠降雨強度 i 與降雨深度 P；

㈡降雨強度 i 與降雨延時 t（含短延時及長延時）；

㈢降雨強度 i，降雨延時 t 及重現期 T；

㈣降雨深度 P 與降雨面積 A，並申述之。（84 水利中央薦任升等考試）

9. #試述如何以最小二乘方法，推估呈現線性方程式 $y=a+bx$ 之水文資料的迴歸係數。

10. 已知某地點 20 年間雨量資料如下表，試求其 5 年 1 次頻率之降雨強度-延時公式。（83 水保專技）

相當於或大於下列降雨強度（*mm/hr*）之發生次數

持續時間（分鐘）	50	55	60	65	70	75	80	85	90	95	100	105	110	115	120	125	130	135	140	145	150	155	160	165	170
5											31	25	18	15	15	13	11	11	9	6	6	6	5	4	0
10										23	19	14	13	12	12	6	5	5	5	4	4	3	2	2	
15								23	22	15	12	11	11	11	11	6	5	3	3	2					
20							21	18	14	10	11	11	11	10	7	3	2								
30					26	21	17	13	10	8	8	6	4	2	1	1	1								
40		33	27	22	17	13	11	8	8	3	2	2	2	1											
60	23	17	10	7	5	3	3																		

11. 已知某雨量站迴歸週期為 5 年之降雨強度 i 與延時 t 之記錄如下：

強度i（in/hr）	6.50	4.75	4.14	3.50	2.46	2.17	1.88	1.66	1.36	1.11
延時t（min）	5	10	15	20	30	40	50	60	80	100

假設降雨強度與延時關係為 $i=a/(t+b)^{0.66}$，試決定係數 a 及 b。（83 水保檢覈）

12. 試詳述：

㈠ *DAD* 分析（Maximum Rainfall Depth-Area-Duration Analysis）。

㈡ *DAD* 曲線推求之步驟，並繪其圖。（90 水利普考，83 水利省市升等考試）

13. ㈠解釋臨前降雨指數（Antecedent precipitation index, *API*），有何用處？

㈡影響窪蓄（Depression storage）的因素為何？依據 Linsley 等人的研究，窪蓄量可以下式表示：

$$V(t)=S_d[1-\exp^{-KP_e(t)}]$$

試解釋其意義，以圖形表示，並證明 $K=1/S_d$。（84 水利檢覈）

14. 一集水區降雨期間之累積窪蓄量 V、累積超滲降雨 Pe 及最大窪蓄量 Sd 之關係式如下：$V=Sd[1-\exp(-Pe/Sd)]$，現已知某場降雨之小時雨量強度及入滲率如下表所示，又集水區之最大窪蓄容量為 1.0 cm，試求降雨期間各小時之窪蓄速率及漫地流供給速率。（89 水利高考三級）

時間（hr）	1	2	3	4	5	6	7
降雨強度（cm/hr）	0.2	1.6	6.0	3.9	3.3	3.2	2.0
入滲率（cm/hr）	0.2	1.6	5.8	3.6	2.8	2.2	1.0

CHAPTER 4

蒸發與蒸散

蒸發散 (evapotranspiration) 是指地表上所有液態或固態的水轉變成大氣中水汽之歷程，因此其中包含河川、海洋、裸露土壤以及植物表面等液態水之蒸發現象 (evaporation)，以及經由植物根系吸收水份，而後散失水份於葉面之蒸散現象 (transpiration)。在進行集水區水文模擬過程，需要先掌握集水區之臨前土壤含水量狀況 (antecedent moisture condition)，而此土壤含水量需藉前次降雨後，集水區之蒸發散量來估算。蒸發過程與氣象條件如：太陽輻射、大氣溫度、日照、濕度、風以及氣壓等息息相關；其它如蒸發面形狀、大小、水深、水質、土壤含水量、土壤組織、土壤顏色、地下水位以及地面植物等亦能影響蒸發量。一般蒸發散研究所探討的是水分子由液態轉變為汽態之淨速率；農業灌溉作業過程即迫切需要蒸發散率之資訊，以確實掌握作物灌溉需水量。

4.1 蒸發機制

蒸發率受水面溫度及水汽壓力的影響，較高的水溫含有較多活潑水分子運動，因此會有較高的蒸發率。研究顯示，蒸發率為飽和水汽壓力與上層空氣水汽壓力差值之函數；當水汽分子離開水面時，若有明顯的空氣流動以助長其效應，則水汽分子將加速攜離，造成水面不飽和現象。因此蒸發機制是遵循 Fick 第一定律 (Fick's first law) 的水汽分子擴散過程 (diffusion process)，蒸發量與風速以及水汽壓力對飽合水汽壓力之差值成正比，其關係可表示為

$$E = K_e V_a (e_s - e) \tag{4-1}$$

式中 E 為蒸發率 $[L/T]$；e_s 與 e 分別為飽和水汽壓力與水面上層空氣之水汽壓力；V_a 為風速；K_e 為氣體擴散係數。上式之飽和水汽壓力 e_s 為水面溫度 T 之函數，關係如圖 3-1 所示，常見之迴歸方程式為

$$e_s = 611\,exp\left(\frac{17.27T}{237.3+T}\right) \tag{4-2}$$

式中 e_s 之單位為 N/m^2；T 之單位為℃。（4-1）式中之水汽壓力 e 則視相對濕度 H_r 及空氣溫度 T 而定

$$e = H_r \cdot e_s(T) \tag{4-3}$$

故若知相對濕度 H_r、空氣溫度 T 以及風速 V_a，即可利用（4-1）式求得蒸發量。

4.2 自由水面之蒸發估計方法

此處所述之自由水面，是指如湖泊與水庫等大面積蓄水區域。在水資源開發上，需要判斷可能的蒸發量，以決定興建水庫之可行性。由於大面積之蒸發並無法直接量測，因此發展出許多計算蒸發的方法如：⑴質量傳遞法 (mass transfer method)，⑵能量平衡法 (energy budget method)，⑶水平衡法 (water budget method)，⑷彭門法與其它混合計算法，以及⑸蒸發皿量測法等；茲分述於後。

4.2.1 質量傳遞法

因蒸發量與風速以及水汽壓力對飽和水汽壓力之差值成正比（如 4-1 式），故 Dalton (1802) 認為

$$E = f(V_a)(e_s - e) \tag{4-4}$$

式中 E 為蒸發率；$f(V_a)$ 為水平風速函數。此類半經驗公式中，以 Meyer 公式最為著名，如下所示

$$E=c(e_s-e)\left[1+\left(\frac{V_{25}}{10}\right)\right] \qquad (4\text{-}5)$$

式中 E 之單位為 in/day；c 為係數，約為 0.36（大湖泊或水庫）～0.50（小池塘）之間；e_s 為飽和水汽壓力（水銀柱氣壓高度，in）；e 為空氣中之水汽壓力（水銀柱氣壓高度，in）；以及 V_{25} 為距水面 $25ft$ 高處之日平均風速 ($mile/hr$)。

美國地質調查所應用 Hefner 湖之蒸發記錄，得到

$$E=NV_2(e_s-e) \qquad (4\text{-}6)$$

式中 E 為蒸發率 (cm/day)；V_2 為湖面 $2m$ 高處之風速 (m/s)；e_s 為水面溫度下之飽和水汽壓力 (mb)；e 為空氣水汽壓力 (mb)；N 為係數，可表示為

$$N=\frac{0.0291}{A^{0.05}} \qquad (4\text{-}7)$$

式中 A 為水面面積 (m^2)。

4.2.2 能量平衡法

蒸發現象是將水分子由液態轉為汽態，其過程需要由外部供給蒸發潛熱 (latent heat of evaporation)，故蒸發亦可視為一種能量的轉換過程。藉由蒸發期間能量平衡之觀念，即可推衍出計算自由水面蒸發的能量平衡法。

熱能的傳遞方式可分為輻射 (radiation)、對流 (convection) 與傳導 (conduction) 等三種方式。為持續進行水面蒸發作用，其所需能量是經由太陽輻射、來自大氣與周圍環境之熱傳遞、以及水體所貯存之能量來提供。輻射是指所有高於 $0°K$ 物體所發出電磁波 (electromagnetic wave) 之現象；高溫物體（如太陽）之輻射為短波輻射 (short-wave radiation)，而低溫物體（如地球）之輻射為長波輻射 (long-wave radiation)。地球表面主要的熱能，來自於太陽所發出的短波輻射。太陽輻射通過大氣層時，部分反射回

到太空，部分被大氣層吸收與散射，僅約半數的太陽輻射直接到達地表。此直接到達地表的太陽輻射，稱作直接太陽輻射 (direct solar radiation)；經由大氣層反射與散射而到達地面者，則稱作天空輻射 (sky radiation)；直接太陽輻射與天空輻射之總和，稱作整體輻射 Q_s (global radiation)。

在能量平衡法中，進入水體中之能量 Q_i 可表示為

$$Q_i = Q_s(1 - a) + Q_a \tag{4-8}$$

式中 Q_s 為太陽的整體輻射量；Q_a 為河川入流或降雨以對流方式進入水體之淨能量；a 為水體表面之反照率 (albedo)。反照率是指物體表面反射太陽輻射量與入射太陽輻射量之比，此比值隨物體表面顏色、糙度、表面坡度而異；其數值在水面為 0.10，植生地區為 0.10～0.30，裸露土壤為 0.15～0.40，而覆雪地區可高達 0.90。

在能量平衡法中，水體散失之能量 Q_o 可表示為

$$Q_o = Q_b + Q_h + Q_e \tag{4-9}$$

式中 Q_b 為水體以長波輻射方式所散失之能量；Q_h 為水體以對流或傳導方式散失至大氣之可感熱傳遞 (sensible heat transfer)；Q_e 為蒸發過程所需之能量。因此合併（4-8）與（4-9）式，可得能量平衡法之表示式為

$$[Q_s(1-a) + Q_a] - [Q_b + Q_h + Q_e] = Q_t \tag{4-10}$$

式中 Q_t 為水體在單位時間內貯存能量之增值。（4-8）至（4-10）式中各項均以能量通量 (energy flux) 表示之，亦即為每單位蒸發表面積上於單位時間內所接收或散失之能量，通常其單位為卡/每平方公分/每日（$cal/cm^2/day = langleys/day$）。

一克液態水蒸發成為水汽所需的熱量，稱為蒸發潛熱 L_e (latent heat of evaporation)；此所需熱量隨溫度而異，可表示為

$$L_e = 597.3 - 0.564T \tag{4-11}$$

式中蒸發潛熱 L_e 之單位為 cal/g；溫度 T 之單位為℃。應用（4-1）式，因此蒸發過程所需之能量 Q_e 可表示為

$$Q_e = \rho_w L_e E = \rho_w L_e K_e V_a (e_s - e) \tag{4-12}$$

式中 ρ_w 為水的密度。而水體以對流或傳導方式散失至大氣之可感熱傳遞 Q_h 與物體之溫度成正比，可表示為

$$Q_h = K_h V_a (T_s - T) \tag{4-13}$$

式中 K_h 為可感熱傳遞係數；T_s 為水面溫度；T 為大氣溫度。Bowen（1926）建議將（4-12）式與（4-13）式合併成較易處理的比值，稱作包文比 B (Bowen ratio)，如下所示

$$B = \frac{Q_h}{Q_e} = \frac{K_h (T_s - T)}{\rho_w L_e K_e (e_s - e)} = \gamma_p \frac{P_a}{1000} \frac{T_s - T}{e_s - e} \tag{4-14}$$

式中 γ_p 為乾濕常數 (psychrometric constant, mb / ℃)；T_s 為水面溫度（℃）；T 為空氣溫度（℃）；e_s 為飽和水汽壓力 (mb)；e 為空氣中之水汽壓力 (mb)；以及 P_a 為大氣壓力 (mb)。Bowen 發現乾濕常數 γ_p 約為 0.58 ~ 0.66 之間，一般在標準大氣狀況下為 0.61，常採用的代表值則為 0.66。應用包文比之優點在於能免去風速數據的需求，但仍需水面與空氣之溫度以及相對濕度資料。

基於能量平衡法中，水體所接受與散失之能量相等的假設，合併（4-10）、（4-12）與（4-14）式，可得到蒸發量之計算式為

$$E = \frac{Q_s (1 - a) + Q_a - Q_b - Q_t}{\rho_w L_e (1 + B)} \tag{4-15}$$

式中 $Q_s (1 - a)$ 與 Q_b 之量均可由輻射計 (radiometer / pyranometer) 來量測；Q_a 可由量測進出水體之體積與溫度而得；Q_t 則可由定期量測水溫而得知；故利用（4-14）與（4-15）式即可推求得自由水面之蒸發量。

4.2.3 水平衡法

基於質量守恆之觀點，可推導出水平衡法之計算公式如下

$$E = P + I - O + R_g - R_f - \Delta S \qquad (4\text{-}16)$$

式中 E 為單位時間內之蒸發量；P 為降水量；I 為（水庫上游）入流量；O 為（水庫下游）出流量；R_g 為（由水庫底部的）地下水入流量；R_f 為（水庫底部的）下滲水量；ΔS 為單位時間內蓄水改變量。此計算時距往往需選取為一週或更久；此法在理論上雖然簡單，但因水庫底部的地下水入流量 R_g 與下滲水量 R_f 之量測困難，所以導致本法計算結果可信度不高。

4.2.4 彭門法與其它混合計算方法

彭門 (Penman, 1948) 應用能量平衡法與質量傳遞法，推導出計算水庫蒸發的替代方法。此方法之好處在於計算過程中，不需要水面溫度資料。彭門法 (Penman method) 假設水體能量變化部分可以忽略（即 $Q_a = 0$ 及 $Q_t = 0$），應用能量平衡法則可得到

$$Q_s(1 - a) - Q_b = Q_h + Q_e \qquad (4\text{-}17)$$

上式左側稱為淨輻射量 Q_n (net radiation)，右側可表示為 $Q_e(1 + B)$，因此

$$Q_n = Q_e(1 + B) \qquad (4\text{-}18)$$

採用（4-12）式，將上式轉為蒸發率單位 (cm/day) 可得

$$E_n = E(1 + B) \qquad (4\text{-}19)$$

式中 E_n 為淨輻射所能提供的蒸發率；E 為實際蒸發率。若應用質量傳遞法之方式（如 4-4 式），分別計算以水面上層空氣情況為基準之蒸發率 E_a，

以及與以水面情況為基準之蒸發率 E_w ，可得其比值為

$$\frac{E_a}{E_w}=\frac{e_{as}-e}{e_s-e}=1-\frac{e_s-e_{as}}{e_s-e} \qquad (4\text{-}20)$$

式中 e_{as} 為相對於空氣溫度 T 之飽和水汽壓力； e_s 為相對於水面溫度 T_s 之飽和水汽壓力； e 為空氣之水汽壓力。

當 $P_a=1000\ mb$（接近海平面大氣壓力為 $1013.2\ mb$），（4-14）式之包文比可簡化為

$$B=\gamma_p\frac{T_s-T}{e_s-e} \qquad (4\text{-}21)$$

再定義溫度差與壓力差梯度為

$$\Delta=\frac{e_s-e_{as}}{T_s-T} \qquad (4\text{-}22)$$

合併（4-20）至（4-22）式，可得

$$B=\frac{\gamma_p}{\Delta}\frac{e_s-e_{as}}{e_s-e}=\frac{\gamma_p}{\Delta}(1-\frac{E_a}{E_w}) \qquad (4\text{-}23)$$

若假設以水面情況為基準之蒸發率 E_w 接近於實際蒸發率 E（即上式中 $E_w=E$），則將（4-23）式代入（4-19）式，可得

$$\begin{aligned} E_n&=E(1+B)\\ &=E\left[1+\frac{\gamma_p}{\Delta}(1-\frac{E_a}{E})\right]\\ &=(1+\frac{\gamma_p}{\Delta})E-\frac{\gamma_p E_a}{\Delta} \end{aligned} \qquad (4\text{-}24)$$

重新排列上式可得彭門法計算自由水面蒸發公式如下

$$E=\frac{\Delta E_n+\gamma_p E_a}{\Delta+\gamma_p} \qquad (4\text{-}25)$$

式中 E 為蒸發率； E_n 為應用淨輻射量計算所得之蒸發率； E_a 為應用質量

傳遞法計算所得之蒸發率。若上述E、E_n與E_a之單位均為cm/day，則Δ與γ_p均為$mb/℃$。

由（4-25）式可知Δ與γ_p可視為權重因子，其中γ_p等於0.66 $mb/℃$，Δ為溫度與飽和水汽壓力之函數，可由下式估算 (Linsley et al., 1982)

$$\Delta = (0.00815T + 0.8912)^7 \tag{4-26}$$

式中Δ為$mb/℃$；T為空氣溫度℃，此式適用於空氣溫度大於−25℃。而蒸發率E_a可由合適的質量傳遞公式求算，例如Dunne and Leopold（1978）所建議的公式

$$E_a = e_{as}(0.013 + 0.00016V_2)(1 - 0.01H_r) \tag{4-27}$$

式中E_a之單位為cm/day；V_2為 $2\,m$ 高處所測得之風速(km/day)；e_{as}之單位為mb；H_r為相對濕度(%)。

4.2.5 蒸發皿量測法

決定自由水面蒸發最直接的方法，為利用蒸發皿 (evaporation pan) 量測蒸發率。一般蒸發皿是以鍍鋅鐵或其它合金製成，蒸發皿內之水位變化可利用高精度鉤尺 (hook gage) 量測而得。美國氣象局之A型陸皿 (class A land pan)，直徑為4ft，高為10 $inch$；通常皿內水位常保持約7 $inch$~8 $inch$。

一般水庫與湖泊之水體蓄熱量較多，而蒸發皿之水體蓄熱量則甚少，且因蒸發皿周圍暴露在空氣與陽光中，這些差異嚴重地影響能量平衡，相對地增加了皿內水體之平均溫度與汽壓力。因此自由水面的蒸發量應低於蒸發皿之實際量測量，所以

$$E = C_pE_p \tag{4-28}$$

式中C_p為蒸發皿係數 (pan coefficient)；E_p為蒸發皿實際量測量，美國之年平均C_p值約為0.7。

例題 4-1

已知淨輻射能 $Q_n=475\ cal/cm^2\cdot day$、空氣溫度 $T=3$ ℃、水面溫度 $T_s=5$℃、相對濕度 $Hr=60\%$、大氣壓力 $P_a=1000\ mb$。假設水體的能量儲蓄變化可以忽略，又入流與出流量相等且溫度相同，試求蒸發速率 (cm/day)。（84 水利高考二級）

提示：蒸發潛熱 $L=597.3-0.57T$

飽和汽壓 $e_s=2.749\times10^8\exp\left(\dfrac{-4278.6}{T+242.79}\right)$

包文 (Bowen) 比值 $B=0.61\dfrac{P_a}{1000}\left(\dfrac{T_s-T}{e_s-e}\right)$

其中 L 的單位為 cal/g，所有溫度項的單位為℃，所有壓力項的單位為 mb。

解：

入流量與出流量溫度相同 $Q_a=0$

水體能量儲蓄變化 $Q_t=0$

淨輻射能 $Q_n=Q_s(1-a)-Q_b=475\ cal/cm^2\cdot day$

蒸發潛熱 $L=597.3-0.57\times(5℃)=594.45\ cal/g$

飽和水汽壓力 $e_{s(5℃)}=2.749\times10^8\exp\left(\dfrac{-4278.6}{5+242.79}\right)=8.71\ mb$

空氣水汽壓力 $e=Hr\ e_{s(3℃)}$

$$=60\%\left[2.749\times10^8\exp\left(\frac{-4278.6}{3+242.79}\right)\right]=4.54\ mb$$

包文比 $B=0.61\dfrac{1000}{1000}\left(\dfrac{5-3}{8.71-4.54}\right)=0.29$

蒸發速率 $E=\dfrac{[Q_s(1-a)+Q_a]-Q_b-Q_t}{\rho_w L(1+B)}$

$$=\frac{475}{1\times594.45\times(1+0.29)}=6.2\ mm/day=0.62\ cm/day$$ ◆

4.3 蒸散機制

蒸散 (transpiration) 是水份經由植物脈管系統進入大氣之蒸發現象；整個過程包含自植物根部吸收土壤水份，再由根部、莖幹及分枝脈管系統傳遞至樹葉，並通過葉內脈管系統到達葉面的葉孔 (stomata)，而後孔內水汽以擴散方式進入周遭空氣中。

在常溫下葉面氣孔內之水汽為飽和，水汽從氣孔進入大氣是因為存有汽壓力差，如同自由水面之蒸發作用。蒸散與自由水面蒸發之主要不同為植物可利用生理控制氣孔開闔大小，藉由主控細胞 (guard cell) 運作以減少水汽損失。影響主控細胞開闔之主要因素為：⑴日光（大多數植物於日間開啟氣孔，夜間閉闔），⑵濕度（當濕度低於飽和值時，傾向於減少開啟氣孔），以及⑶葉部細胞之含水量（若白天含水量太低，則氣孔閉闔）。需強調的是，蒸散為物理過程而非新陳代謝過程，蒸散流 (transpiration stream) 中之水份是水汽壓力差所生成的運動。因太陽輻射作用使得葉面溫度較周遭空氣為高（通常高 5℉～10℉），所以更加速水份損失。當溫度低於 40℉時，可考慮忽略蒸散所損失之水量。

因為蒸散與自由水面蒸發之物理程序完全相同，故亦可表為質量傳遞方程式之型式。然而自由水面之蒸發是單一程序，其水分子直接由水體表面進入大氣中。葉傳導 (leaf conductance) 之蒸散作用則分為二個階段，其水分子須先通過氣孔至葉面，而後由葉面蒸發至大氣之中。

4.4 蒸發散估計方法

由水文學觀點，田間坵塊內之蒸發與蒸散作用所致之水量損失，並不容易完全分離。因此實際應用過程，往往將蒸發與蒸散二者合併稱為蒸發

散 (evapotranspiration)；而因蒸發散作用所致之水量損失，則稱為作物需水量 (consumptive use)。在蒸發散研究中，常使用 Thornthwaite (1944) 所提的勢能蒸發散 (potential evapotranspiration, *PET*) 觀念。勢能蒸發散是假設水份充分供應情況下，所可能發生的蒸發散量，因此勢能蒸發散可視為作物需水量之指標。勢能蒸發散接近於自由水面之蒸發量，但因土壤表面之反照率較水體的反照率為高，因此勢能蒸發散量乃較自由水面蒸發量為低。

一般而言，土壤含水量對蒸發散量並無實質的影響，唯有當土壤含水量降低至凋萎點 (wilting point) 時才會減少蒸發散量。所謂的凋萎點是指植物根部無法由土壤中吸取水份時之土壤含水量；此土壤含水量之極限值常配合蒸發散量，用以評估農作物所需之灌溉時間間距。一般用以計算勢能蒸發散之方法類似於計算蒸發的方法，每一種方法各有其適用範圍與所需要收集的資料。一般農業上常應用 Blaney-Criddle 法 (1958) 或以測滲計 (lysimeter) 推求作物需水量。

1. Blaney-Criddle 法

特定月份之作物需水量可表示為

$$C_u = k_s T_m \frac{D_t}{100} \tag{4-29}$$

式中 C_u 為特定月份之作物需水量 (*in/month*)；k_s 為適用於特定作物的需水係數 (consumptive use coefficient)，如表 4-1；T_m 為月平均溫度（°*F*）；D_t 為每月之日照時數百分率 (daytime-hours)，如表 4-2 所示，D_t 與地區之經緯度有關。因此若要推求某地區之全年作物需水量，則利用（4-29）式分別計算月作物需水量，再累加之即可。

表 4-1　Blaney-Criddle 法之作物需水係數 k_s

Crop	Length of normal growing season or period[a]	Consumptive use coefficient k_s^b	Maximum monthly k^c
Alfalfa	Between frosts	0.80−0.90	0.95−1.25
Bananas	Full year	0.80−1.00	−
Beans	3 months	0.60−0.70	0.75−0.85
Cocoa	Full year	0.70−0.80	−
Coffee	Full year	0.70−0.80	−
Corn（maize）	4 months	0.75−0.85	0.80−1.20
Cotton	7 months	0.60−0.70	0.75−1.10
Dates	Full year	0.65−0.80	−
Flax	7-8 months	0.07−0.80	−
Grains, small	3 months	0.75−0.85	0.85−1.00
Grain, sorghums	4-5months	0.70−0.80	0.85−1.10
Oilseeds	3-5 months	0.65−0.75	−
Orchard crops:			
Avocado	Full year	0.50−0.55	−
Grapefruit	Full year	0.55−0.65	−
Orange and lemon	Full year	0.45−0.55	0.65−0.75[d]
Walnuts	Between frosts	0.60−0.70	−
Deciduous	Between frosts	0.60−0.70	0.70−0.95
Pasture crops:			
Grass	Between frosts	0.75−0.85	0.85−1.15
Ladino white clover	Between frosts	0.80−0.85	−
Potatoes	3-5 months	0.65−0.75	0.85−1.00
Rice	3-5 months	1.00−1.10	1.10−1.30
Soybeans	140 days	0.65−0.70	−
Sugar beets	6 months	0.65−0.75	0.85−1.00
Sugarcane	Full year	0.80−0.90	−
Tobacco	4 months	0.70−0.80	−
Tomatoes	4 months	0.65−0.70	−
Truck crops, small	2-4 months	0.60−0.70	−
Vineyard	5-7 months	0.50−0.60	−

[a] Length of season depends largely on variety and time of year when the crop is grown. Annual crops grown during the winter period may take much longer than if grown in the summertime.

[b] The lower values of k_s for use in the Blaney-Criddle formula, are for more humid areas and the higher values are for more arid climates.

[c] Dependent on mean monthly temperature and crop growth stage.

[d] Given by Criddle as "citrus orchard."

Source: From *Irrigation Water Requirements*, Technical Release no. 21, Soil Conservation Service, USDA, September 1970.

表 4-2　Blaney-Criddle 法之日照百分率

Latitude North	Jan	Feb	Mar	Apr	May	Jun	Jul	Aug	Sep	Oct	Nov	Dec
60°	4.65	5.60	8.06	9.60	11.78	12.30	12.40	10.54	8.40	6.82	5.10	4.03
50°	5.89	6.44	8.37	9.30	10.54	10.80	10.85	9.92	8.40	7.44	6.00	5.58
40°	6.82	6.72	8.37	9.00	9.92	10.20	10.23	9.61	8.40	7.75	6.60	6.51
30°	7.44	7.00	8.37	8.70	9.61	9.60	9.61	9.30	8.40	8.06	7.20	7.13
20°	7.75	7.28	8.37	8.40	8.99	9.00	9.30	8.99	8.40	8.06	7.50	7.75
10°	8.06	7.56	8.37	8.40	8.68	8.70	8.99	8.68	8.40	8.37	2.80	8.06
0°	8.37	7.56	8.37	8.10	8.37	8.10	8.37	8.37	8.10	8.37	8.10	8.37

例題 4-2

某農場面積為 $3\times10^6\ ft^2$，農場中設一灌溉用蓄水池，收集雨季之雨水以補旱季雨水之不足。已知該農場主要作物為玉米，作物需水係數為 0.8；若該蓄水池佔農場面積之 1/3，試利用 Blaney-Criddle 公式與下列條件，推求八月份蓄水池水位升高或降低多少英吋？（88 海大河工）

註：八月份降雨量 = $3\ in$，池面蒸發量 = $5\ in$

日照百分率 = 8%，平均溫度 = $70^\circ F$

解：

蓄水池面積 $A_s = 1\times10^6\ ft^2$

作物需水量 $C_u = k_s T_m \dfrac{D_t}{100}$

$= 0.8\times70\times8\%$

$= 4.48\ inch/month$

降雨量 $P = 3/12\times3\times10^6 = 0.75\times10^6\ ft^3$

蒸發散量 = 池面蒸發量 + 作物需水量

$= (5/12\times1\times10^6) + (4.48/12\times2\times10^6) = 1.164\times10^6\ ft^3$

比較降雨量與蒸發散量即可得知蓄水池水位

$(P-ET)/A_s=(0.75\times10^6-1.164\times10^6)/(1\times10^6)=-0.414\ ft=-4.97\ in$

所以蓄水池水位將降低 4.97 英吋。◆

2. 測滲計

測滲計是針對特殊作物種植之土地，量測該系統之水份入流量、出流量與土壤內貯蓄水量，藉以推求蒸發散過程之作物需水量（如圖 4-1）。測滲計尺寸從 1 m^3 至超過 150 m^3 以上者都有，通常在其內部之土壤與植物儘可能與實際環境相同。測滲計量測值被認為是蒸發散量之最佳測定方式，常被其它方法視為對照標準。然而對於森林植物，仍無法施用此種技術。

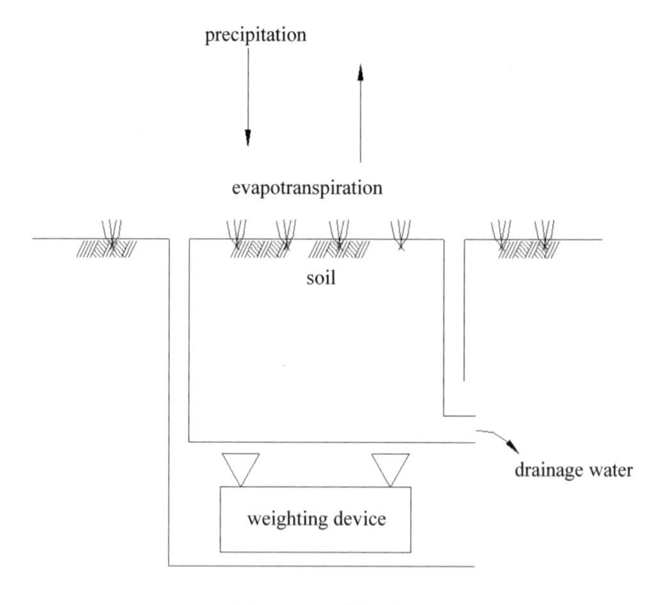

圖 4-1　測滲計

4.5 減少蒸發散方法

蒸發散作用所損失的水量，在乾燥地區佔極大部分，因此減少蒸發散的觀念廣泛受到重視。土壤之蒸發損失可採用不同種類的表面覆蓋或化學藥劑來控制。而減少自由水面蒸發的方法則有：(1)以地下水庫方式貯水，(2)控制區域內耗水性植物之成長，(3)在水面加覆蓋（物體或化學薄膜），以及(4)以封閉管路輸水而不使用明渠。

降低蒸散之方法包括以化學藥品抑制水份消耗（類似以薄膜控制表面蒸發），改進灌溉經營方式，以及除去耗水性植物等。上述藉由蒸散控制達成保育水源雖然甚為重要，但是這些控制策略對生態所產生之影響，必須加以瞭解與考慮。

參考文獻

Bowen, I. S. (1926). "The ratio of heat losses by conduction and by evaporation from any water surface," ***Phys. Rev.***, 27, 779-787.

Criddle, W. D. (1958). "Methods of computing consumptive use of water," ***Proc. Am. Soc. Civil Engrs., J. Irrigation and Drainage Div.***, 84, no. IR1, 1-27, January.

Dalton, J. (1802). "Experimental essays on the constitution of mixed gaes; on the force of steam or vapor from waters and other liquids, both in a Torricellian Vacumn and in air; on evaporation; and on the expansion of gaes by heat," ***Mem. Manch. Lit. Phil. Soc.***, 5, 535-602.

Dunne, T. and Leopold, L. B. (1978). ***Water in Environmental Planning,*** Freeman Book Co., San Francisco.

Linsley, R. K., Kohler, M. A., Paulhus, J. L. H. (1982). ***Hydrology for Engineers***, 3rd ed., McGraw-Hill Book Co., New York.

Penman, H. L. (1948). "Natural evaporation from open water, bare soil, and grass," ***Proc. Royal Soc. London Ser.*** A, 193 (1032), 120-145.

Thornthwaite, C. W. (1944). "Report of the committee on transpiration and evaporation," ***Trans. Am. Geophy. Union,*** 25 (5), 683-693.

習　題

1. 解釋名詞

⑴勢能蒸發量（potential evaporation）。（88 台大農工，85 屏科大土木，82 中原土木）

⑵包文比（Bowen's ratio）。（88 台大農工）

⑶蒸發皿係數（Pan coefficient）。（82 中原土木）

2. 能量平衡法及空氣動力分析之質量傳輸法為分析水面蒸發量之主要理論方法。試簡述兩方法之假設及理論依據，並說明彭門氏（Penman）如何改善上述兩方法之缺點，以推廣其應用。（86 水保檢覈，85 水利高考三級，84 水利乙等特考）

3. 某集水區面積為 516 km^2，在集水區出口有一水庫，其表面積為 16 km^2。集水區之年平均雨量為 90 *cm*，年平均逕流量為 25 *cm*，水庫之平均放水量為 5.25 *cms*、平均滲漏量為 0.2 *cms*，若一年後水庫之水位下降 2.5 *m*，試求水庫之年蒸發體積 (m^3) 及深度 (*cm*)？（85 水保檢覈）

4. 假設湖泊旁邊設置一 *A* 級晞皿，其係數 *C* 為 0.7，某日降雨 0.5 吋，為保持晞皿內水位與前一日者相同，在第二天增加水 0.3 吋，求該日實際之蒸發量。（87 淡江水環）

5. 何謂作物之耗水量（Consumptive use）？其單位如何表示？並說明其觀測方法。（82 水保丙等特考）

6. 說明葉蒸勢能（potential evapotranspiration）與實際蒸發散量（evapotranspiration）之差異。（85 逢甲土木及水利）

7. 已知下述月份之降雨量 (*P*)、勢能蒸發散 (*PET*) 及土壤水份含量 (*SM*) 如下表所示，試求各月份之實際蒸發散量？（82 水利普考）

月份	1	2	3	4
$P(mm)$	100	70	65	70
$PET(mm)$	90	90	90	90
SM	150	140	130	120

8. 已知各月份降雨(P)、勢能蒸發散(PET)及部分月份之土壤水份(SM)如下表所示。若土壤水份之上限為 150 mm，試求：

㈠ 5、6、7 及 8 月份之土壤水份。

㈡各月份之實際蒸發散量。

㈢ 7 月與 8 月之逕流量。（87 水利省市升等考試）

月份	1	2	3	4	5	6	7	8	9	10	11	12
$P(mm)$	90	100	40	30	105	110	145	140	40	20	115	100
$PET(mm)$	90	92	95	100	95	90	85	80	75	80	85	90
$SM(mm)$	150	150	120	110					140	110	140	150

9. 試說明影響蒸發的因素及減少水面蒸發的方法。（88 水利中央簡任升等考試）

CHAPTER 5

入滲

入滲 (infiltration) 是指水份由土壤表面進入土壤內之過程；影響水份入滲的因素包括土壤特性、土壤起始水份含量、土壤表面水份供給情況、地表覆蓋形態、溫度以及水質等。土壤水份入滲是一個非常複雜的歷程，對於集水區地表逕流特性，有明顯地影響。

5.1 土壤特性

土壤是岩石經風化分解後的產物，土壤的物理性質可由礦物顆粒的尺寸、形狀及化學成份等因素所決定。一般可藉由下列方法，瞭解土壤之性質。

1. **顆粒密度** (particle density)

顆粒密度是指土壤顆粒之實際密度，可表示如下

$$\rho_m = \frac{M_m}{V_m} \tag{5-1}$$

式中 M_m 為土壤顆粒之質量；V_m 為土壤顆粒之實際體積。由於土壤顆粒密度值並不容易測量，所以往往經由組成土壤之礦石推估。一般而言，土壤之顆粒密度值可視為石英石 (quartz) 之密度 2.65 g/cm^3。

2. **容密度** (bulk density)

容密度是指土壤之乾密度，即

$$\rho_b = \frac{M_m}{V_s} = \frac{M_m}{V_a + V_w + V_m} \tag{5-2}$$

式中 V_s 為土樣全部體積；V_a 、V_w 及 V_m 分別為空氣、液態水與礦土成份在土壤中之體積。容密度的量測為經 105℃長期（16 小時或更久）烘乾之土體重除以原來體積。容密度之代表值如泥煤 (peat) 為 0.7 g/cm^3；黏性土

壤為 1.1 g/cm^3；砂約為 1.6 g/cm^3。然而由於土體易受上層土壤重量擠壓之關係，因此容密度往往隨深度而增加。

3. 孔隙率 (porosity)

孔隙率是土壤孔隙空間佔土壤體積之比例，即

$$\eta=\frac{V_a+V_w}{V_s} \quad (5\text{-}3)$$

多數土壤由於受擠壓以致孔隙率隨深度而減小，且近地表處之土壤因生物活動而出現較大孔隙率。在實際量測上可將上式表示為

$$\eta=1-\frac{\rho_b}{\rho_m} \quad (5\text{-}4)$$

因此可藉量測 ρ_b 值並假設適當 ρ_m 值決定土壤孔隙率。

土壤孔隙率範圍如圖 5-1，通常細粒土壤（如黏土）較粗粒土壤（如砂土）具有較高的孔隙率，這是因為黏土顆粒間因靜電力作用，呈現非常鬆散的結構。相對地，球體形狀的砂與坋土粒，其顆粒間之結構則較緊密（如圖 5-2）。

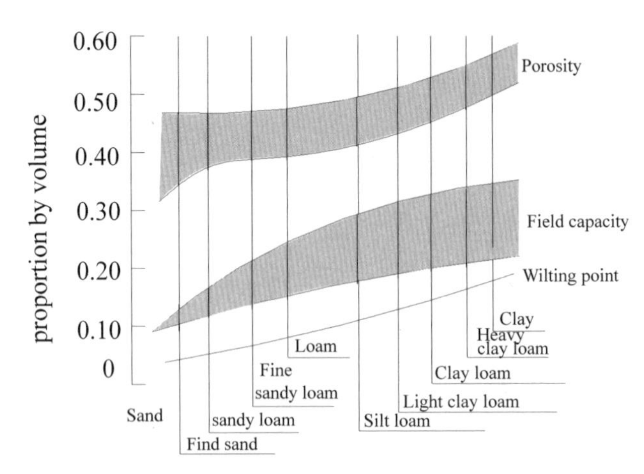

圖 5-1 土壤物理特性（Dune and Leopold, 1978）

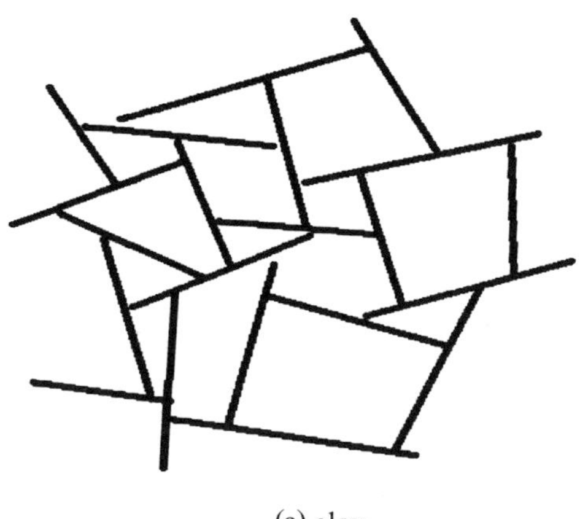

(a) clay

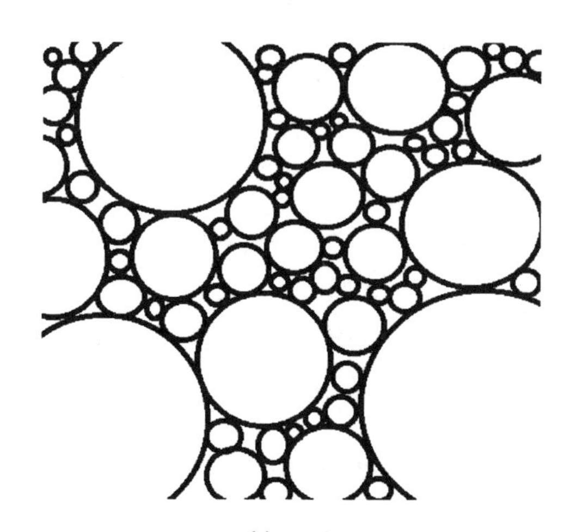

(b) sand

圖 5-2　土壤顆粒結構

4. 土壤含水量 (water content)

土壤含水量亦稱為土壤含水體積比 (volumetric water content)，是水份體積與土壤體積之比值。

$$\theta = \frac{\forall_w}{\forall_s} \tag{5-5}$$

土壤含水體積比之理論範圍自 0（完全乾燥）至等於土壤孔隙率 η（即飽和）。在實驗室中量測土壤含水量，是由已知體積的代表性土樣稱重後，經 105℃ 烘乾再稱重所決定，即

$$\theta = \frac{M_{swet} - M_{sdry}}{\rho_w \forall_s} \tag{5-6}$$

式中 M_{swet} 與 M_{sdry} 分別為烘乾前與烘乾後之土樣重量；ρ_w 為水密度。

5. 飽和度 (degree of saturation)

飽和度或濕潤度 (wetness) 是指孔隙含水之比例

$$S = \frac{\forall_w}{\forall_a + \forall_w} = \frac{\theta}{\eta} \tag{5-7}$$

飽和度無法直接量測，但可由（5-7）式計算；不論飽和度或土壤含水量都是常用來表示土壤內之水量。因此所謂的非飽和情況，是指土壤孔隙間尚含有部分氣體；當土壤孔隙全部為水份所填滿，即稱為飽和 (saturated)，此時土壤含水量 θ 等於土壤孔隙率 η。

6. 土壤水份壓力 (soil-water pressure)

土壤水份壓力，其物理量為單位面積上的力 $[F/L^2]$。若以大氣壓力為基準，則在土壤飽和情況下，土壤水份壓力 $p \geq 0$；而在土壤不飽和情況下，土壤水份壓力 $p < 0$。此 $p < 0$ 情況下之負壓力通常稱作吸力 (suction) 或張力 (tension)，因此地下水位 (groundwater table) 為 $p = 0$ 之交界面。

因為在大部分水文問題中，水的比重量 γ_w 可視為定值，所以常採用壓力頭 ψ (pressure head) 來表示壓力的變異，即

$$\psi = \frac{p}{\gamma_w} \tag{5-8}$$

式中 ψ 之因次為 $[L]$，一般以公分或公尺表示。當壓力頭為負值時，往往稱為吸力水頭 (suction head) 或張力水頭 (tension head)。

不飽和土壤中，水份藉由表面張力 (surface-tension force) 以保存於土粒中，當土壤中水份含量愈少時，張力會愈大。一般野外量測，可直接由張力計 (tensiometer) 量取土壤水份之張力。土壤中壓力頭 ψ 與水份含量 θ 間關係稱作水份特性曲線 (moisture characteristic curve)，其關係為非線性，典型之土壤水份特性曲線如圖 5-3 所示。當土壤含水量等於孔隙率時，土壤為飽和狀態，此時壓力頭為零（即等於大氣壓力），然而當含水量稍微減少則張力迅速增加。真實土壤中，某一含水量下之張力值並非單一，而是與土壤水份含量變化的歷程有關（如圖 5-3 中之迴圈形態），此種現象稱之為遲滯效應 (hysteresis effect)。然而在一般的水文分析中，此種效應並不納入考慮。

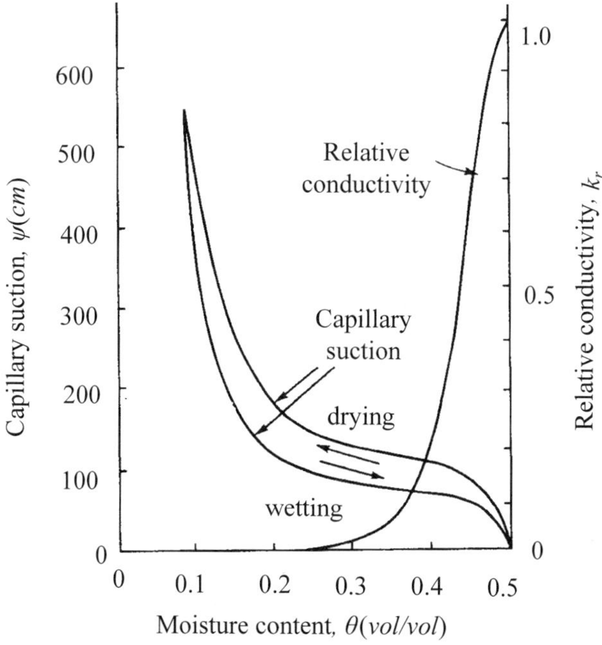

圖 5-3　土壤水份特性曲線（Mein and Larson, 1973）

對於農業灌溉而言，有兩個土壤含水量多寡的重要指標，分別為田間容水量 (field capacity) 與凋萎點 (wilting point)。所謂的田間容水量是指經重力排水後，仍能保存於土壤中之水量；因此合宜的灌溉水量應等於田間容水量。而凋萎點則是指植物根部無法由土壤中吸取水份時之土壤含水量，因此種植作物應避免讓土壤含水量低於凋萎點。

5.2 土壤水份入滲機制

由上一節的分析可知，因土壤顆粒之間存有空隙，所以水份得以進入此空隙之間。我們將此水份由地表進入土壤孔隙的運動機制，稱之為入滲 (infiltration)。土壤中水份移動之連續方程式可表示為

$$\frac{\partial \theta}{\partial t}+\frac{\partial V}{\partial l}=0 \tag{5-9}$$

式中 θ 為土壤含水量；V 為土壤水份在 l 方向的移動速率 $[L/T]$。由於水份是由地表進入土壤，因此毫無疑問地，此土壤水份運動必受重力影響，但是除了重力之外，是否還有其它驅動力量？可由以下的簡單實驗來作觀察。

首先在一個水平桌面上，平放一個裝滿乾燥土壤試體之圓管（如圖 5-4）。而後在圓管的右端噴灑大量的水；靜置一段時間之後，用手試探圓管的左端，則可以感覺到原來乾燥的土壤試體，已轉變為含水量較高的濕潤土壤。

由於重力的方向為垂直向下，因此土壤水份由右端水平傳輸至左端，必定不是受重力影響而運動。前人研究發現，非飽和土壤的水份運動除了受重力影響之外，還受到土壤水份壓力的影響；亦即如圖 5-3 所示，當土壤含水量小於孔隙率時，呈現負壓力（吸力或張力）的現象。所以高含水量處之土壤水份（如圖 5-4 之右側），將被吸往低含水量位置（如圖 5-4 之左側）。因此不飽和水流在土壤中，其入滲機制可由達西定律 (Darcy's

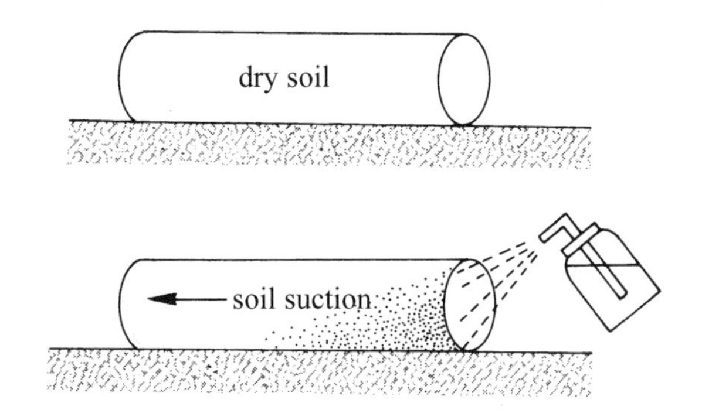

圖 5-4　土壤水份流動作用力檢視

law) 描述

$$V = -K\frac{dh}{dl}$$
$$= -K\frac{d}{dl}\left(z + \frac{p}{\gamma_w}\right) \qquad (5\text{-}10)$$

式中 V 為 l 方向上通過單位橫斷面土壤之體積流率 $[L/T]$；h 為水頭；z 為任意已知高程；p 為土壤水份壓力；γ_w 為水的比重；以及 K 為土壤之水力傳導度 (hydraulic conductivity) 或稱為滲透度 (permeability)；dz/dl 表示每單位水體所受之重力梯度 (gravity gradient)； $d(p/\gamma_w)/dl$ 表示每單位水體所受之壓力梯度 (pressure gradient)。上式中負號的意義，是因為水體是由水頭高的位置往水頭低的位置流動，因此 dh/dl 為負值，所以習慣加上負號以使得滲流速度V為正值。

如圖 5-3 所示，因為土壤內不飽和水流之吸力水頭 ψ 與水力傳導度 K 皆為土壤水份含量 θ 的函數，因此合併（5-8）式與（5-10）式，可得不飽和土壤水流之達西方程式

$$V = -K(\theta)\frac{d}{dl}[z + \psi(\theta)] \qquad (5\text{-}11)$$

於（5-10）式中之水力傳導度是單位勢能梯度 (potential-energy gradient) 下，水流經多孔性介質之速率［L/T］；此速率主要決定於水體在土壤孔隙間傳輸斷面之大小。在土壤含水量飽和情況下，此速率由土壤孔隙大小決定；然而在不飽和水流時，則由土壤孔隙 η 與水份含量 θ 決定，因此在（5-11）式中將 K 表示為 $K(\theta)$。土壤在低含水量情況下，不飽和水力傳導度之值甚低；但當含水量增加至飽和時，則其將以非線性方式增加至飽和水力傳導度 K_{sat} (saturated hydraulic conductivity)。此不飽和水力傳導度與飽和水力傳導度之值，相差數個數量級 (order) 之多；而一個數量級即指數量相差為數十倍，兩個數量級則是表示數量相差達數百倍。

由於在飽和土壤中水力傳導度為 K_{sat} 且 $\psi(\theta)=0$,，因此（5-11）式，可簡化為

$$V=-K\frac{d}{dl}[z+\psi(\theta)]=-K_{sat}\frac{dz}{dl} \tag{5-12}$$

上式通常用於表示地下水（飽和含水層）之流動機制（詳見第六章）；水流於飽和土壤以及不飽和土壤流動速率之計算方式可表示如圖 5-5。

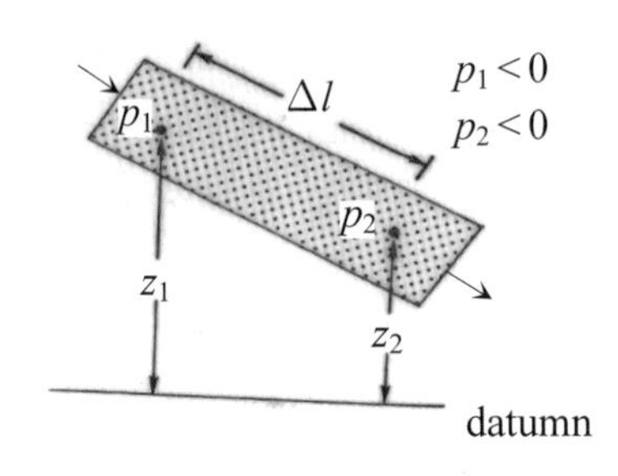

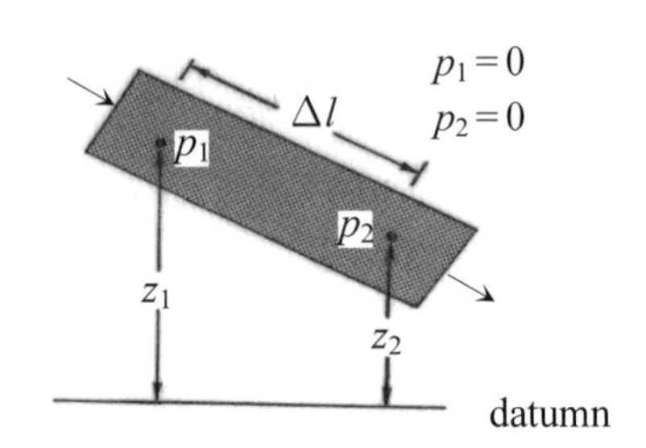

$$V=-K\frac{d}{dl}\left(z+\frac{p}{\gamma_w}\right)$$
$$=-\frac{K}{\Delta l}\left[(z_2-z_1)+\frac{1}{\gamma_w}(p_2-p_1)\right]$$

unsaturated soil

$$V=-K_{sat}\frac{dz}{dl}$$
$$=-\frac{K_{sat}}{\Delta l}(z_2-z_1)$$

saturated soil

圖 5-5　土壤水份流動速率

若將（5-11）式代入（5-9）式，並考慮水流入滲方向為垂直向下（即 z 方向），可得

$$
\begin{aligned}
\frac{\partial \theta}{\partial t}+\frac{\partial V}{\partial z} &= \frac{\partial \theta}{\partial t}+\frac{\partial}{\partial z}\left\{-K(\theta)\frac{\partial}{\partial z}\left[z+\psi(\theta)\right]\right\} \\
&= \frac{\partial \theta}{\partial t}+\frac{\partial}{\partial z}\left\{-K(\theta)-K(\theta)\frac{\partial \psi}{\partial \theta}\frac{\partial \theta}{\partial z}\right\} \\
&= 0
\end{aligned}
\tag{5-13}
$$

若假設水力傳導度 K 隨土壤含水量之改變可予以忽略，即 $K(\theta)=K=$ 常數，並定義土壤水份擴散度 (soil water diffusivity) $D(\theta)=K(d\psi/d\theta)$，則可將（5-13）式轉換為

$$
\frac{\partial \theta}{\partial t}-\frac{\partial}{\partial z}\left(K+D(\theta)\frac{\partial \theta}{\partial z}\right)=0 \tag{5-14}
$$

上式稱為 Richards 公式 (Richards, 1931)。

若再進一步假設 K 與 D 在不同深度土壤中為常數，則上式可簡化為

$$
\frac{\partial \theta}{\partial t}-D\frac{\partial^2 \theta}{\partial z^2}=0 \tag{5-15}
$$

上式為擴散方程式 (diffusion equation) 之標準型式，顯示水份由地表向下入滲之現象，呈現擴散之運動方式。

5.3 入滲現象

在一均質土壤中，入滲率將隨著水份供給情況與時間而呈現規律性的改變；（5-11）式即表示土壤水份入滲之速率 $[L/T]$，稱之為入滲率 (infiltration rate)。如（5-11）式所示，土壤水份下滲過程其入滲率隨土壤深度 z 與土壤含水量 θ 而異；因此入滲率並非為定值，應表示為時間 t 之函數。典型之入滲率隨時間的變化曲線，可表示如圖 5-6。圖中顯示土壤表面水份入滲率 $f(t)$ 隨時間逐漸遞減；起始入滲率 f_0 為最大值，而後遞減為定值

f_c；此定常值f_c即等於土壤飽和時之水力傳導度K_{sat}。

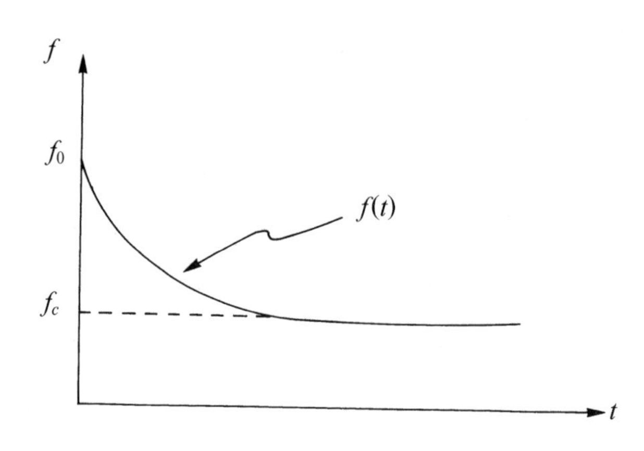

圖 5-6　典型之土壤水份入滲曲線

在水份充分供給情況，土壤所能達到的最大入滲率稱之為勢能入滲能力f_p (potential infiltration capacity)，或簡稱為入滲能力 (infiltration capacity)。此處所謂的水份充分供給情況，是指降雨強度i大於當時的土壤入滲能力$f_p(t)$。在此水份充分供給的情況下，土壤表面會在短時間之內達到飽和，而產生地表積水現象 (ponding)，通常可將入滲區分為如圖 5-7 之三種情況。

圖 5-7 之第 1 種情況為降雨強度i大於土壤之起始入滲率f_0，此時地表面立即發生積水，並產生漫地流 (overland flow)。第 2 種情況為降雨強度i小於土壤之起始入滲率f_0，但大於土壤飽和時之水力傳導度K_{sat}；圖中顯示地表並不立即發生積水，在時間小於t_{po}前之土壤入滲率等於降雨強度i，當時間大於t_{po}之後地表才發生積水並產生漫地流。第 3 種情況為降雨強度i小於土壤飽和時之水力傳導度K_{sat}；此時之土壤入滲率即等於降雨強度值，而且地表面不會發生積水或產生漫地流。

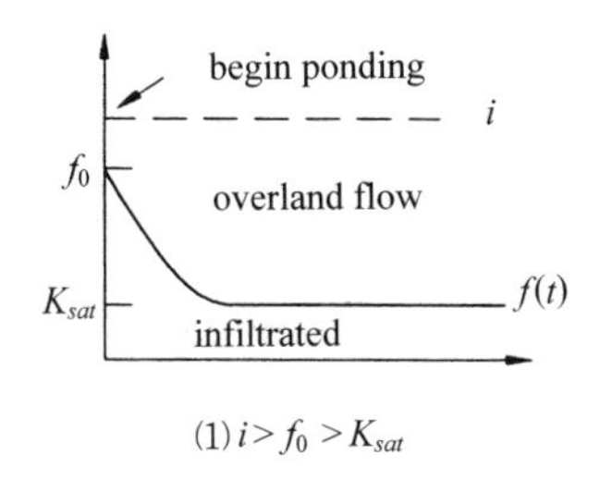

(1) $i > f_0 > K_{sat}$

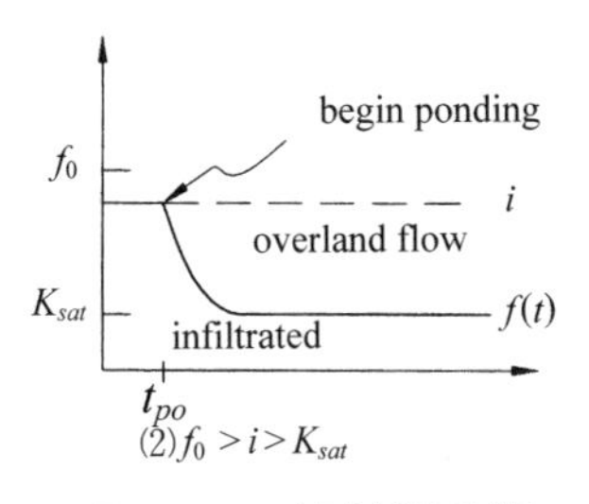

(2) $f_0 > i > K_{sat}$

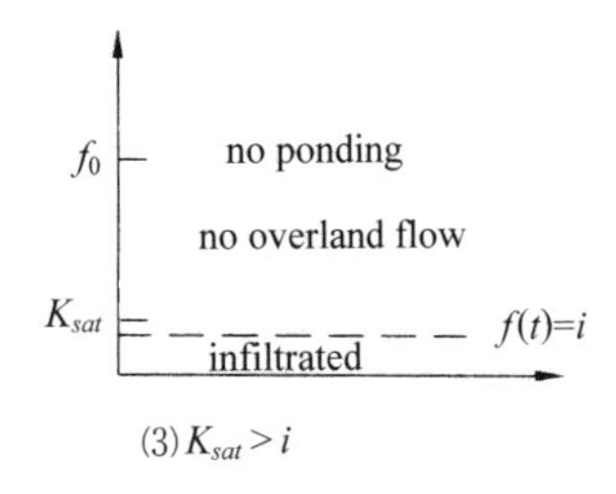

(3) $K_{sat} > i$

圖 5-7 入滲情況分類

5.4 入滲量測

入滲率是指水份自地表進入土壤之速率，公制通常以 *mm*/*hr* 表示，而英制則以 *in*/*hr* 表示。常見的土壤入滲率量測方式，有以下三種：

1. 環筒入滲計 (ring infiltrometer)

環筒入滲計是直接量測田野間小面積土壤入滲能力的環狀鐵器，其直徑約 20 *cm*～100 *cm*，長度約 100 *cm*。使用時將環筒敲擊入土壤中，地面應留 5 *cm*～10 *cm* 長度，並在環內直接貯水。而後量測為保持固定水位所需加入水量之速率，則可得到入滲率。

因水份入滲到不飽和土壤係受土壤水份吸力與重力之影響，所以注入於環筒入滲計之水份，會分別向垂直與橫向移動（如圖 5-8）；因此以上述方式量測的入滲率，將超過控制面積內土壤所應代表之垂直方向入滲率。若欲減少此作用之影響，可採用雙環入滲計 (double-ring infiltrometer)；即在兩環筒內皆蓄水，則介於兩環筒間之土壤扮演緩衝區，可減緩內環筒水份之橫向移動，故可僅量測內環筒之水位變化，以計算土壤的入滲率。Swartzendruber and Olson (1961) 建議內環筒與外環筒直徑至少應分別為 100 *cm* 與 120 *cm*。

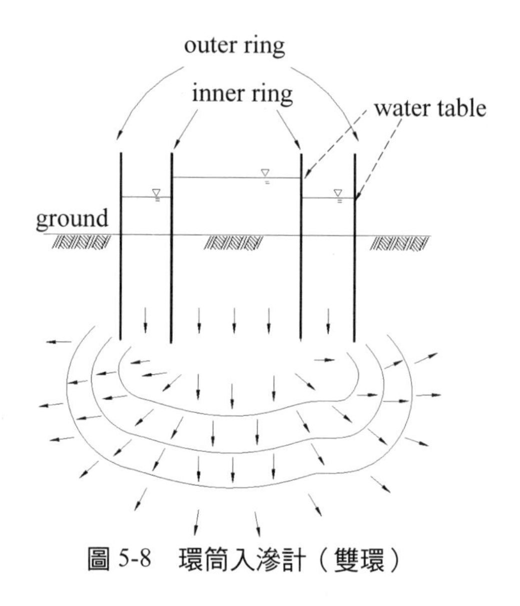

圖 5-8 環筒入滲計（雙環）

2. 降雨模擬法 (artificial rainfall simulation)

入滲率亦可由量測人工降雨模擬區 (artificial rainfall simulator) 之逕流量而決定；亦即在試驗區內噴灑充足且固定量之人造降雨，以產生地表飽和狀況，所以入滲率 $f(t)$ 為

$$f(t)=i-q(t) \tag{5-16}$$

式中 i 為人工降雨之強度；$q(t)$ 為單位面積地表逕流量。

3. 土壤水份張力計 (tensiometer)

因土壤含水量與土壤水份吸力 (soil-water suction) 之間存在著固定的關係曲線（如圖 5-3），所以可藉由單位時間內土壤水份吸力之改變，而推算得入滲率。

5.5 入滲公式

入滲公式為提供簡單的入滲計算方式，以滿足工程上估計土壤入滲量之需要。累積入滲量 F 為已知時距內入滲水量之總深度。應等於入滲率 f 在該時距內之積分，即

$$F(t)=\int_0^t f(\tau)\,d\tau$$

式中 τ 為代表時間之虛擬變數 (dummy variable)。因此入滲率即為累積入滲量之微分

$$f(t)=\frac{dF(t)}{dt}$$

大多數的入滲公式都是在描述土壤的入滲能力，一般常用的有荷頓公式 (Horton, 1939)、菲利普公式 (Philip, 1957)、格林－安普公式 (Green and Ampt, 1911) 以及美國水土保持局之 *SCS* 入滲公式 (Soil Conservation Service, 1973)，茲詳述於後。

5.5.1 荷頓入滲公式

Horton (1939) 觀測土壤水份入滲速率，而以指數遞減型式表示如下

$$f(t)=f_c+(f_0-f_c)e^{-kt} \tag{5-17}$$

式中 f_c 為平衡入滲率 (equilibrium infiltration rate)；f_0 為起始入滲率 (initial infiltration rate)；k 是入滲常數，因次為 $[1/T]$。如圖 5-9 所示，初期的入滲率通常較高，而逐漸減少近於固定值，此固定速率 f_c 等於土壤飽和時之水力傳導度 K_{sat}。

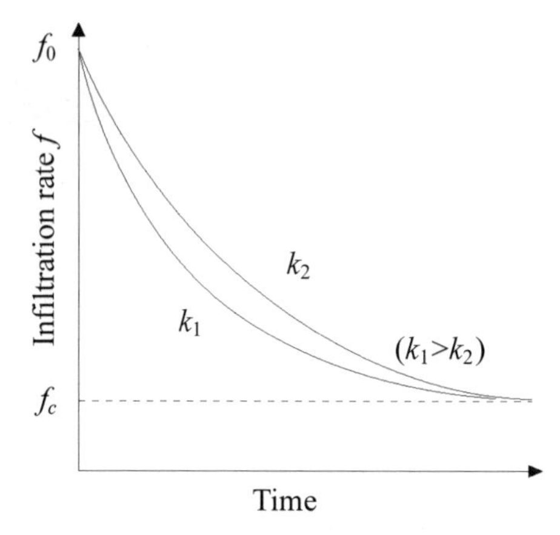

(a) variation of the parameter k

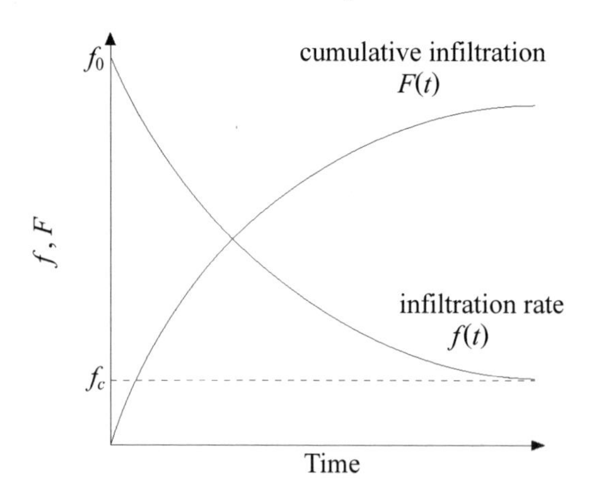

(b) infiltration rate and cumulative infiltration

圖 5-9　荷頓入滲公式

Eagleson (1970) 及 Raudkivi (1979) 證實荷頓公式可由 Richards 公式（5-14 式）推導而得，其解即為地表水份由上往下，在垂直方向以速度 $D(\partial^2\theta/\partial z^2)$ 擴散之結果。

例題 5-1

假設某一集水區之初始入滲率為 4.5 *in*/*hr*，穩定（平衡）入滲率為 0.5 *in*/*hr*。今在 10 小時內，集水區之總入滲量為 30 *in*，試求荷頓 (Horton) 入滲公式中之時間常數k值。（88 水利專技，86 交大土木）

解：

Horton 公式之累積入滲量為

$$
\begin{aligned}
F(t) &= \int_0^t f(t)\,dt \\
&= \int_0^t [f_c + (f_0 - f_c)e^{-kt}]dt \\
&= f_c t + \frac{(f_0 - f_c)}{k}\left(1 - e^{-kt}\right)
\end{aligned}
$$

代入 $f_0 = 4.5\ in/hr$，$f_c = 0.5\ in/hr$，$F(10) = 30\ in$

$$30 = 0.5 \times 10 + \frac{(4.5 - 0.5)}{k}\left(1 - e^{-10k}\right)$$

以試誤法計算時間常數，可得

$$k = 0.103\ hr^{-1}$$

◆

5.5.2 菲利普入滲公式

Philip (1957) 在假設水力傳導度 K 與土壤水份擴散度 D 隨含水量 θ 變化之限制條件下求解 Richards 式，菲利普採用 Boltzmann 轉換得到累積入滲量 $F(t)$ 之近似解為

$$F(t) = st^{1/2} + Kt \qquad (5\text{-}18)$$

式中 s 為土壤水份吸收度 (sorptivity)，是土壤吸力勢能（soil suction potential）之函數。將上式對 t 微分，可得

$$f(t)=\frac{1}{2}st^{-1/2}+K \qquad (5\text{-}19)$$

當 $t\to\infty$ 時，$f(t)$ 趨近於土壤之水力傳導度 K。菲利普公式中的第一項與第二項，分別代表土壤吸力水頭 (soil suction head) 與重力水頭 (gravity head) 之影響。因此在圖 5-4 之水平土壤試體圓管試驗中，未飽和土壤中之吸力是唯一促使水份由圓管右側移往左側的作用力。

例題 5-2

設有一橫斷面積為 40 cm^2 之塑膠管內充滿乾燥土壤；今將塑膠管水平置放，並由塑膠管之一端供給水源，15 分鐘後，總計100 cm^3 的水量入滲至管中。若將塑膠管垂直放置，並由上端供給水源，試利用菲利普公式計算 30 分鐘所能產生之總入滲量？（註：已知該土壤之水力傳導度為 0.4 cm/hr）。

解：

水平土柱之累積入滲深度 $F=100\ cm^3/40\ cm^2=2.5\ cm$，水平入滲時累積入滲量是土壤吸力之函數，且 $t=15\ min=0.25\ hr$

$$F(t)=st^{1/2}$$
$$2.5=s\times 0.25^{1/2}$$
$$\therefore s=5\ cm/hr^{1/2}$$

垂直柱向下之入滲，考慮水力傳導度 $K=0.4\ cm/hr$，因此當 $t=30\ min=0.5\ hr$ 之時

$$\begin{aligned}F(t)&=st^{1/2}+Kt\\&=5\times 0.5^{1/2}+0.4\times 0.5\\&=3.74\ cm\end{aligned}$$

◆

5.5.3 格林-安普入滲公式

荷頓公式與菲利普公式源自於 Richards 公式的近似解，格林與安普 (Green and Ampt, 1911) 則將土壤水份下滲之濕鋒 (wetting front) 假設為一平整的邊界（如圖 5-10），以解析解的方式求解入滲公式。若假設土壤之起始含水量為θ_i，當水份下滲濕鋒通過後，含水量由θ_i變為飽和，即含水量等於土壤孔隙率η，同時濕鋒下滲深度為L；故因入滲而貯存於土壤內之水份增量為$L(\eta-\theta_i)$，所以累積入滲量F應等於土壤水份增量，即

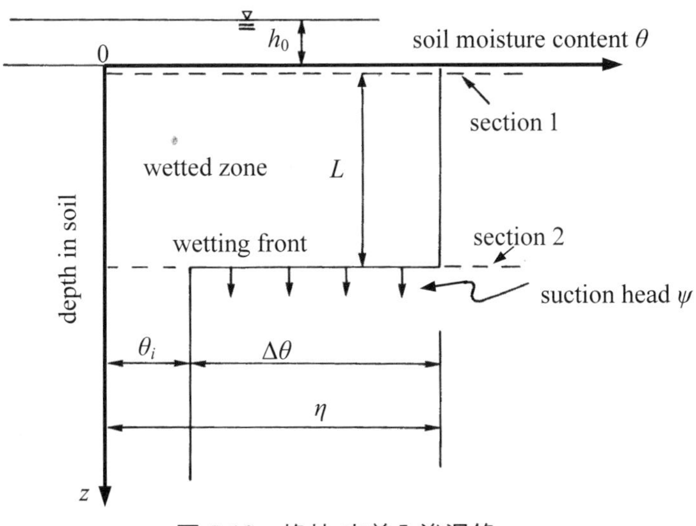

圖 5-10 格林-安普入滲濕鋒

$$
\begin{aligned}
F(t) &= L(\eta-\theta_i) \\
&= L\Delta\theta \qquad (5\text{-}20)
\end{aligned}
$$

式中 $\Delta\theta=\eta-\theta_i$。若定義斷面 1 與斷面 2 分別代表地面及下滲濕鋒位置，並定義垂直向下之方向為正，則可利用達西方程式（5-10 式）將入滲率表

示為

$$f=-V=K\frac{d}{dl}\left(z+\frac{p}{\gamma_w}\right)$$
$$=K\frac{1}{L}\left[L-(-h_0)+\psi\right]$$
$$=K\left(\frac{L+\psi+h_0}{L}\right) \qquad (5\text{-}21)$$

式中 h_0 為地表積水深度；而濕鋒下方乾燥土壤的吸力水頭為 ψ。

在工程水文學中，常假設地表積水之水量會立即轉變為漫地流，因此積水深度 h_0 相對於土壤吸力頭 ψ 以及濕鋒下滲深度 L 應甚小，故可將之省略。且由（5-20）式知濕鋒滲透深度為 $L=F/\Delta\theta$，故上式可改寫為

$$f=K\left(\frac{L+\psi}{L}\right)=K\left(\frac{F+\psi\Delta\theta}{F}\right) \qquad (5\text{-}22)$$

由於 $f=dF/dt$，故上式可表示為一未知數 F 的微分方程式

$$\frac{dF}{dt}=K\left(\frac{F+\psi\Delta\theta}{F}\right)$$

移項求解 F，可得

$$\left(\frac{F}{F+\psi\Delta\theta}\right)dF=Kdt$$
$$\left[\left(\frac{F+\psi\Delta\theta}{F+\psi\Delta\theta}\right)-\left(\frac{\psi\Delta\theta}{F+\psi\Delta\theta}\right)\right]dF=Kdt$$
$$\int_0^{F(t)}\left[1-\left(\frac{\psi\Delta\theta}{F+\psi\Delta\theta}\right)\right]dF=\int_0^t Kdt$$
$$F(t)-\psi\Delta\theta\{\ln[F(t)+\psi\Delta\theta]-\ln(\psi\Delta\theta)\}=Kt$$

或表示為

$$F(t)-\psi\Delta\theta\ln\left(1+\frac{F(t)}{\psi\Delta\theta}\right)=Kt \qquad (5\text{-}23)$$

此方程式即為格林-安普公式。一旦藉由上式求得 t 時刻之累積入滲量 F，則入滲率 f 可藉由下式求得

$$f(t) = K\left(\frac{\psi\Delta\theta}{F(t)} + 1\right) \tag{5-24}$$

當池蓄水深 h_0 不可忽略的時候，則以 $\psi + h_0$ 之值取代（5-23）式與（5-24）式中之 ψ 值即可。

由於（5-23）式無法直接解出 $F(t)$ ，必須以疊代法 (method of successive substitution) 求解 F 的非線性方程式，故重新排列（5-23）式成為

$$F(t) = Kt + \psi\Delta\theta\ln\left(1 + \frac{F(t)}{\psi\Delta\theta}\right) \tag{5-25}$$

若已知 K、t、ψ 與 $\Delta\theta$，並假設一個起始值 $F(t)$（例如假設 $F(t) = Kt$ ），再代入等號右邊項。計算後得到等號左邊項之新值 $F(t)$ ，再將此新值代入等號右邊項重新計算，如此反覆地演算直到計算值 $F(t)$ 收斂成固定值為止；此累積入滲量 F 的終值代入（5-24）式即可算出對應之入滲率 f。牛頓疊代法 (Newton's iteration method) 為另一種求解方法，此法較疊代法複雜，但能在較少次的疊代計算下達成數值收斂。

5.5.4 美國水土保持局入滲公式

美國水土保持局 (Soil Conservation Service，簡稱 *SCS*) 方法常用於推估美國地區小集水區之逕流量。*SCS* 法在估計直接逕流量 (direct runoff) 之前，需先行估計有效降雨 (effective rainfall)，因此可藉此方法以推求入滲總量。

如圖 5-11 所示，可將降雨總量 P 區分為初期降雨損失量 I_a、有效降雨總量 P_e 以及入滲總量 F 等三部分。*SCS* 法假設

$$\frac{F}{S} = \frac{P_e}{P - I_a} \tag{5-26}$$

式中 S 稱為集水區最大蓄水量 (potential maximum retention)，其值之大小受土壤特性、水文臨前狀況、土地利用狀況與水土保持工程措施等因素所影響。美國水土保持局分析小集水區的水文紀錄資料，顯示初期降雨損失量

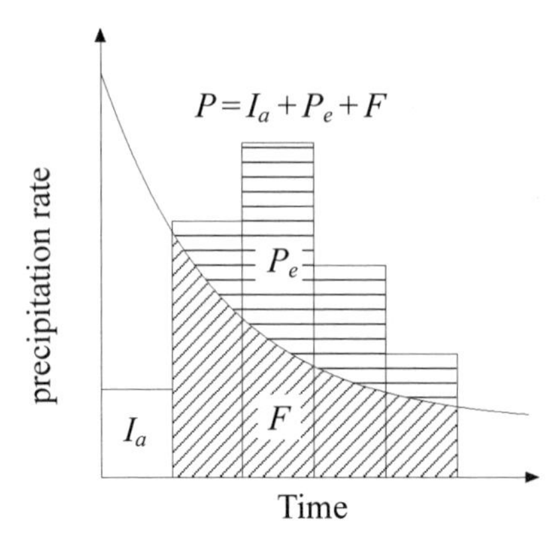

圖 5-11 初期降雨損失量 I_a，有效降雨總量 P_e 與入滲總量 F

與集水區最大蓄水量之關係為 $I_a=0.2S$；若再配合連續方程式，即 $P_e=P-I_a-F$，則有效降雨總量可以表示為

$$P_e=\frac{(P-I_a)^2}{P-I_a+S}=\frac{(P-0.2S)^2}{P+0.8S} \tag{5-27}$$

上式之有效降雨總深度即等於集水區之直接逕流總深度 Q；將上式配合（5-26）式，可得入滲總量為

$$F=\frac{S(P-0.2S)}{P+0.8S} \tag{5-28}$$

利用上式，則可由降雨總量 P 與集水區最大蓄水量 S 推求入滲總量 F。應用 SCS 方法必須注意，上式公式中之水文量均為累積總量，而非單位時間內的降雨強度或入滲率。

美國水土保持局將集水區最大蓄水量，轉換為曲線值之關係如下

$$S_{(inch)}=\frac{1000}{CN}-10 \tag{5-29}$$

或

$$S_{(cm)}=2.54\left(\frac{1000}{CN}-10\right) \tag{5-30}$$

式中 CN 稱為曲線值 (curve number)，CN 值為土壤類別、水文臨前狀況、土地利用狀況與水土保持工程措施等因素所影響。上述之逕流計算方式，亦可經由查閱圖表（如圖 5-12）方式求得直接逕流總深度。

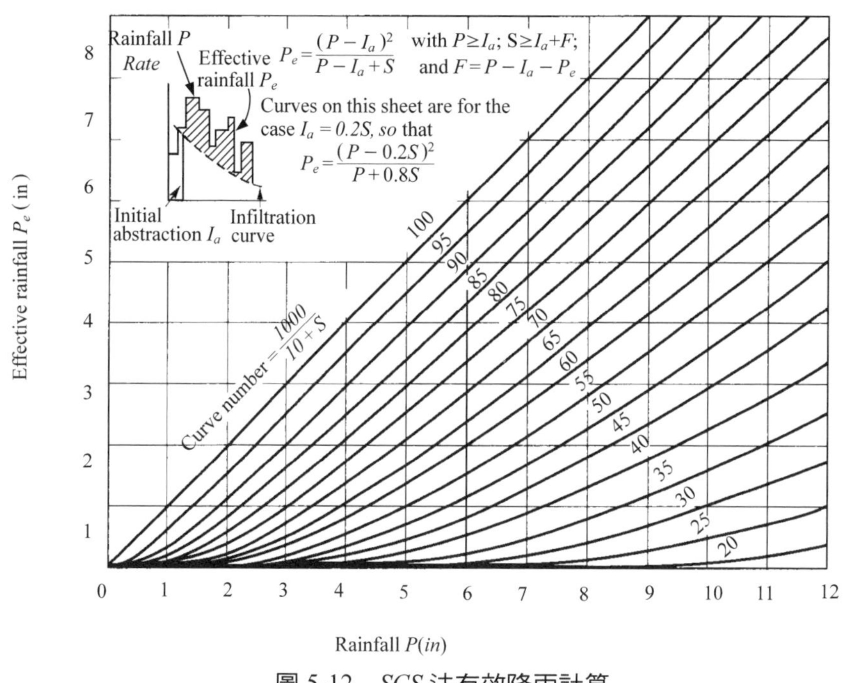

圖 5-12　SCS 法有效降雨計算

SCS 法中將土壤依排水特性，區分為 A、B、C 與 D 四類（如表 5-1）；A 類表示滲水性良好之土壤，即不易產生直接逕流。而由 A 類至 D 類，土壤之可滲水性逐漸降低；因此 D 類表示滲水性最低的土壤，即該位置最容易產生直接逕流。而對於水文臨前狀況 (antecedent moisture condition, AMC)，則分為 AMC Ⅰ、AMC Ⅱ、AMC Ⅲ 等三種情況（如表 5-2）；其中 AMC Ⅰ 表示集水區之臨前狀況極為乾燥，因此不易產生大量逕流，而 AMC Ⅲ 則表示集水區之臨前狀況極為濕潤，所以較易產生大量逕流。

表 5-1　SCS 法之曲線值

Land use or cover	Treatment or practice	Hydrologic condition	Hydrologic soil group			
			A	B	C	D
Fallow	Straight row	—	77	86	91	94
Row crops	Straight row	Poor	72	81	88	91
	Straight row	Good	67	78	85	89
	Contoured	Poor	70	79	84	88
	Contoured	Good	65	75	82	86
	Contoured and terraced	Poor	66	74	80	82
	Contoured and terraced	Good	62	71	78	81
Small grain	Straight row	Poor	65	76	84	88
		Good	63	75	83	87
	Contoured	Poor	63	74	82	85
		Good	61	73	81	84
	Contoured and terraced	Poor	61	72	79	82
		Good	59	70	78	81
Close-seeded legumes[b] or rotation meadow	Straight row	Poor	66	77	85	89
	Straight row	Good	58	72	81	85
	Contoured	Poor	64	75	83	85
	Contoured	Good	55	69	78	83
	Contoured and terraced	Poor	63	73	80	83
	Contoured and terraced	Good	51	67	76	80
Pasture or range		Poor	68	79	86	89
		Fair	49	69	79	84
		Good	39	61	74	80
	Contoured	Poor	47	67	81	88
	Contoured	Fair	25	59	75	83
	Contoured	Good	6	35	70	79
Meadow		Good	30	58	71	78
Woods		Poor	45	66	77	83
		Fair	36	60	73	79
		Good	25	55	70	77
Farmsteads		—	59	74	82	86
Roads (dirt)[c]		—	72	82	87	89
(hard surface)[c]		—	74	84	90	92

[a] Antecedent moisture condition II and I_a=0.2S.

[b] Close drilled or broadcast.

[c] Including right-of-way.

Source: After "Hydrology," Suppl. A to Sec. 4, *Engineering Handbook*, U.S. Departmet of Agriculture, Soil Coservation Service, 1968.

表 5-2 *SCS* 法水文臨前狀況之曲線值

CN for AMC II	Corresponding CNs	
	AMC I	AMC III
100	100	100
95	87	98
90	78	96
85	70	94
80	63	91
75	57	88
70	51	85
65	45	82
60	40	78
55	35	74
50	31	70
45	26	65
40	22	60
35	18	55
30	15	50
25	12	43
20	9	37
15	6	30
10	4	22
5	2	13

AMC Ⅰ: Lowest runoff potential. Soils in the watershed are dry enough for satisfactory plowing or cultivation.
AMC Ⅱ: The average condition. AMC Ⅲ: Highest runoff potential. Soils in the watershed are practically saturated from antecedent rains.
Source: After "Hydrology," Suppl. A to Sec. 4, *Engineering Handbook*, U.S. Department of Agriculture, Soil Conservation Service, 1968.

表 5-1 為 *SCS* 法依據土地利用狀況、水土保持工程措施、坡地排水狀況以及土壤類別等性質，製成曲線值 *CN* 值之表格。該表之水文臨前狀況為 *AMC Ⅱ*，若集水區之臨前狀況為 *AMC Ⅰ* 或 *AMC Ⅲ*，則需利用表 5-2 作 *CN* 值之轉換。

例題 5-3

已知某集水區之累積降雨量如下表第(2)欄位所列，該集水區之曲線值 $CN=75$，試計算其有效降雨組體圖 (effective rainfall hyetograph)。

解：

表中第(1)與第(2)欄位分別為時間與累積降雨量 P，其它欄位可依下述步驟分析：

(1) t (hr)	(2) P (in)	(3) I_a (in)	(4) F (in)	(5) Cumulative effective rainfall (in)	(6) Effective rainfall hyetograph (in/hr)
0	0.0	0.00	0.00	0.00	0.00
1	0.3	0.30	0.00	0.00	0.00
2	0.7	0.67	0.03	0.00	0.00
3	1.4	0.67	0.60	0.13	0.13
4	2.8	0.67	1.30	0.83	0.70
5	4.0	0.67	1.67	1.66	0.83
6	4.5	0.67	1.78	2.05	0.39

1. 在求算初期降雨損失量之前，必須先計算地表最大蓄水量

$$S=\frac{1000}{CN}-10=\frac{1000}{75}-10=3.33\ in$$

所以初期損失量為 $I_a=0.2S=0.67\ in$

第(3)欄位為初期降雨損失量，累積至0.67 in為止；

2. 第(4)欄位是將累積降雨量代入公式後，所求得之累積入滲量

$$F=\frac{S(P-0.2S)}{P+0.8S}=\frac{3.33(P-0.67)}{P+2.66}\ ;$$

3.第(5)欄位為累積降雨量扣除初期損失量與累積入滲量後，所得到的累積有效雨量

$P_e = P - I_a - F$；

4.將t時刻之累積有效雨量，扣除$t-1$時刻之累積有效雨量，即為有效降雨組體圖，列於第(6)欄位。◆

5.6 入滲指數

由於降雨在時間以及空間上之分佈並非均勻，而集水區內土壤亦非均質，因此上述時變性之入滲公式，未必能確實掌握集水區內土壤之入滲情形。因此工程上往往使用簡化之入滲指數 (infiltration index)，以模擬集水區土壤水份之入滲過程。

入滲指數是假設在整個暴雨延時內的入滲率始終保持為定值（如圖5-13），因此入滲指數會低估降雨初期之入滲率，而高估降雨末期之平衡入滲率。入滲指數適合應用在長延時暴雨或降雨臨前狀況為土壤水份含量較高的集水區，雖然此種方式忽略掉入滲率在時間上的變化，但大致仍能符合實際工程計算之要求。

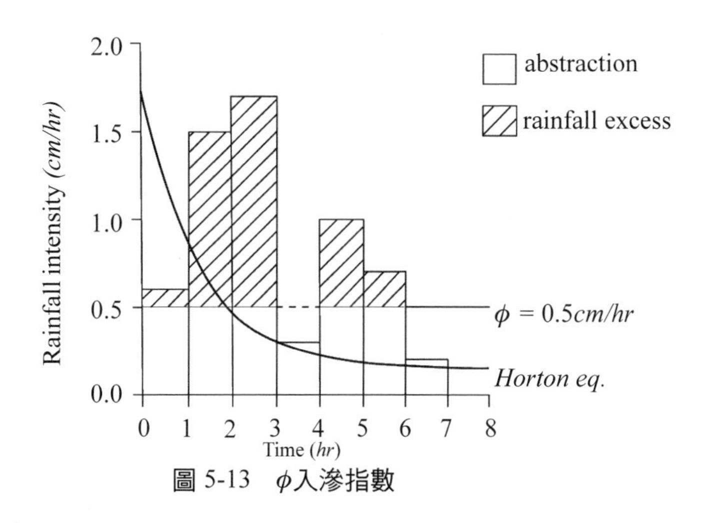

圖 5-13　ϕ入滲指數

於實務上最常使用的入滲指數為ϕ指數(ϕ −index)，其定義為降雨率扣除固定入滲率後即為實際發生之逕流體積（或深度），一般以試誤法(trial-and-error procedure) 進行計算。

例題 5-4

下表所列為一場 7 *hr* 暴雨所得之降雨紀錄，已知該暴雨所產生之地表逕流水深為 3 *cm*，試求ϕ指數。

$t(hr)$	1	2	3	4	5	6	7
Intensity（*cm/hr*）	0.6	1.5	1.7	0.3	1.0	0.7	0.2

解：

已知逕流水深為 3 *cm*，所以降雨扣除ϕ指數後之超量降雨總量應等於 3 *cm*；可以用試誤法推求ϕ指數。

第一次假設$\phi = 0.3$ *cm/hr*，則超量降雨總量為

$(0.6-0.3)+(1.5-0.3)+(1.7-0.3)+(1.0-0.3)+(0.7-0.3)=4\,cm$

不合；第二次假設$\phi = 0.4$ *cm/hr*，則超量降雨總量為

$(0.6-0.4)+(1.5-0.4)+(1.7-0.4)+(1.0-0.4)+(0.7-0.4)=3.5\,cm$

不合；第三次假設$\phi = 0.5$ *cm/hr*，則超量降雨總量為

$(0.6-0.5)+(1.5-0.5)+(1.7-0.5)+(1.0-0.5)+(0.7-0.5)=3.0\,cm$

符合；所以正確的ϕ指數為 0.5 *cm/hr*（如圖 5-13）。 ◆

另一廣泛使用的入滲指數為 W 指數(W − index)，不同於ϕ指數之處是計算中考慮截留損失與地表窪蓄水深，故 W 指數以公式表示為

$$W=\frac{P-Q-R}{t_f} \tag{5-31}$$

式中P 為降雨深度(mm)；Q 為逕流水深(mm)；R 為截留損失與地表窪蓄

水深之和 (mm)；t_f 為降雨延時內降雨強度大於 W 指數之總時數 (hr)；W指數之單位為 mm/hr。

W_{min} 指數則是極為濕潤情況下之 W 指數，一般都選取連續暴雨末期的數據資料來估算，常用以推求最大洪水情況 (maximum flood potential)。因此 W_{min} 指數近似於平衡入滲率之空間上的平均值，故在土壤極為濕潤的情況下，W_{min} 指數與 ϕ 指數幾乎相同。

5.7 積水發生時間

前面各節已介紹許多入滲率的計算方法，這些方法都假設地表面上發生積水 (ponding)，方得以維持水份持續入滲。然而發生在整個降雨期間內，只有當降雨強度大於土壤入滲能力時地表面才會發生積水，故可定義積水發生時間t_{po} (ponding time) 為降雨開始至地表發生積水所需之時間。如圖 5-7 (2)所示，此地表發生積水時間$(t=t_{po})$亦即是地表產生漫地流之時刻。

如果降雨開始時為乾燥土壤，土壤含水量之垂直變化如圖 5-14 所示。在積水發生之前(即 $t<t_{po}$)，降雨強度小於土壤入滲能力，此時地表為不飽和。而後因入滲能力漸減，當降雨強度等於入滲能力之時(即 $t=t_{po}$)，地面開始發生積水。若降雨持續，土壤水份飽和區域逐漸向下延伸，且地面之積水形成漫地流匯向河川。

由於非均勻性降雨之積水發生時間計算較為繁複，所以僅先就均勻降雨情況下，討論積水發生時間的計算方式。首先假設均勻降雨強度 i，且在地表發生積水之前的降雨全部入滲。若以荷頓入滲公式為例，對（5-17）式積分可得

$$F(t)=f_c t+\frac{f_0-f_c}{k}(1-e^{-kt}) \tag{5-32}$$

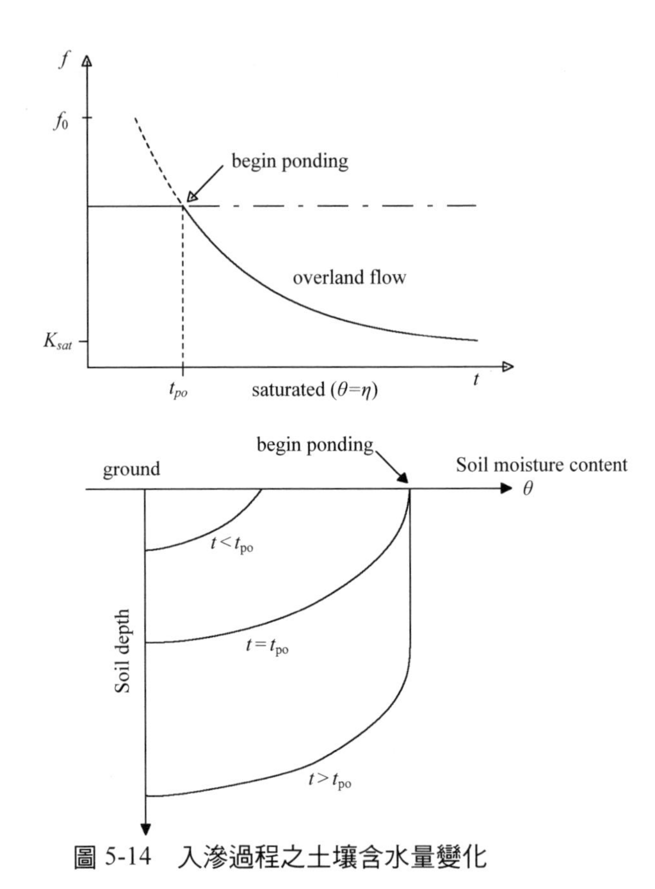

圖 5-14　入滲過程之土壤含水量變化

上式中含有 t，必須先予以消除，所以由（5-17）式解得

$$t=\frac{1}{k}\ln\left(\frac{f_0-f_c}{f-f_c}\right) \tag{5-33}$$

如圖 5-15 所示，由降雨初期至積水發生時間 t_{po} 之累積入滲量 $F_p=it_{po}$，且此時之入滲率 $f=i$，將上述兩個條件代入（5-32）式可得

$$t_{po}=\frac{1}{ik}\left[(f_0-i)+f_c\ln\left(\frac{f_0-f_c}{i-f_c}\right)\right] \tag{5-34}$$

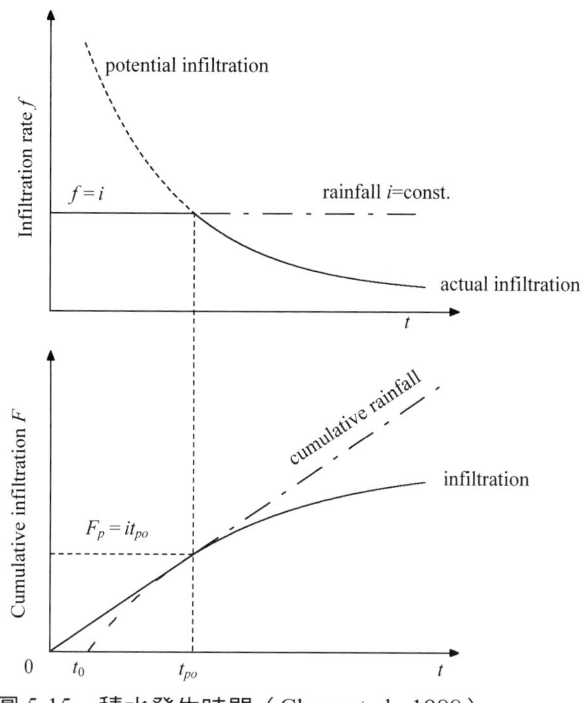

圖 5-15 積水發生時間（Chow et al., 1988）

此即為均勻降雨強度下，以荷頓入滲公式所求得之積水發生時間；其它如菲利普公式與格林-安普公式，亦可用相同方式推求其積水發生時間。

荷頓公式須在 $i > f_c$ 情況下，地表方能形成積水，積水發生時間如（5-34）式所示；如果為 $i > f_0$ 情況，則地表立即發生積水，所以 $t_{po} = 0$ 。而菲利普公式與格林-安普公式均只有在$i > K$情況下，t_{po}才為正值；若降雨強度小於或等於土壤水力傳導度K，則永遠不會產生地表積水現象。當微小降雨落在高滲透性土壤的情況下，往往符合 $i < K$ 條件；此時集水區之渠流主要是由地表下水流匯入河川形成，而非以地表逕流方式形成。

推求時變性降雨的積水發生時間，仍可採用類似均勻降雨的方法。此時需先由降雨量計算累積入滲量，再以荷頓公式或其它入滲公式藉由累積入滲量，計算所相對應的入滲能力；當降雨強度大於當時的入滲能力時即發生地表積水，藉此以判定產生逕流的主要機制是地表逕流還是地表下逕流。

5.8 入滲公式修正

由上一節的敘述可以瞭解到，先前所列的荷頓公式、菲利普公式以及格林-安普公式，均是描述地表產生積水情況下之土壤水份入滲率，因此我們將此利用公式所計算出之單位時間入滲水量，稱為勢能入滲能力$f_p(t)$ (potential infiltration capacity)。可想而知的，若是t時刻的降雨強度$i(t)$小於利用入滲公式所得的$f_p(t)$，則當時的土壤入滲率$f(t)$應等於$i(t)$，而非等於$f_p(t)$。所以當考慮時變性降雨時，土壤入滲率應表示為

$$f(t)=\min[f_p(t), i(t)] \tag{5-35}$$

上式表示t時刻之入滲率$f(t)$應為入滲公式計算所得之入滲能力$f_p(t)$與降雨強度$i(t)$，兩者中之較小者。

由於t時刻之入滲能力$f_p(t)$隨累積入滲量$F(t)$之增加而漸減，因此若能計算在未產生地表積水前之累積入滲量，即可推求出地表積水發生時刻所相對應之$f_p(t)$。茲應用荷頓入滲公式以實例說明，如何進行理論入滲公式之修正。

例題 5-5

已知土壤起始入滲率$f_0=5\ cm/hr$、平衡入滲率$f_c=0.4\ cm/hr$、入滲常數$k=0.05\ min^{-1}$，降雨強度開始大於入滲容量之時刻$t_{po}=20\ min$。試由下表之降雨資料，利用 Horton 入滲公式推算超量降雨。

解：

表中第⑴與第⑵欄位為已知，計算時間若以 hr 為單位，則 $k=0.05\ min^{-1}=3\ hr^{-1}$，其它欄位可依下述步驟分析：

⑴ t (min)	⑵ i (cm/hr)	⑶ f_p (cm/hr)	⑷ F_p (cm)	⑸ f (cm/hr)	⑹ i_e (cm/hr)
0	0.0	**5.00**	**0.00**		0.00
10	0.5	**3.19**	**0.67**		0.00
20	1.5	2.09	1.10	4.11	0.00
30	5.0	1.43	1.39	2.65	2.35
40	4.0	1.02	1.59	1.76	2.24
50	3.0	0.78	1.74	1.23	1.77
60	2.0	0.63	1.86	0.90	1.10
70	1.0	0.54	1.95	0.70	0.30
80	0.0	0.48	2.04	0.58	0.00
90	0.0	0.45	2.12	0.51	0.00
100	0.0	0.43	2.19	0.47	0.00

1. 第⑶欄位為水份充分供給情況下之入滲率，以 Horton 入滲公式計算即為

$$f_p(t)=f_c+(f_0-f_c)e^{-kt}=0.4+(5-0.4)e^{\frac{-3t}{60}}$$

2. 第⑷欄位為水份充分供給情況下之累積入滲量 $F_p(t)$，計算公式為

$$F_p(t)=f_c t+\frac{f_0-f_c}{k}\left(1-e^{-kt}\right)=\frac{0.4t}{60}+\frac{5-0.4}{3}\left(1-e^{\frac{-3t}{60}}\right)；$$

3. 由於降雨強度開始大於入滲容量之時刻為 $t_{po}=20\ min$ 之後，因此前 20 min 實際的累積入滲量為

$$F_{20}=(0.5\times10+1.5\times10)\cdot\frac{1}{60}=0.33\ cm；$$

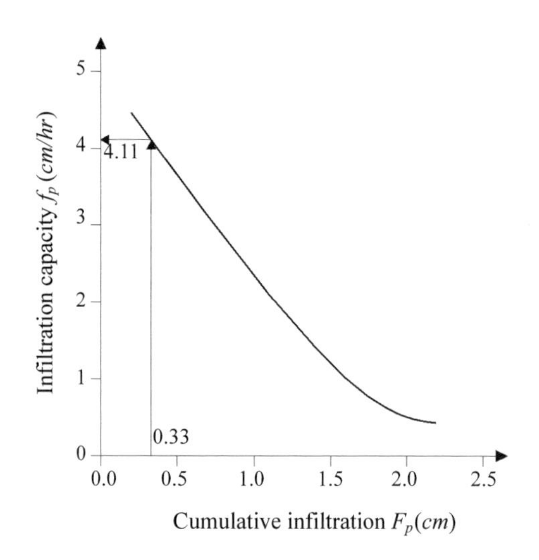

圖 E5-5-1　累積入滲量與勢能入滲能力之關係曲線

4. 若應用第(3)欄位與第(4)欄位之數據，並以入滲率為縱軸，累積入滲量為橫軸，可繪出一曲線如圖 E5-5-1；再以前兩列之數字線性內插，可得

$$f_{20}=5+(3.19-5)\times\frac{0.33-0}{0.67-0}=4.11\ cm/hr；$$

5. 再計算水份充分供給情況下，f_{20} 所對應的時間 t'

$$4.11=0.4+(5-0.4)e^{\frac{-3t'}{60}}$$
$$\therefore t'=4.3\ min$$

所以真實情況下之土壤入滲率應納入平移時間，成為

$$f=f_c+(f_0-f_c)e^{\frac{-k(t-t_{po}+t')}{60}}$$
$$=0.4+(5-0.4)e^{\frac{-3(t-20+4.3)}{60}}$$

真實入滲率 f 列於第(5)欄位，Horton 入滲公式修正結果如圖 E5-5-2；
6. 降雨強度 i 扣除真實入滲率即為超量降雨，列於表中第(6)欄位。 ◆

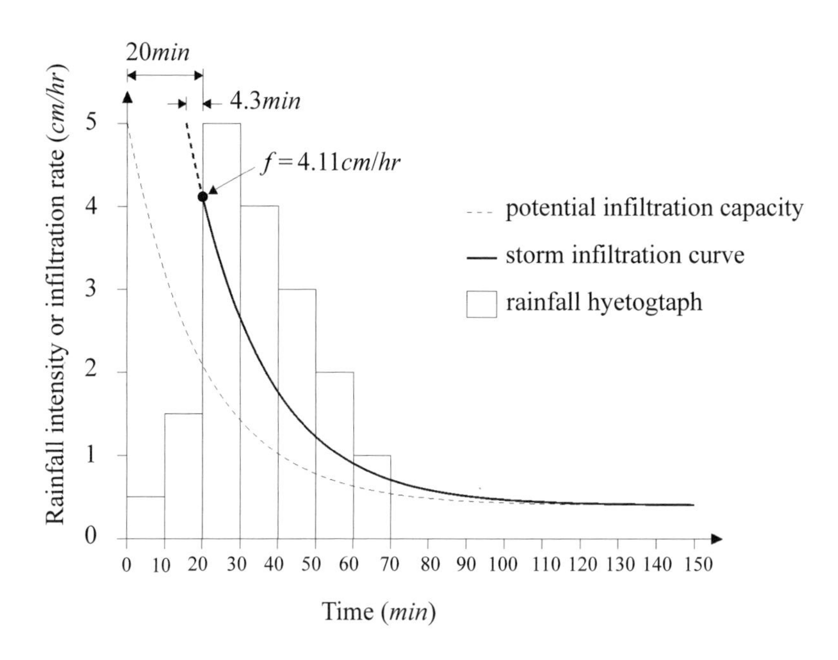

圖 E5-5-2　入滲公式修正計算例

參考文獻

Dune T. and Leopold, L. B. (1978). ***Water in Environmental Planning***, Greeman Co., San Francisco.

Eagleson, P. E. (1970). ***Dynamic Hydrology***, McGraw-Hill Book Co., New York.

Green, W. H., and Ampt, G. A. (1911). "Studies on soil physics, part Ⅰ, the flow of air and water through soils," ***J. Agric. Sci.,*** 4 (1) , 1-24.

Hillel, D., (1980). ***Applications of Soil Physics,*** Academic Press, Orlando, Fla.

Horton, R. E. (1939). "Analysis of runoff plot experiments with varying infiltration capacity," ***Trans. Am. Geophys. Union***, 20, 693-711.

Mein, R. G., and C. L. Larson, (1973). "Modeling infiltration during a steady rain," ***Water Resour. Res.***, vol. 9, no. 2, 693-711.

Philip, J. R. (1957). "The theory of infiltration：1.The infiltration equation and its solution," ***Soil Sci.***, 83 (5) , 345-357.

Raudkivi, A. J. (1979). ***Hydrology***, Pergamon Press, Oxford.

Richards, L. A. (1931). "Capillary conduction of liquids through porous mediums," ***Physics***, 1, 318-333.

Soil Conservation Service (1972). ***National Engineering Handbook***, section 4, Hydrology, U. S. Dept. of Agriculture, available from U.S. Government Printing Office, Washington, D. C.

Soil Conservation Service (1973). "A method for estimation volume and rate of runoff in small watersheds," Technical Paper No. 149, USDA-SCS, Washington, D. C.

Swartzendruber, D., and Olson, T. C. (1961). "Model study of the double-ring infiltrometer as affected by depth of wetting and particle size," ***Soil Science***,

92, 219-225.

習　題

1. 解釋名詞

 (1)入滲（infiltration）。（87 屏科大土木）

 (2)土壤水份特性曲線（soil-moisture-retention curve）。（87 屏科大土木）

 (3)土壤水份之遲滯效應（hysteresis）。（88 台大農工）

 (4)入滲容量（infiltration capacity）。（88 水利中央簡任升等考試，84 水利高考二級）

 (5)#附著水（pellicular water）。（83 水利檢覈）

 (6)#入滲係數（infiltration coefficient）。（84 屏科大土木，82 中原土木）

2. 請以達西定律（$q_d = -\nabla(\phi), \phi = z + p/\gamma$）的觀點說明為何乾燥土壤之入滲率較濕潤土壤來得大？（85 逢甲土木及水利）

3. 何謂滲透強度（infiltration rate）？為何滲透強度會隨時間而衰減，試述之。（88 水保專技）

4. 試繪圖說明降雨期間於

 (一)不同坡度；

 (二)不同土壤水份含量；

 (三)不同K值（K係指 Horton 入滲曲線方程式之衰減係數）

 之入滲率～時間變化曲線。（87 海大河工）

5. (一)雙筒式入滲計之內筒入滲率較大，抑內外筒間之入滲率較大？原因為何？

 (二)操作此入滲計時，需注意哪些事項？請舉一項最重要的即可。（86 逢甲土木及水利）

6. 依荷頓（Horton）入滲方程式繪出之入滲曲線如下圖所示，試證 $k=(f_0 - f_c)/A$，其中k為時間常數，f_0為初始入滲率，f_c為穩定入滲率，A為入滲曲線與f_c線間之面積。（89 中興水保，83 環工專技）

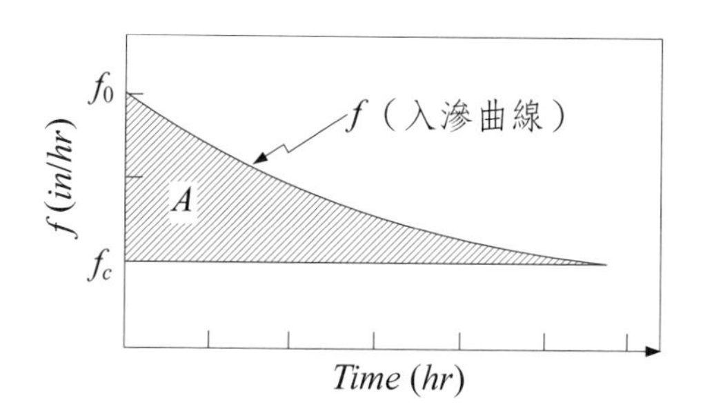

7. 有一集水區，由觀測站測得 12 小時之總降雨量為 320mm，由下游端之流量測站分析所得之流量歷線，計算出直接逕流量為$105.8\times10^5 m^3$。設損失雨量以入滲量為最大，其他截留、窪蓄等之損失可予以忽略。試由此求該次降雨後，第 7 小時之入滲率及此 7 小時之總入滲量。（87 水利專技）
（已知：Horton 入滲率公式中，最終入滲率 $f_c=0.25\ mm/hr$，減衰係數 $k=0.14\ hr^{-1}$，集水面積 $=45\ km^2$）

8. 已知某集水區在降雨前之土壤水份條件時，其入滲容量 f_p 可用下式表示：
$f_p=0.4+4.1e^{-0.35t}$；
其中 f_p 之單位為 in/hr，t 之單位為 hr：
(一)若集水區第 1 小時之降雨強度為 5in/hr，試求第 2 小時開始時之入滲容量？
(二)若集水區第 1 小時之降雨強度為 2in/hr，試求第 2 小時開始時之入滲容量？
（85 環工專技）

9. 有一流域面積 1.8 km^2，其上產生 24 hr 之暴雨，總觀測雨量為 10cm，Horton 之起始入滲容量為 1 cm/hr 而終達入滲容量為 0.3 cm/hr，Horton 曲線之 $k=5\ hr^{-1}$，該集水區蒸發皿於 24 hr 間水面降低 0.6cm，蒸發皿係數為 0.7，其他損失可以忽視，試求該集水區流出之逕流（m^3）。（88 水利中央簡任升等考試）

10. Green-Ampt 法計算入滲潛能以及累積入滲量與時間關係的公式分別如以下(1)與(2)式，試以 Green-Ampt法計算下表的降雨歷線降落在孔隙率 $\eta=0.437$、有效孔隙率 $\theta_e=0.417$、入滲鋒毛隙壓力水頭 $\psi=4.95(cm)$、水力傳導係數 $K=11.78$ (cm/h)、與有效飽和度$S_e=0.2$的砂土，求在開始降雨以後，時間(一)$t=10min$、(二)$t=20min$、與(三)$t=30min$ 時的入滲潛能，以及(四)達到積水 (ponding) 的時間。（83 台大土木）

(1) $f=K\left(\frac{\psi\triangle\theta}{F}+1\right)$　　　(2) $F-\psi\triangle\theta\ln\left(1+\frac{F}{\psi\triangle\theta}\right)=Kt$

Time (min)	0-10	10-20	20-30
P (cm)	2.15	3.00	2.00

11. 某小集水區發生如下表之降雨事件，該集水區之平均曲線值 *CN* 為 80，並假設初期扣除（Initial abstraction）I_a 與最大滯留潛量（Potential maximum retention）*S* 滿足 $I_a=0.2S$ 之關係。計算㈠地表開始出現逕流之時間，㈡地表開始出現逕流後各小時之入滲率為若干（*mm/hr*）？[假設地表開始出現逕流後之降雨損失全為入滲]（87 台大農工）

時間（*hr*）	0-1	1-2	2-3	3-4	4-5	5-6	6-7
降雨量（*mm*）	5.08	17.78	9.40	26.42	59.44	16.26	1.78

12. 假設台灣北部某一集水區 20 英畝之草地（其土壤為深層黃土且其曲線號碼[Curve number, *CN*]為 60）、30 英畝台地（其土壤為淺層壤土並種植水稻且其 *CN* 為 70）及 50 英畝之森林地（具中等水文條件且其 *CN* 為 80）。
今發生一場暴雨如下：

時間 (*hr*)	降雨量 (*inch*)
0	
	0.1
2	
	0.5
4	
	3.5
6	
	2.0
8	
	1.0
10	
	0.6
12	

試推求有效降雨組體圖（Effective rainfall hyetograph）。（86 水利高考三級）

註：$S = 1000/CN - 10$

$P_e = (P - 0.2S)^2/(P + 0.8S)$

13. 某山坡地開發案開發前植被、土壤和對應的 CN 值如下表，開發後的土地利用狀況和對應的 CN 值亦列於下表中，請利用 SCS 法計算，回答以下問題。（SCS 法的基本公式如下）

$$S = \frac{1000}{CN} - 10 \qquad I_a = 0.2S \qquad P = P_e + I_a + F_a \qquad P_e = \frac{(P - I_a)^2}{P - I_a + S}$$

開發前					
土地利用	林地			牧場	
土壤種類	*A*	*B*		*A*	*B*
Curve Number	30	55		40	65
面積百分比	30	20		20	30
開發後					
土地利用	商業區	住宅	道路	綠地	林地
Curve Number	90	80	98	50	40
面積百分比	15	45	15	15	10

(一)該區域 3 小時延時、25 年回歸期距的累積降雨量為 142*mm*，請計算因為社區開發（都市化效應）使逕流降雨量（excess rainfall）比開發前多了多少 *mm*？

(二)以上降雨事件的設計雨型（時間分佈）如下表，利用 SCS 法計算開發後、每半個小時的逕流降雨量歷線。（89 台大土木）

Time（*hr*）	0-0.5	0.5-1	1-1.5	1.5-2	2-2.5	2.5-3
Rainfall（*mm*）	15	24	40	32	19	12

14. 入滲指數有哪些種類，試說明之。（85 水保專技）

15. 某一區域某次降雨之資料如下：

時間（*hour*）	1	2	3	4	5
降雨強度（*mm/hr*）	4	14	18	30	30

已知平均逕流水深為 38 *mm*，試估平均入滲指數值（Infiltration index）。（84 水利乙等特考）

16.某集水區面積200 km^2，由下列降雨所形成之直接逕流體積為$1.00 \times 10^7 m^3$，

時間（*hr*）	0	2	4	6	8	10	12
累積雨量（*mm*）	0	4	12	42	64	78	80

㈠試求超滲降雨；
㈡試求ϕ入滲指數；
㈢試繪雨量圖並標示ϕ入滲指數；
㈣試述影響入滲之因素。（84 水保專技）

17.某集水區上一場延時為 3 小時之暴雨記錄如下表：

t（小時）	0.5	1.0	1.5	2.0	2.5	3.0
i（*mm/hr*）	10.0	15.2	9.5	13.5	10.0	8.0

㈠請繪出其雨量圖（Hyetograph）。
若已知有效降雨量為 21.1 *mm* 請推估集水區之Φ入滲指數。
㈡若已知直接逕流量為 117.2 *cms*−*hr*，請問集水區面積為多少平方公里？（82 水保專技）

18.茲有一集水區面積 27 平方公里，於延時 4 小時之二場連續之降雨分別為 3.8 公分以及 2.8 公分，其於集水區出水站之水文資料如下，試求超滲降水量及ϕ指數。（86 中原土木）

距開始下雨時間（*hr*）	-6	0	6	12	18	24	30	36	42	48	54	60	66
觀察流量（m^3/s）	6	5	13	26	21	16	12	9	7	5	5	4.5	4.5

19.某流域面積為210 km^2，某次暴雨所形成之直接逕流體積為$1.89 \times 10^7 m^2$，該次暴雨之雨量資料如下表。求其平均入滲指數Φ。（85 屏科大土木）

時間（*hr*）	6-9	9-12	12-15	15-18	18-21	21-24
降雨量（*mm*）	18.0	53	24.5	14.0	9.5	3.0

20.某集水區面積為 500 英畝，某二小時延時降雨記錄如下：

每 30 分鐘單位	1	2	3	4
降雨強度（*inch/hour*）	4.0	2.0	6.0	5.0

試估算：㈠該次降雨之總降雨量，吋。

㈡假設淨降雨量為 4 吋，求該集水區 Φ 入滲指數。（87 淡江水環）

21.試說明一均勻土壤在乾燥情況下，承受一固定強度的長延時降雨時，土壤深度剖面的含水量與地表入滲量之時間變化。（85 水利省市升等考試）

22.何謂 Ponding Time t_p？若以 Horton's 或 Philip's 公式為入滲控制方程式，在降雨強度為常數的條件下，t_p如何推求？（87 逢甲土木及水利）

23.試述使用 Horton 入滲公式之限制？若無法滿足此限制時，應如何校正？試說明校正之步驟。（88 海大河工）

24.已知某集水區之小時雨量如下表所示。又在降雨前之土壤水份條件時，土壤之入滲容量（infiltration capacity）可用$f = 0.4 + 4.1\ \exp(-0.35t)$表示，其中$f$與$t$之單位分別為 *cm/hr* 和 *hr*，試求該場降雨的實際入滲曲線，並於降雨組體中繪出此曲線。（88 台大土木）

時間（*hr*）	1	2	3	4	5
降雨強度（*cm/hr*）	2.0	4.5	3.0	1.5	0.5

CHAPTER 6

地下水與水井力學

河川中之逕流包含地表逕流 (surface runoff)、中間流 (interflow) 與地下水 (groundwater)。中間流是指在地表面以下至地下水位以上貯蓄或流動的水，亦稱之為地表下逕流 (subsurface runoff)；而地下水則指在地下水位以下貯蓄或流動的水。土壤中所含之水份，在地下水位 (groundwater table) 以上為不飽和 (unsaturated)，而在地下水位以下則為飽和 (saturated)。在飽和土壤中水流流動過程為重力 (gravity) 與土壤顆粒間阻滯力 (resistance) 的抗衡，而在非飽和土壤中則因土壤顆粒間存在部分氣體，水流流動過程為重力、土壤顆粒間阻滯力以及土壤顆粒間負壓力之相互抗衡。通常在降雨或降雨過後短暫期間內，河川逕流主要為地表逕流與中間流；而在較乾旱季節，河川逕流則以地下水流（或稱為基流，base flow）為主。地面水源的利用，可以採用直接引水或建壩蓄水等方式；而地下水源的利用，則主要是採用鑿井方式汲取地下水。

6.1 地下含水層與地下水

地下含水層 (aquifer) 為含有水份之可滲透土壤所形成的地質構造；因土壤特性之不同，含水層中所蘊涵之水量與水份傳輸特性有很大的差異。微水層 (aquiclude) 是指含水層雖能蘊涵水量，但是水份之傳輸甚為緩慢；如黏土層、頁岩等。而絕水層 (aquitard) 則是指含水層既無法蘊涵水量，且亦無法傳輸水份；如花崗岩。多數的地質屬於可蘊涵水量之含水層，或是無法蘊涵及不能傳輸水量的絕水層。

6.1.1 地下含水層特性

如圖 6-1 所示，含水層通常是區域性的範圍並位於不透水層 (impermeable stratum) 之上或之間，此處之不透水層即指相對較不透水的地質，如上述之絕水層。圖中位於不透水層之上，具有自由地下水位之含水層稱之為

非限制含水層 (unconfined aquifer)。而位於兩不透水層間之含水層，稱之為限制含水層 (confined aquifer)。非限制含水層之井中水位即為地下水位處，而限制含水層之井中水位則可能高過地表，此種水井稱為自流井 (flowing artesian well)。棲留水層 (perched aquifer) 為非限制含水層中的一種特別狀況，棲留水層位在不透水層之上並且高於地下水位，是入滲水貯存於不透水層上方所形成的飽和水層。

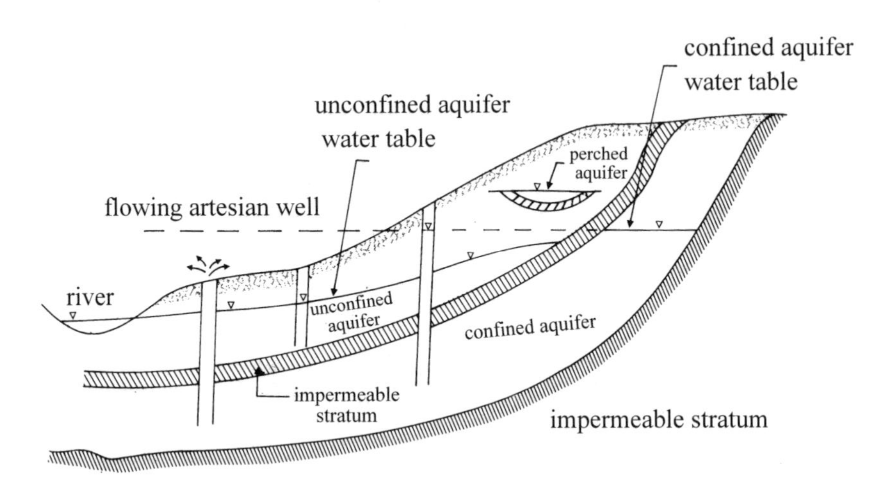

圖 6-1　地下含水層

圖 6-2 顯示地表下土壤水份之區隔，土壤水層 (soil water zone) 範圍是由地表涵蓋整個根系層 (root layer)，此層深度隨土壤種類與植生而異。土壤水層之水量主要決定於新近發生的降雨及入滲，這些水份包括保存在土壤顆粒表面的吸附水 (hygroscopic water)、毛管水 (capillary water) 以及經由土壤表面滲下之重力水 (gravitational water)。中間水層 (vadose zone) 之範圍是從土壤水層下方邊界到毛管水層 (capillary zone)，中間水層包含吸附水與毛管水。毛管水層範圍從地下水位以上至毛管水上升之極限，其高度變化與土壤孔隙大小相反，毛管水層厚度可從細砂的數公分到淤泥的數十公尺；毛管水層中之土壤含水量接近飽和。

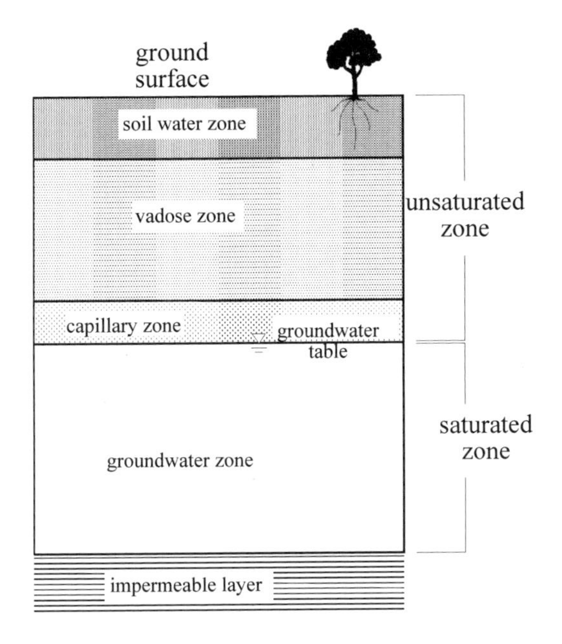

圖 6-2　含水層水份分佈

位於地下水位以下的飽和含水層，其孔隙率即為單位體積含水層所含之水體積。因土壤中吸附力與毛管水力之作用，有部分的水份無法從飽和含水層經水井抽取而移除；所以將含水層中以重力方式所排出之水量，相對於含水層體積之比值，稱為比出水量 (specific yield)，此值為單位體積含水層可提供地下水量之指標。

6.1.2　地下水流特性

Darcy (1856) 研究經過可滲透砂層的水流，以水力學原理建立地下水流動機制，稱為達西定律 (Darcy's law)。如圖 6-3 所示，流經飽和土壤的流率為土壤特性與單位距離水頭差之函數，可表示為

$$V=\frac{Q}{A}=-K\frac{\Delta h}{L} \tag{6-1}$$

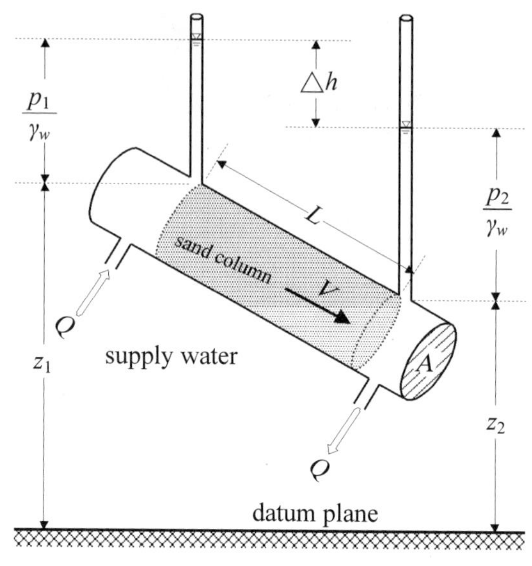

圖 6-3　砂柱中滲流移動

式中 Q 為通過砂柱之流量；A 為砂柱之截面積；K 為水力傳導度 (hydraulic conductivity)，或稱為滲透度 (permeability)；Δh 為兩點間之水頭差；L 為兩點間之流徑長度；式中負號表示水流是由水頭較高處往水頭較低的方向流動。

因土壤內水流速度非常小，故流速水頭（$V^2/2g$）可予以忽略，所以應用 Bernoulli 方程式可將上式表示為

$$V = -K\frac{dh}{dl} = -K\frac{d}{dl}\left(z + \frac{p}{\gamma_w}\right) \tag{6-2}$$

如圖 6-3 所示，式中之 z 與 p/γ_w 分別代表高程與壓力水頭；γ_w 為水的比重。上式曾出現於第五章之（5-10）式；由於第五章所談之入滲機制專指不飽和情況下之淺層土壤水份移動，因此（5-12）式中特別以 K_{sat} 表示飽和土壤之水力傳導度 K。而本章後續之章節；均僅以 K 表示飽和情況下之水力傳導度。需注意的是，達西定律僅能適用於多孔隙介質 (porous media) 中之層流 (laminar flow)，即水流雷諾數 (Reynolds number) 小於 1 的流況。水

流雷諾數 N_R 可表示為

$$N_R = \frac{\rho_w V d}{\mu} \tag{6-3}$$

式中 ρ_w 為水的密度；d 為土壤粒徑；μ 為水的動力黏滯係數 (dynamic viscosity)。研究顯示，$N_R = 10$ 為達西定律適用之上限。

（6-2）式中之速度為水流經過整個砂柱橫斷面的平均流速，然而真實水流只在砂粒孔隙間流動，故滲流速度 V_s (seepage velocity) 等於 V 除以孔隙率 η

$$V_s = \frac{V}{\eta} = \frac{Q}{\eta A} \tag{6-4}$$

因此，真實的滲流速度 V_s 應高出斷面平均速度 V 甚多。

例題 6-1

如圖 E6-1 之土層，在地下水流動之方向，設置兩水井作實驗。在上端之井中投入鹽化氨水，經過 4 小時 50 分後，在下端之水中，檢驗出氨水的濃度，兩水井之水位差為20 cm，相距15 m，試求透水係數 (coefficient of permeability)（已知實驗之土砂的空隙率為 0.39）。（87 水利專技）

提示：利用地下水之 Darcy 定律及土壤力學之觀念

解：

已知Δt =4 小時 50 分 = 17400 秒；$\Delta h = 20\ cm$；$L = 15\ m = 1500\ cm$；$\eta = 0.39$；此處所稱之透水係數即指（6-1）式中之水力傳導度K。假設地下水平均流速為V，地下水滲流速度為V_s，則地下水流動時間為

$$\Delta t = \frac{L}{V_s} = \frac{L}{\frac{V}{\eta}} = \frac{L}{\frac{1}{\eta}\left(K\frac{\Delta h}{L}\right)}$$

$$K = \frac{\eta L^2}{\Delta t \Delta h} = \frac{0.3 \times 1500^2}{17400 \times 20} = 2.52\ cm/sec$$

◆

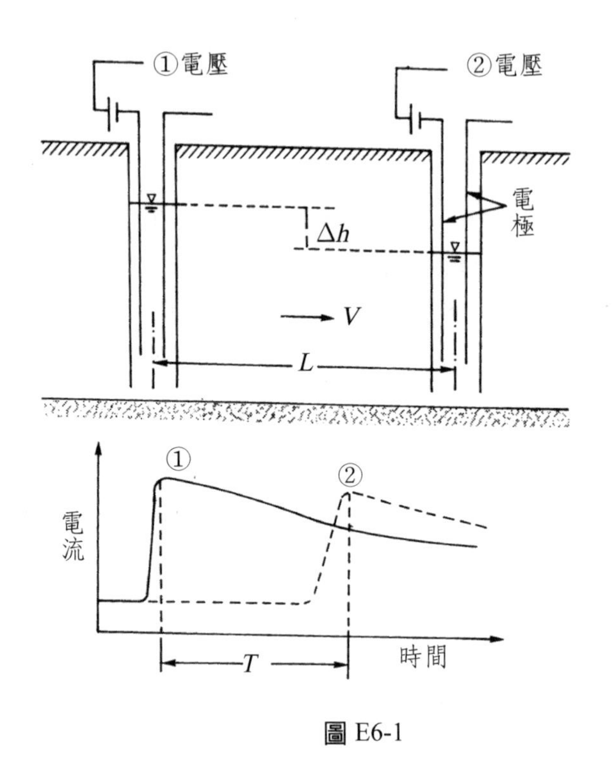

圖 E6-1

水力傳導度 K 表示多孔介質之滲透速度，其物理意義為單位水頭壓力下，水流經多孔介質之速率 $[L/T]$；此參數在土壤水份飽和情況下為一常數，在非飽和情況則與土壤水份含量有關。飽和情況下土壤之水力傳導度，可在現地鑿井進行抽水試驗而得，其細節將說明於後。此外，亦可在試驗室中進行定水頭試驗 (constant head test) 或落水頭試驗 (falling head test)，以求得此參數。

常用於試驗室中之滲透計 (permeameter) 是藉由裝填土壤之圓管，量測單位時間內之流率與水頭損失，以測定 K 值。如圖 6-4a 所示，應用達西定律，可將 K 值表示為

$$K=\frac{LQ}{Ah} \tag{6-5}$$

式中 Q 為經過土樣之流量；A 為土樣截面積；L 為土樣長度；h 為定水頭。

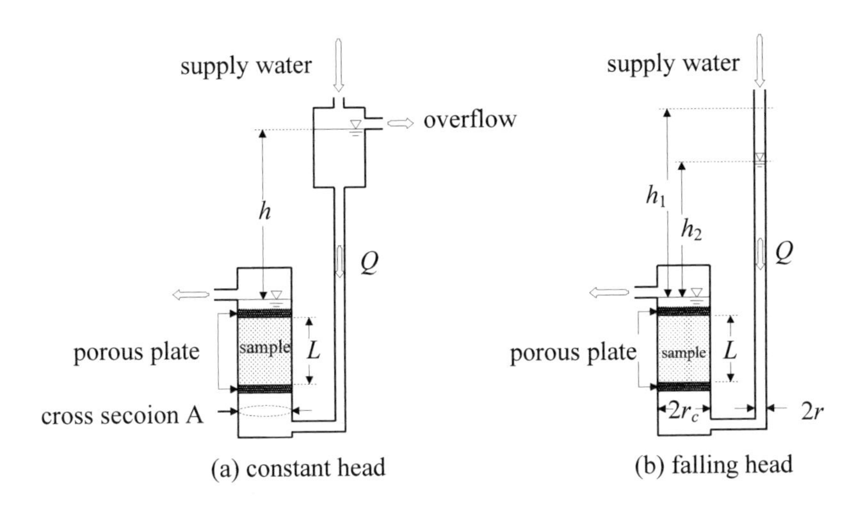

圖 6-4 滲透計試驗

圖 6-4 b 為落水頭滲透計，藉由右側水柱水位降落速率，可得經過土樣之流量為

$$Q=\pi r^2\frac{dh}{dt} \tag{6-6}$$

式中 r 為右側水柱半徑。而利用達西定律表示流經土樣之流量為

$$Q=\pi r_c^2 K\frac{dh}{dl} \tag{6-7}$$

式中 r_c 為左側土樣半徑。因上兩式應相等，故積分後可得土樣之水力傳導度為

$$K=\frac{r^2L}{r_c^2t}\ln\left(\frac{h_1}{h_2}\right) \tag{6-8}$$

式中 t 為水位由 h_1 降至 h_2 所需時間。

在此必須要特別說明的是，土壤孔隙率 η 與水力傳導度 K 並無直接的關聯；黏土的整體孔隙率 η 雖然甚高，但是每個單一孔隙甚小，因此水流流通率甚低。如表 6-1 所示，砂質含水層之 K 值往往比黏土層大上幾個數量級，所以地下水在砂質含水層中之流速，高過黏土層流速幾個數量級。含水層因地質結構互異，可分為非均質含水層 (nonhomogeneous aquifer) 與均質含水層 (homogeneous aquifer，即 $\partial K/\partial x=\partial K/\partial y=\partial K/\partial z=0$)。有時因沉積岩顆粒排列特性，導致不同方向之水力傳導度有所差異（即 $K_x \neq K_y \neq K_z$），稱之為非等向性含水層 (anisotropic aquifer)；反之，則稱之為等向性含水層 (isotropic aquifer)。一般在沖積土層因水流作用，導致土壤顆粒依循流向整齊排列，所以 K_x 通常較 K_z 為大，尤其當土層間含有黏土層時，此現象更為明顯。

表 6-1　土壤水力傳導度 (Bedient and Huber, 1992)

UNCONSOLIDATED SEDIMENTARY DEPOSITS	HYDRAULIC CONDUCTIVITY K (cm/sec)
Gravel	$3.0\sim3\times10^{-2}$
Coarse sand	$6\times10^{-1}\sim9\times10^{-5}$
Medium sand	$5\times10^{-2}\sim9\times10^{-5}$
Fine sand	$2\times10^{-2}\sim2\times10^{-5}$
Silt, loess	$2\times10^{-3}\sim1\times10^{-7}$
Till	$2\times10^{-4}\sim1\times10^{-10}$
Clay	$5\times10^{-7}\sim1\times10^{-9}$
Unweathered marine clay	$2\times10^{-7}\sim8\times10^{-11}$
SEDIMENTARY ROCKS	
Karst limestone	$2\sim1\times10^{-4}$
Limestone and dolomite	$6\times10^{-4}\sim1\times10^{-7}$
Sandstone	$6\times10^{-4}\sim3\times10^{-8}$
Shale	$2\times10^{-7}\sim1\times10^{-11}$
CRYSTALLINE ROCKS	
Permeable basalt	$2\sim4\times10^{-5}$
Fractured igneous and metamorphic	$3\times10^{-2}\sim8\times10^{-7}$
Basalt	$4\times10^{-5}\sim2\times10^{-9}$
Unfractured igneous and metamorphic	$2\times10^{-8}\sim3\times10^{-12}$
Weathered granite	$3\times10^{-4}\sim5\times10^{-3}$

Note on units: 1 $m/sec=1\times10^{-2}cm/sec=3.28$; $ft/sec=2.12\times10^{6}gal/day/ft^2$

土壤中之水份流動特性與土壤本身性質以及流體性質有關，因此常將K值表示為

$$K = k\frac{\rho g}{\mu} \tag{6-9}$$

式中g為重力常數；ρ與μ分別為流體之密度與動力黏滯係數；k稱為土壤的原滲透度 (intrinsic permeability)，代表含水層介質性質，k值與流體性質無關。一般將原滲透度k表示為與含水層土壤粒徑有關之函數，即

$$k = cd^2 \tag{6-10}$$

式中c為常數；d為土壤粒徑。原滲透度k的單位為長度的平方$[L^2]$，原滲透度常用於石油工業，而水力傳導度則用於地下水水文學。

6.2 飽和含水層水份流動

以下謹就限制含水層與非限制含水層中之土壤水份流動方式，進行詳細探討。

6.2.1 限制含水層水份移動

考慮如圖 6-5a 之土堤，水流經由左側滲流至右側。土堤上方之土壤為不透水層，所以滲流僅能經由下方透水層流過，因此水流是在限制含水層內流動。

首先定義含水層之蓄水係數S (storage coefficient / specific storativity)，其單位為無因次；在限制含水層中，蓄水係數為壓力水頭下降一單位高度時，單位體積含水層內所釋出水之體積。因此由水流連續方程式可得

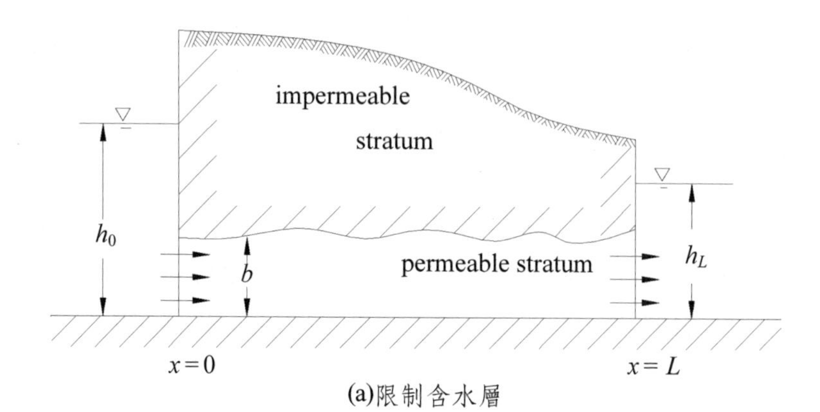

(a)限制含水層

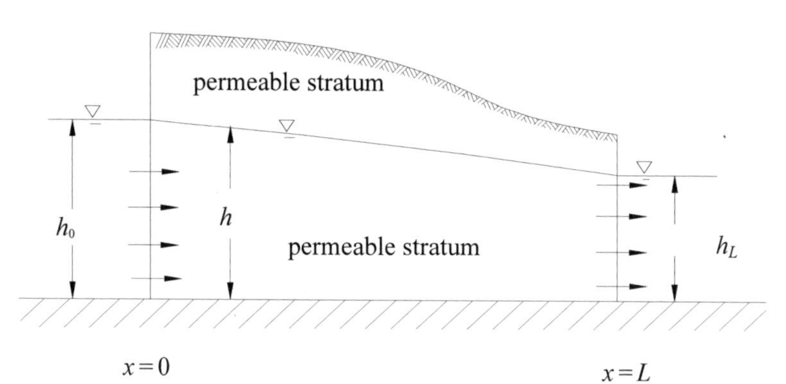

(b)非限制含水層（無補注水）

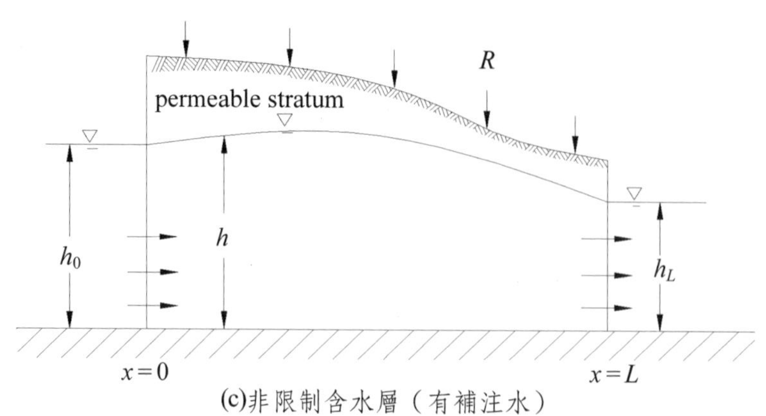

(c)非限制含水層（有補注水）

圖 6-5　地下水流動

$$-\frac{\partial q}{\partial x}=S\frac{\partial h}{\partial t} \tag{6-11}$$

式中 q 為單位寬度之滲流流量 $[L^2/T]$。圖 6-5a 土堤間之滲流與圖 6-3 砂柱間之滲流幾乎一致，因此應用（6-2）式之達西定律可得單位寬度之滲流流量 q 為

$$q=bV=-bK_x\frac{\partial h}{\partial x} \tag{6-12}$$

式中 K_x 為 x 方向之水力傳導度；b 為限制含水層厚度。合併（6-11）與（6-12）式，可得

$$\frac{\partial}{\partial x}\left(bK_x\frac{\partial h}{\partial x}\right)=S\frac{\partial h}{\partial t} \tag{6-13}$$

若此限制含水層厚度 b 沿 x 方向為定值（即 $\partial b/\partial x=0$），且於 x、y、z 三個方向均有滲流，並假設含水層之水力傳導度具均質性與等向性，則可將上式推衍為

$$\nabla^2 h=\frac{\partial^2 h}{\partial x^2}+\frac{\partial^2 h}{\partial y^2}+\frac{\partial^2 h}{\partial z^2}=\frac{S}{bK}\frac{\partial h}{\partial t} \tag{6-14}$$

工程上為表示含水層中地下水的輸送能力，定義 $T=bK$ 稱之為含水層之流通度 (transmissivity) 或流通係數 (coefficient of transmissibility)。

在定量流情況下，因 $\partial/\partial t=0$，所以

$$\nabla^2 h=0 \tag{6-15}$$

上式表示當含水層為均質性、等向性且含水層厚度一致時，在定量流情況下之限制含水層水份移動，可表示為拉普拉斯公式 (Laplace equation)。

例題 6-2

如圖 6-5a 之土堤，左側 $(x=0)$ 水位為 h_0，右側 $(x=L)$ 水位為 h_L，限

制含水層之厚度為 b，水力傳導度為 K，試推求土堤之滲流量。

解：

限制含水層之土堤滲流量為

$$q = bV = -bK\frac{dh}{dx}$$

定量流情況下可利用（6-15）式

$$\frac{d^2h}{dx^2} = 0$$

且邊界條件為

$$h = h_0 \quad for\ x = 0\ ;\ h = h_L \quad for\ x = L$$

上式積分得到

$$h = ax + b$$

式中 a 與 b 為常數；利用邊界條件可得

$$a = \frac{1}{L}(h_L - h_0)$$
$$b = h_0$$

因此可得限制含水層之水頭分佈為

$$h = \frac{(h_L - h_0)}{L}x + h_0$$

所以土堤滲流量為

$$q = bV = -bK\frac{dh}{dx} = bK\frac{h_0 - h_L}{L}$$

◆

6.2.2 非限制含水層水份移動

考慮如圖 6-5b 之土堤，水流經由左側滲流至右側。由（6-2）式之達西定律，可得單位寬度之滲流流量 q 為

$$q = hV = -hK_x\frac{\partial h}{\partial x} = -\frac{K_x}{2}\frac{\partial h^2}{\partial x} \qquad (6\text{-}16)$$

若土堤上方發生降雨或以其它方式補注地下水（如圖 6-5c），則由水流連續方程式（6-11）式與（6-16）式可得

$$-\frac{\partial}{\partial x}\left(-\frac{K_x}{2}\frac{\partial h^2}{\partial x}\right) = S\frac{\partial h}{\partial t} - R \qquad (6\text{-}17)$$

式中 R 為降雨率或地下水補注率 $[L/T]$；S 為蓄水係數，其單位為無因次；在非限制含水層中，蓄水係數為地下水位下降一單位高度時，單位體積含水層內所釋出水之體積；此值即等於非限制含水層之比出水量。

若此非限制含水層於 x、y、z 三個方向均有滲流，並假設含水層為均質性與等向性，則可將上式推衍為

$$\nabla^2 h^2 = \frac{\partial^2 h^2}{\partial x^2} + \frac{\partial^2 h^2}{\partial y^2} + \frac{\partial^2 h^2}{\partial z^2} = \frac{2S}{K}\frac{\partial h}{\partial t} - \frac{2R}{K} \qquad (6\text{-}18)$$

在定量流情況下，因 $\partial/\partial t = 0$，所以

$$\nabla^2 h^2 = -\frac{2R}{K} \qquad (6\text{-}19)$$

上式表示當含水層為均質性與等向性時，定量流情況下之非限制含水層水份移動方程式。

例題 6-3

如圖 6-5b 非限制含水層之土堤，自由水位由左側 $(x=0)$ 到右側 $(x=L)$

分別為 h_0 與 h_L，含水層之水力傳導度為 K，試推求土堤之滲流量。

解：

非限制含水層之土堤滲流量為

$$q = hV = -hK\frac{dh}{dx} = -\frac{K}{2}\frac{dh^2}{dx}$$

在定量流（$\partial/\partial t = 0$）且無補注情況下（$R = 0$），可利用（6-18）式

$$\frac{d^2h^2}{dx^2} = 0$$

且邊界條件為

$$h = h_0 \quad for\ x = 0；h = h_L \quad for\ x = L$$

上式積分得到

$$h^2 = ax + b$$

式中 a 與 b 為常數，利用邊界條件可得

$$a = \frac{1}{L}(h_L^2 - h_0^2)$$
$$b = h_0^2$$

因此可得非限制含水層之滲流水面線為

$$h^2 = h_0^2 + \frac{(h_L^2 - h_0^2)}{L}x \qquad \text{(E6-3-1)}$$

所以土堤滲流量為

$$q = -\frac{K}{2}\frac{dh^2}{dx} = \frac{K}{2L}(h_0^2 - h_L^2) \qquad \text{(E6-3-2)}$$ ◆

例題 6-4

如圖 6-5c 之土堤，自由水位由左側（$x=0$）到右側（$x=L$）分別為 h_0與 h_L，含水層之水力傳導度為 K，試推導土堤表面產生均勻降雨率 R 情況下之土堤滲流量。

解：

因土堤表面均勻補注量 R，則定量流情況下之土堤滲流量，可利用（6-18）式

$$\frac{d^2h^2}{dx^2}=-\frac{2R}{K}$$

將上式積分可得

$$h^2=-\frac{R}{K}x^2+ax+b$$

式中 a 與 b 為常數，利用邊界條件可得

$$a=\frac{(h_L^2-h_0^2)}{L}+\frac{RL}{K}$$

$$b=h_0^2$$

將 a 與 b 代回前面 h^2 之方程式可得滲流水面線為

$$h^2=h_0^2+\frac{(h_L^2-h_0^2)}{L}x+\frac{Rx}{K}(L-x) \qquad \text{(E6-4-1)}$$

將上式對 x 微分得

$$2h\frac{dh}{dx}=\frac{(h_L^2-h_0^2)}{L}+\frac{R}{K}(L-2x)$$

因此土堤滲流量為

$$q=-Kh\frac{dh}{dx}=\frac{K}{2L}(h_0^2-h_L^2)+R\left(x-\frac{L}{2}\right) \qquad \text{(E6-4-2)}$$ ◆

事實上，在上述非限制含水層推導公式過程中隱含一個重要的假設，即認為滲流水面線之坡降甚小，因此可忽略垂直方向上的水流分量，故 $V_z=0$以及 $\partial V_x/\partial z=\partial V_y/\partial z=0$，此項假設稱之為Dupuit假設。應用於非限制含水層之Dupuit 假設可詳述如下：

(1)滲流水面線之坡降極小；

(2)因滲流水面線可視為水平，所以等勢線(equipotential line)可視為垂直方向；

(3)滲流水面線之坡降與水力梯度 (hydraulic gradient) 相等。

一般將（E6-3-2）式稱之為 Dupuit 方程式，而將表示滲流水面之方程式（E6-3-1）稱之為 Dupuit 拋物線方程式；而（E6-4-2）與（E6-4-1）則分別代表土壤表面有補注情況下之Dupuit方程式與Dupuit拋物線方程式。在發生補注狀況之系統，Dupuit 拋物線將出現如圖 6-5c 的小山丘形狀。

6.3 定常性水井力學

本節所要介紹的是在鑿井抽水時，含水層之地下水位線（或壓力水頭）只在空間上變異，而不隨著時間改變($\partial/\partial t=0$)之情況；因此稱之為定常性 (steady) 水井力學。

6.3.1 限制含水層水井力學

如圖 6-6 所示，因鑿井於限制含水層中抽取水量，故含水層之壓力水頭面 (piezometric surface)，以井為中心而下陷，稱之為洩降曲線 (drawdown curve) 或洩降錐 (cone of depression)。圖中r_w為水井半徑；H表示未抽水前該限制含水層之壓力水位面；R稱為影響半徑 (radius of influence)，表示抽水所導致水面洩降之最大影響距離。若含水層為均質與等向性，並假設地下水流動為二維水流，則由達西定律可得距井中心位置為 r 處之穩定徑向流量 Q 為

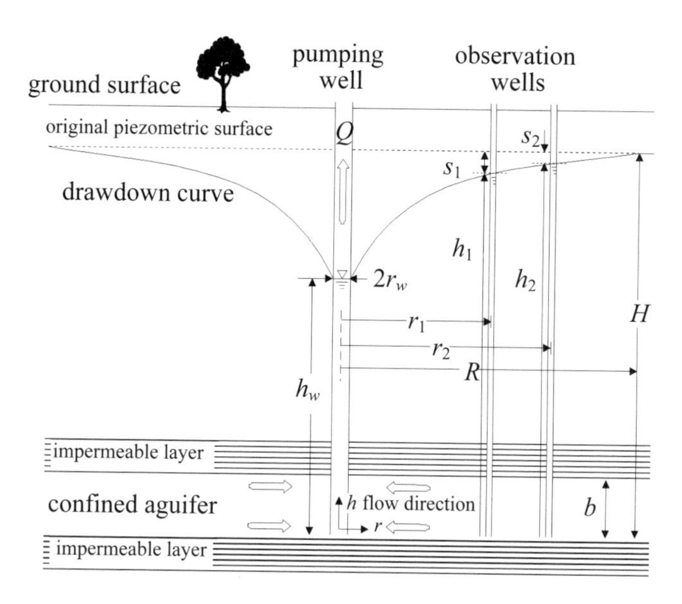

圖 6-6 限制含水層之水井

$$Q=(2\pi rb)V=2\pi rbK\frac{dh}{dr} \tag{6-20}$$

式中 b 為限制含水層厚度。上式顯示較大的抽水量 Q 會產生較明顯的洩降曲面；上式經分離變數後積分，並利用距離抽水井分別為 r_1 與 r_2 之兩觀測井水位 h_1 與 h_2（如圖 6-6），則可得

$$Q=2\pi Kb\frac{h_2-h_1}{\ln(r_2/r_1)} \tag{6-21}$$

上式稱為 Thiem 公式，用於推求限制含水層之定量流情況下的抽水量。

例題 6-5

一水井由厚度為15 m之限制含水層汲水，兩觀測井W_1與 W_2分別距離抽水井100 m 及 1000 m處。若抽水井抽水量為0.2 m^3/min，在穩定狀態下 W_1 與 W_2 之洩降分別為 8 m 與 2 m。試推求含水層之水力傳導度 K 及流通度 T。

解：

已知$Q=0.2m^3/min=0.0033\ m^3/s$；$r_1=100\ m$；$r_2=1000\ m$；$b=20\ m$；洩降$s_1=H-h_1=8\ m$；$s_2=H-h_2=2\ m$；

$$T=Kb=\frac{Q}{2\pi(h_2-h_1)}\ln\left(\frac{r_2}{r_1}\right)$$
$$=\frac{Q}{2\pi(s_2-s_1)}\ln\left(\frac{r_2}{r_1}\right)$$
$$=\frac{0.0033}{2\pi(8-2)}\ln\left(\frac{1000}{100}\right)$$
$$=0.0002\ m^2/s$$
$$K=\frac{T}{b}=\frac{0.0002}{15}=0.000013\ m/s$$

◆

6.3.2 非限制含水層水井力學

在均質性與等向性之非限制含水層，若以井為中心的徑向水流符合Dupuit 假設，則抽水井之抽水量可應用達西定律推求為

$$Q=(2\pi rh)V=2\pi rhK\frac{dh}{dr} \tag{6-22}$$

上式經分離變數後積分，並利用距離抽水井分別為r_1與 r_2之兩觀測井水位h_1與 h_2（如圖 6-7），則可得

$$Q=\pi K\frac{h_2^2-h_1^2}{\ln(r_2/r_1)} \tag{6-23}$$

上述的計算是應用Dupuit假設，因此水位面（即Dupuit拋物線）呈現平緩坡降。然而真實情況下在接近井周圍水位面之坡降甚大，Dupuit 理論會有較大的誤差。

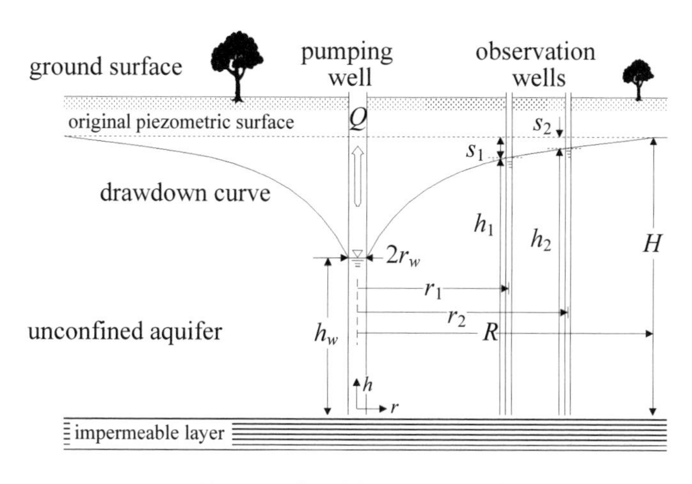

圖 6-7 非限制含水層之水井

例題 6-6

一非限制含水層水井之出水量為0.005 m^3/s，起始水位記錄為11 m，一段長時間後位於25 m與600 m處觀測井之水位記錄為6 m及10 m，試推求此含水層的水力傳導度（m/s）。

解：

已知$Q=0.005\ m^3/s$；$r_1=25\ m$；$r_2=600\ m$；$h_1=6\ m$；$h_2=10\ m$；所以

$$K=\frac{Q}{\pi(h_2^2-h_1^2)}\ln\left(\frac{r_2}{r_2}\right)$$

$$=\frac{0.005}{\pi(10^2-6^2)}\ln\left(\frac{600}{25}\right)=7.9\times10^{-5}\ m/s$$ ◆

6.3.3 複合井流場

若一個地區內有多個水井（如圖6-8），則分析該地區地下水位之洩降

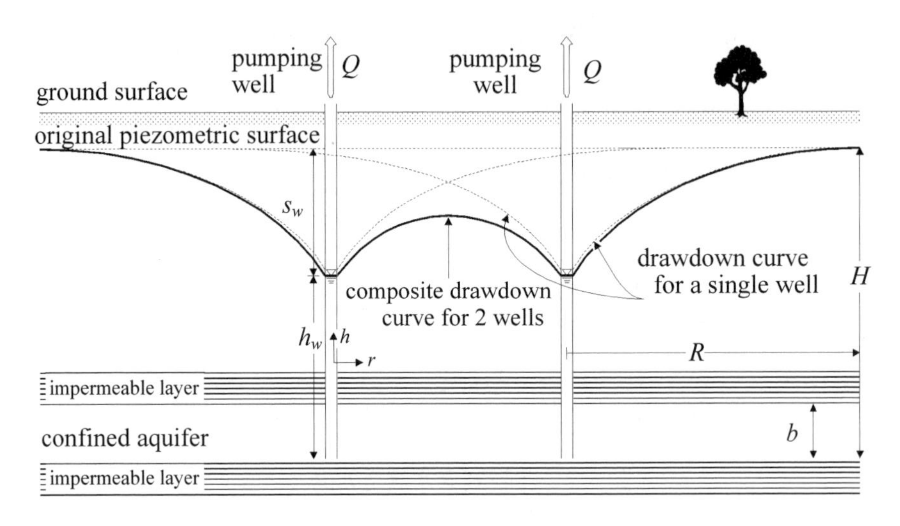

圖 6-8　限制含水層之多井水面洩降

需考慮多井同時抽水之狀態。在限制含水層中，定義 R 為抽水井影響半徑，H 為限制含水層壓力水位面高度，則（6-21）式可表示為

$$H-h=\frac{Q}{2\pi Kb}\ln\left(\frac{R}{r}\right) \tag{6-24}$$

上式顯示限制含水層中，水壓面洩降與流量之關係為線性，因此多井同時抽水之水壓面洩降，可以線性疊加方式表示為

$$H-h=\frac{1}{2\pi Kb}\sum_{i=1}^{n}Q_i\ln\left(\frac{R_i}{r_i}\right) \tag{6-25}$$

式中 n 表示水井個數；Q_i 為第 i 個抽水井抽水量；R_i 為第 i 個抽水井之影響半徑；r_i 為第 i 個抽水井與指定位置點距離。

在非限制含水層中，定義抽水井處之水面洩降 $s_w=H-h_w$，當 $s_w \ll H$ 時可得

$$H^2-h_w^2=(H+h_w)(H-h_w)=(H+H-s_w)(H-H+s_w)\approx 2Hs_w \tag{6-26}$$

因定常性含水層水位 H 可視為定值，所以 $2Hs_w$ 仍可視為線性。合併上式與

（6-23）式，故可以線性疊加方式處理非限制含水層中，多井同時抽水之問題如下

$$H^2 - h^2 \approx \frac{1}{\pi K} \sum_{i=1}^{n} Q_i \ln\left(\frac{R_i}{r_i}\right) \tag{6-27}$$

由（6-25）與（6-27）式可知，一地區多井同時抽水所造成的水面洩降可應用線性疊加方式處理，亦即是先分別計算單井所造成的洩降，再逐一累加得該地區之總洩降量。

例題 6-7

某一限制含水層厚度為 25 *m*，其水力傳導度為 15 *m/day*，鑿有相距 1 *km* 之 *A*、*B* 兩井，直徑分別為 20 *cm* 與 30 *cm*。當 *A* 井定量抽水 1000 m^3/day 時，井內洩降為 4 *m*；*B* 井定量抽水 1200 m^3/day 時，井內洩降為 5 *m*。若兩井同時穩定抽水，則兩井間最小之水壓面洩降為多少？位於何處？

解：

已知 $b = 25\ m$；$K = 15\ m/day$；$r_A = 0.1\ m$；$Q_A = 1000\ m^3/day$；$s_A = 4\ m$；$r_B = 0.15\ m$；$Q_B = 1200\ m^3/day$；$s_B = 5\ m$；兩井距離 $L = 1000\ m$；先以（6-24）式計算 *A* 井之影響半徑 R_A

$$4 = \frac{1000}{2 \times \pi \times 15 \times 25} \ln\left(\frac{R_A}{0.1}\right)$$

$$\therefore R_A = 1239\ m$$

同理，*B* 井之影響半徑 R_B 為

$$5 = \frac{1200}{2 \times \pi \times 15 \times 25} \ln\left(\frac{R_B}{0.15}\right)$$

$$\therefore R_B = 2753\ m$$

由（6-25）式設定距離 *A* 井 *r* 處之洩降 s_r 為

$$s_r = \frac{1}{2\pi Kb}\left(Q_A \ln\frac{R_A}{r} + Q_B \ln\frac{R_B}{L-r} \right) \tag{E6-7}$$

因此，水壓面洩降最小之處

$$\frac{ds_r}{dr} = \frac{1}{2\pi Kb} \cdot \frac{\partial}{\partial r}\{ Q_A [\ln R_A - \ln r] + Q_B [\ln R_B - \ln(L-r)] \} = 0$$

$$\therefore -Q_A \cdot \frac{1}{r} - Q_B \cdot \frac{-1}{L-r} = 0$$

$$r = \frac{Q_A}{Q_A + Q_B} L$$

$$\therefore r = \frac{1000}{1000+1200} \times 1000 = 455\ m$$

代回（E6-7）式得水壓面之最小洩降

$$s_{min} = \frac{1}{2\times\pi\times15\times25}\left(1000 \times \ln\frac{1239}{455} + 1200 \times \ln\frac{2753}{1000-455} \right) = 1.25\ m$$ ◆

對於區域內有河川經過或接近不透水邊界，亦可利用上述方法處理。如圖 6-9 所示，抽水量為 Q 之抽水井位於河流之左側；因河流對地下水位產生補注，所以可假設於河流之右側有一灌水量為 Q 之補注井補注地下水層。因有此假想井 (image well) 存在，所以河流位置處之水位恆為定值；而該地區地下水位之計算，可以線性疊加方式計算抽水井與補注井所造成之水面昇降。

如圖 6-10 所示，不透水邊界位於抽水井之右側；因抽水井右側含水層受到不透水邊界之限制，無法如同一般寬廣含水層之情形，以抽水井為中心匯集地下水，所以抽水井右側之水面洩降，將較左側明顯。故可在不透水邊界之右側設一抽水量為Q之假想抽水井，再以線性疊加方式計算真實抽水井與假想抽水井所造成之水面洩降。

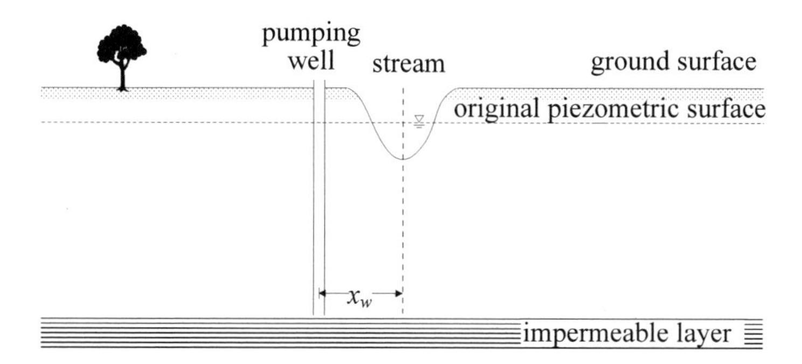

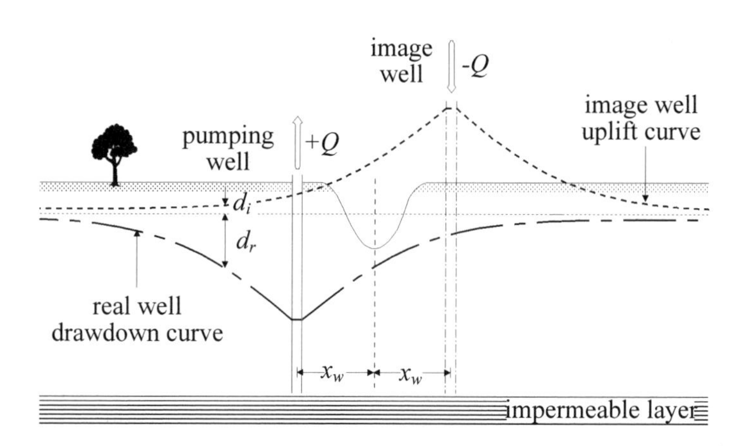

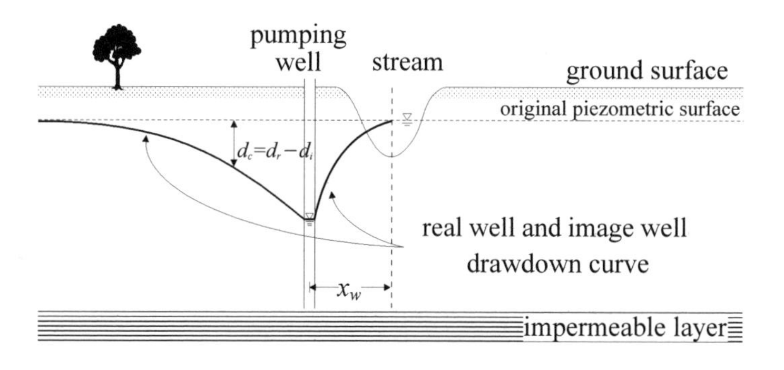

圖 6-9　河川補注與抽水洩降

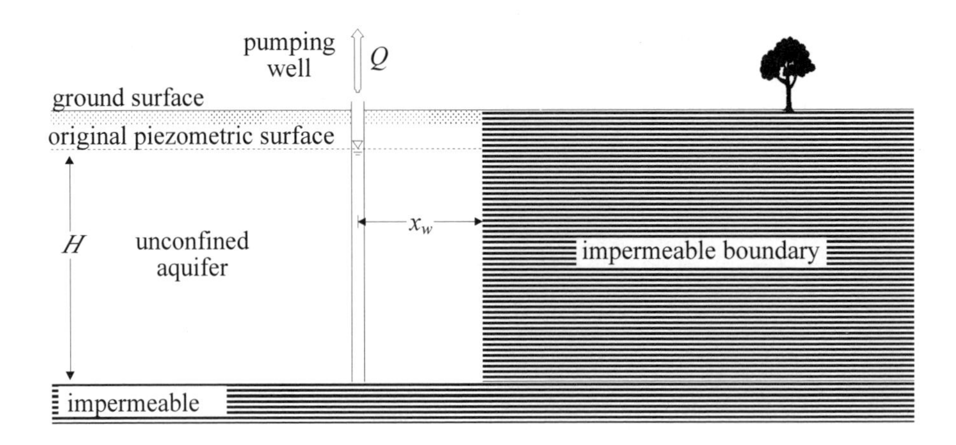

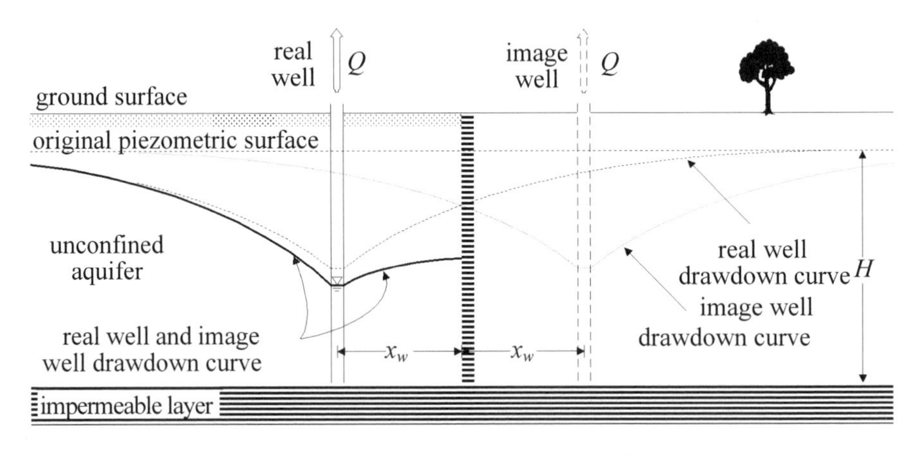

圖 6-10　不透水邊界與抽水洩降

例題 6-8

某厚度為30 m之拘限（限制）含水層靠近一補助邊界（河川），現有一抽水井以5000 m^3/day抽水，長時間後在觀測井處的洩降為0.427 m。補助邊界、抽水井及觀測井之平面圖可用卡氏座標系統標示，Y軸為補助邊界，抽水井之座標為（200, 0），觀測井之座標為（100, 100），座標之單位為m。試求含水層之水力傳導係數。（82 水利專技）

解：

$H-h=0.427\ m$；$b=30\ m$；$Q=5000\ m^3/day$；觀測井至抽水井距離 $r_{op}=100\sqrt{2}\ m$，觀測井至假想井距離 $r_{oi}=100\sqrt{10}\ m$；洩降為

$$H-h=\frac{Q}{2\pi Kb}\left[\ln\left(\frac{R}{r_{op}}\right)-\ln\left(\frac{R}{r_{oi}}\right)\right]$$
$$H-h=\frac{Q}{2\pi Kb}(\ln R-\ln r_{op}-\ln R+\ln r_{oi})$$
$$H-h=\frac{Q}{2\pi Kb}\ln\frac{r_{oi}}{r_{op}}$$
$$0.427=\frac{5000}{2\times\pi\times K\times 30}\ln\frac{100\sqrt{10}}{100\sqrt{2}}$$
$$\therefore K=50\ m/day$$

◆

例題 6-9

某一非拘限（非限制）含水層之左側邊界為一無限長之垂直不透水牆，該含水層置有一抽水井及 A、B 兩觀測井，三井之水平連線與不透水邊界垂直，抽水井、A 井及 B 井至不透水邊界之水平距離分別為 60 m、40m 及 5m。假設含水層之水力傳導係數為40 m/day，當抽水井以4000 m^3/day抽水，長時間後在 A 井之水位為 50 m，試求 B 井之水位？（註：水位為自含水層底部算起。）（84 環工專技）

解：

$h_A=50\ m$；$r_{Ap}=20\ m$；$r_{Ai}=100\ m$；$r_{Bp}=55\ m$；$r_{Bi}=65\ m$；$K=40m/day$；$Q=4000\ m^3/day$；各井之洩降分別為

$$H^2-h_A^2=\frac{Q}{\pi K}\left(\ln\frac{R}{r_{Ap}}+\ln\frac{R}{r_{Ai}}\right) \quad \text{(E6-9-1)}$$
$$H^2-h_B^2=\frac{Q}{\pi K}\left(\ln\frac{R}{r_{Bp}}+\ln\frac{R}{r_{Bi}}\right) \quad \text{(E6-9-2)}$$

將（E6-9-1）式減去（E6-9-2）式可得

$$h_B^2 - h_A^2 = \frac{Q}{\pi K}\left(\ln\frac{r_{Bp}}{r_{Ap}} + \ln\frac{r_{Bi}}{r_{Ai}}\right)$$

$$h_B^2 = 50^2 + \frac{4000}{\pi \times 40}\left(\ln\frac{55}{20} + \ln\frac{65}{100}\right)$$

$$\therefore h_B = 50.18\ m$$

◆

一地區因受限於區域降雨與地層結構特性，故每年的地下水補注量接近於一固定值。若地下水抽取量超過該地點之地下水補注量，則含水層之地下水貯蓄量漸減，將發生地下水位逐年下降之情形；嚴重者將產生地層下陷或海水入侵之現象。在不損及含水層物理性質與不減損地下水貯蓄量原則下之抽取水量，稱為地下水的安全出水量 (safe yield)。一地區之安全出水量可應用 Hill 方法推求，即記錄每年平均抽水量與地下水位變化量（如圖 6-11），以平均地下水位差為零處所相對應之抽水量，即為該地區之安全出水量。

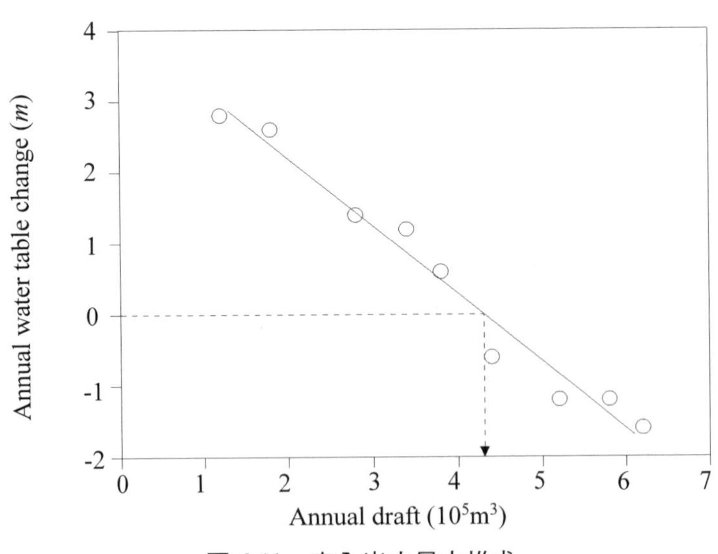

圖 6-11　安全出水量之推求

6.4 非定常性水井力學

當限制含水層中之抽水井以固定流率抽取時，以井為中心產生輻射狀擴張的洩降錐面。在抽水初期，井中所抽取出之水量大於經由四周含水層匯向井中之水量，所以地下水壓面迅速下降，此時之洩降錐面隨時間而變化（如圖 6-12）。如 6-20 式所示，向井中匯集之流量隨 dh/dr 之增加而變大，因此當洩降水壓面之斜率增加至足以提供抽水井之抽水量時，洩降錐面便不再變化，此時稱為平衡狀態 (equilibrium condition)，即 6.3 節中所述之定常性情況。

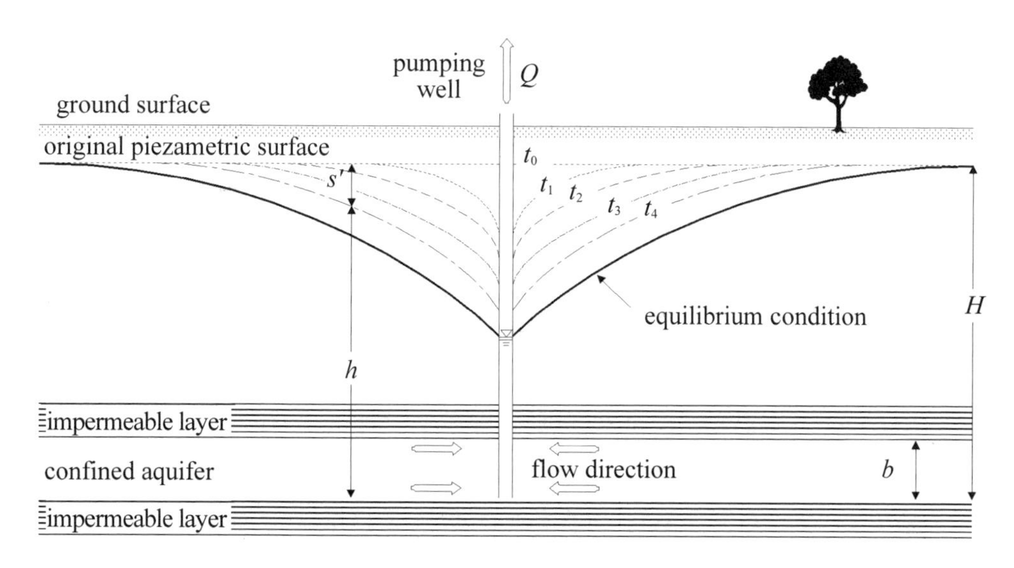

圖 6-12 非定常性洩降錐面

因洩降面至穩定所需之時間甚長，為求工程應用之方便性，所以發展出用於分析非定常性 (unsteady) 洩降面之水井力學。此方式只需要一個觀測井及相當短的抽水時間，即可經由抽水試驗推求得含水層蓄水係數

S 及流通度 T。

6.4.1 西斯公式

在卡式座標系統中，限制含水層之地下水流控制方程式如（6-14）式，若改為極座標系統，則可表示為

$$\frac{\partial^2 h}{\partial r^2}+\frac{1}{r}\frac{\partial h}{\partial r}=\frac{S}{T}\frac{\partial h}{\partial t} \tag{6-28}$$

式中 h 為壓力水頭；r 為徑向距離。西斯 (Theis, 1935) 假設水井為固定強度的匯流點 (sink)，並配合邊界條件：(1)當 $t=0$ 時，$h=H$；(2)當 $t\geq 0$時，若 $r\rightarrow\infty$ 則 $h\rightarrow H$；則可獲得上式之解析解

$$s'=\frac{Q}{4\pi T}\int_0^\infty \frac{e^{-u}}{u}du=\frac{Q}{4\pi T}W(u) \tag{6-29}$$

式中 s' 為洩降($=H-h$)；Q 為抽水量，而

$$u=\frac{r^2 S}{4Tt} \tag{6-30}$$

$$\begin{aligned}W(u)&=\int_u^\infty \frac{e^{-u}}{u}du\\&=-0.5772-\ln u+u-\frac{u^2}{2\cdot 2!}+\frac{u^3}{3\cdot 3!}-\frac{u^4}{4\cdot 4!}+\cdots\cdots\end{aligned} \tag{6-31}$$

（6-31）式為指數積分之近似級數展開式，或稱為井函數 (well function)。若將 $W(u)$ 與 u 之關係繪圖（如圖 6-13），稱為典型曲線 (type curve)。（6-29）式至（6-31）式即為著名的西斯公式 (Theis equation)。

西斯公式可重新整理為如下之兩個方程式

$$s'=\frac{Q}{4\pi T}W(u) \tag{6-32}$$

$$\frac{r^2}{t}=\left(\frac{4T}{S}\right)u \tag{6-33}$$

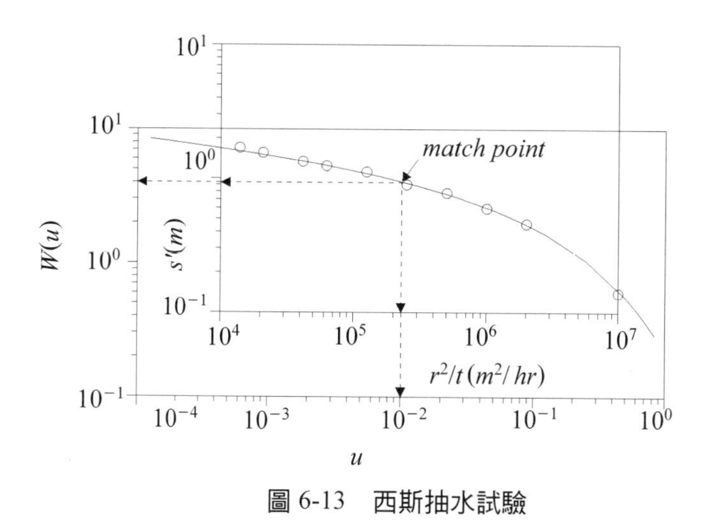

圖 6-13 西斯抽水試驗

對一個含水層而言，在定量抽水情況下，流量 Q、蓄水係數 S 及流通度 T 皆為常數，因此將上兩式相除可得

$$\frac{s'}{\left(\frac{r^2}{t}\right)}=\frac{QS}{16\pi T^2}\left[\frac{W(u)}{u}\right]=C\left[\frac{W(u)}{u}\right] \tag{6-34}$$

式中 C 為常數。因此若以實際抽水試驗之 s' 與 r^2/t 數據繪圖，其圖形必與 $W(u)$ 與 u 之典型曲線相近似。因此可將兩曲線圖形重疊（如圖 6-13），尋找兩曲線任一重合點(match point)，再代入（6-32）與（6-33）式求解含水層之蓄水係數 S 及流通度 T。

例題 6-10

某一限制含水層設有抽水量為720 m^3/hr 的井，持續抽水數天。下表所列為距抽水井1000 m之觀測井洩降記錄，試以西斯法計算含水層之蓄水係數與流通度。

時間(hr)	0.1	0.5	1	2	4	8	16	24	48	72
洩降(m)	0.14	0.46	0.60	0.78	0.90	1.10	1.22	1.34	1.55	1.70

解：

西斯法之計算步驟可詳述如下：

1. 利用（6-31）式在雙對數紙上繪製 $W(u)$ 對 u 圖形；
2. 在雙對數紙上點繪洩降 s' 相對於 r^2/t 圖；
3. 移動上述兩張圖形，儘量使兩曲線重疊，但必須保持兩圖之座標軸相互平行（如圖 6-13）；
4. 在曲線重合部分選擇任一重合點，分別讀取 $W(u)$、u、s' 及 r^2/t 值；
5. 將 $W(u)$、u、s' 及 r^2/t 值代入（6-32）與（6-33）式，即可求出 S 與 T。

由圖 6-13 中之重合點座標查得

$$r^2/t = 220000\ m^2/hr$$
$$s' = 0.93\ m$$
$$u = 0.01$$
$$W(u) = 4.0$$

代入公式

$$T = \frac{QW(u)}{4\pi s'} = \frac{720 \times 4.0}{4 \times \pi \times 0.93} = 246.4\ m^2/hr$$
$$S = \frac{4Tu}{r^2/t} = \frac{4 \times 246.4 \times 0.01}{220000} = 4.48 \times 10^{-5}$$

◆

6.4.2 可柏-賈可柏公式

可柏-賈可柏 (Cooper and Jacob, 1946) 認為當 r 值很小且 t 值很大時，（6-30）式中之 u 變得非常小，因此可簡省（6-31）式中級數之項數，故水位洩降可表示為

$$s' = \frac{Q}{4\pi T}\left[-0.5772 - \ln\left(\frac{r^2 S}{4Tt}\right)\right] \quad (6\text{-}35)$$

將上式轉換為以 10 為底之對數，可得

$$s' = \frac{2.3Q}{4\pi T}\log\left(\frac{2.25Tt}{r^2S}\right) \tag{6-36}$$

因此洩降 s' 與時間 t 的關係，在半對數紙上成為一條直線（如圖 6-14）。

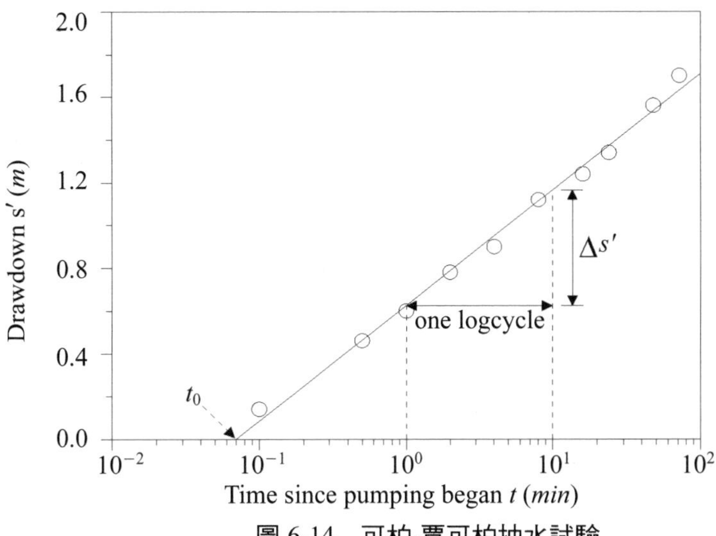

圖 6-14 可柏-賈可柏抽水試驗

若將兩個不同時段的洩降資料代入上式，可得

$$\Delta s' = s_2' - s_1' = \frac{2.3Q}{4\pi T}\log\left(\frac{t_2}{t_1}\right) \tag{6-37}$$

由圖 6-14 中選擇一個對數週期（$\log(t_2/t_1)=1$）的洩降數據差 $\Delta s'$，代入上式可得含水層之流通度為

$$T = \frac{2.3Q}{4\pi\Delta s'} \tag{6-38}$$

將圖 6-14 之直線延伸至 $s'=0$，得到截距 $t=t_0$，因此

$$0 = \frac{2.3Q}{4\pi T}\log\left(\frac{2.25Tt}{r^2S}\right) \tag{6-39}$$

因$\log(1)=0$，所以得含水層之蓄水係數為

$$S=\frac{2.25Tt_0}{r^2} \tag{6-40}$$

需注意的是，利用可柏-賈可柏公式（Cooper-Jacob equation）求解含水層之T 與 S，僅適用於u值較小的情況($u<0.01$)。

例題 6-11

使用例題 6-10 所提供之數據，採用可柏-賈可柏公式決定該限制含水層之輸水度及蓄水係數。

解：

將s'與t值繪於半對數紙上（如圖 6-14），由圖得知

$$t_0=0.7\ hr$$
$$\Delta s'=0.54\ m$$

代入（6-38）式得

$$T=\frac{2.3Q}{4\pi\Delta s'}=\frac{2.3\times 720}{4\times\pi\times 0.54}=244\ m^2/hr$$

再代入（6-40）式得

$$S=\frac{2.25Tt_0}{r^2}=\frac{2.25\times 244\times 0.7}{1000^2}=3.843\times 10^{-4}$$

◆

6.5 含水層特性與地下水流特性

如前所述，飽和情況下土壤水力傳導度之推求，可在現地鑿井進行抽水試驗，或在試驗室中進行定水頭試驗或落水頭試驗。因地層的構造乃經長期地殼間之擠壓與堆疊而成，故大部分之含水層為非均質性 (nonhomogeneous) 與非等向性 (anisotropic)。如圖 6-15 所示，具不同 K 與不同厚度的兩層含水層，應用達西定律可將水平方向之流量表示為

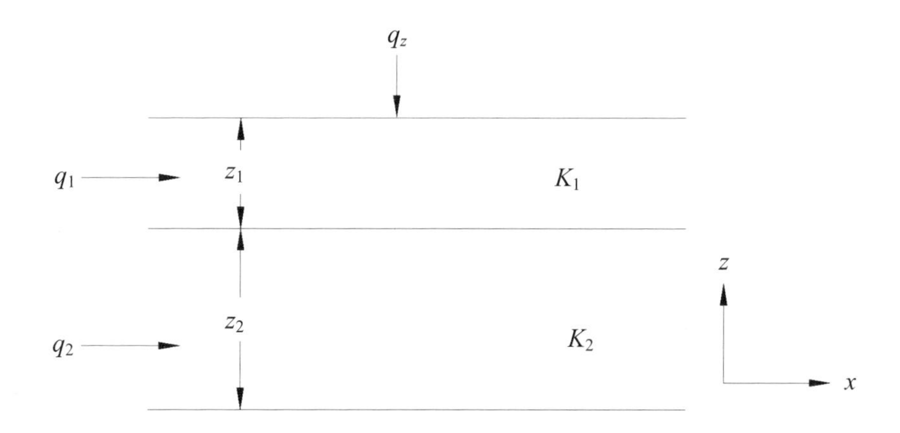

圖 6-15 非均質含水層之水份移動

$$q_x = q_1 + q_2 = z_1(K_1\frac{dh}{dx}) + z_2(K_2\frac{dh}{dx}) \tag{6-41}$$

式中 q_1 與 q_2 分別表示上、下含水層之流量；z_1 與 z_2 分別表示上、下含水層之厚度；K_1 與 K_2 分別表示上、下含水層之水力傳導度；dh/dx 為含水層之勢能梯度，且流量為純量，所以達西速度之負號可予以忽略。若將此含水層視為一均質含水層，則利用達西定律可將水平方向之流量表示為

$$q_x=(z_1+z_2)(K_x\frac{dh}{dx}) \quad (6\text{-}42)$$

式中 K_x 代表整個含水層之水平方向水力傳導度，故可得

$$K_x=\frac{K_1z_1+K_2z_2}{z_1+z_2} \quad (6\text{-}43)$$

上式亦可表示為如下之通式

$$K_x=\frac{K_1z_1+K_2z_2+\cdots+K_nz_n}{z_1+z_2+\cdots+z_n} \quad (6\text{-}44)$$

式中 n 為非均質含水層個數。

若考慮垂直方向之水流 q_z，則因流經上、下兩含水層的單位面積流量必相等，故可得

$$q_z=dA(K_1\frac{dh_1}{z_1})=dA(K_2\frac{dh_2}{z_2}) \quad (6\text{-}45)$$

式中 dA 為單位面積；所以

$$dh_1+dh_2=\frac{q_z}{dA}\left(\frac{z_1}{K_1}+\frac{z_2}{K_2}\right) \quad (6\text{-}46)$$

若將此含水層視為一均質含水層，則利用達西定律可垂直方向之流量表示為

$$q_z=dA\left[K_z(\frac{dh_1+dh_2}{z_1+z_2})\right] \quad (6\text{-}47)$$

式中 K_z 代表整個含水層垂直方向的水力傳導度，所以可得

$$dh_1+dh_2=\frac{q_z}{dA}\left(\frac{z_1+z_2}{K_z}\right) \quad (6\text{-}48)$$

（6-46）式與（6-48）式應相等，故得到

$$K_z = \frac{z_1 + z_2}{\dfrac{z_1}{K_1} + \dfrac{z_2}{K_2}} \qquad (6\text{-}49)$$

上式亦可表示為如下之通式

$$K_z = \frac{z_1 + z_2 + \cdots + z_n}{\dfrac{z_1}{K_1} + \dfrac{z_2}{K_2} + \cdots + \dfrac{z_n}{K_n}} \qquad (6\text{-}50)$$

一般而言，沖積土層K_x/K_z之比值通常落於 2～10 的範圍內，當黏土層存在時則可能高達 100 倍。

達西定律導於一維，但許多地下水問題實為二或三維；因此配合邊界條件建構流線 (stream line) 與等勢線 (equipotential line) 之二維流網 (flow net)，可決定地形複雜情況下之流率與流向。如圖 6-16 所示，圖中ψ_i為流線而ϕ_i為等勢線$(i=1, 2, 3\cdots)$，當含水層為等向性時，流線與等勢線所圍成的圖形接近於正方形。圖中ϕ_4的壓力水頭高於ϕ_3的壓力水頭，ϕ_3的壓力水頭高於ϕ_2的壓力水頭，因此水流由右側流向左側。介於相鄰兩流線間之流量q_i均相等，可表示為

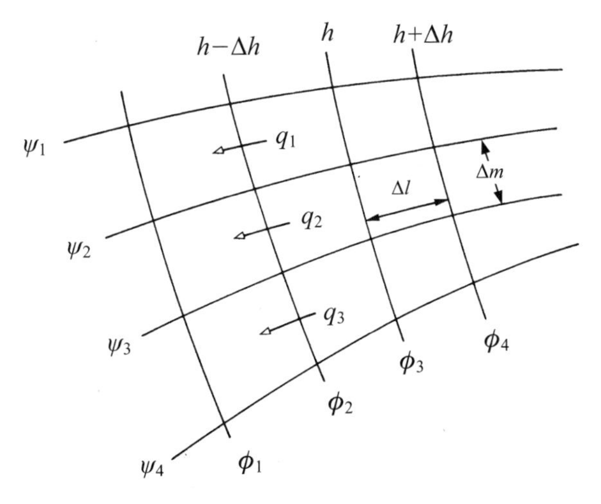

圖 6-16 地下水流線與等勢線

$$q_i = \Delta m \left(K \frac{\Delta h}{\Delta l} \right) \tag{6-51}$$

式中 Δm 為兩流線間之距離；而此流場之總流量為流線間流量之總和，即

$$Q = \sum_{i=1}^{n} q_i \tag{6-52}$$

式中n為流線間隔數；以圖 6-16 為例，$n = 3$。

流網是一種相當有用的圖解法，當水流經過不同介質時，因流速不同會使流線產生類似折射現象。如圖 6-17 所示，上層土壤之水力傳導度為 K_1，下層水力傳導度為K_2(且 $K_2 > K_1$)；因此

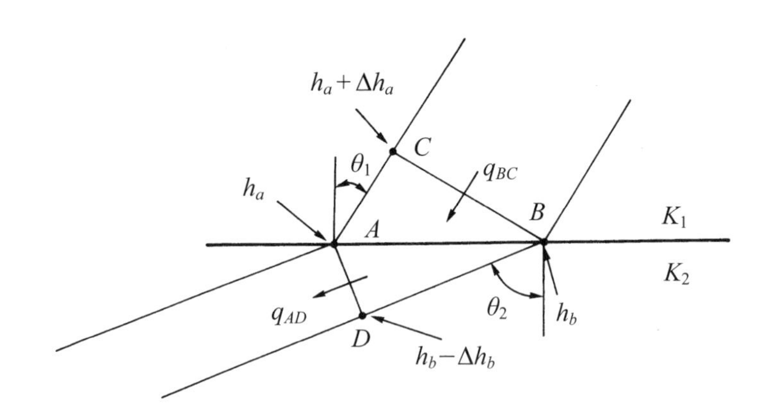

圖 6-17　非均質含水層之流向偏移

$$q_{BC} = \overline{BC} \left(K_1 \frac{\Delta h_a}{\overline{AC}} \right) \tag{6-53}$$

$$q_{AD} = \overline{AD} \left(K_2 \frac{\Delta h_b}{\overline{BD}} \right) \tag{6-54}$$

因兩流線間之流量為恆定，故 $q_{BC}=q_{AD}$；且由圖 6-17 之幾何關係可知，

$\overline{BC}=\overline{AB}\ \cos\theta_1$ 以及 $\overline{AD}=\overline{AB}\ \cos\theta_2$，所以可知流向偏離之關係為

$$\frac{K_1}{\tan\theta_1}=\frac{K_2}{\tan\theta_2} \tag{6-55}$$

參考文獻

Bedient, P. B. and Huber, W. C. (1992). ***Hydrology and Floodplain Analysis***, 2nd ed., Addision-Wesley Pub. Co., New York.

Cooper, H. H., Jr., and C. E. Jacob,. (1946). "A Generalized Graphical Method for Evaluating Formation Constants and Summarizing Well Field History," ***Trans. Am. Geophys. Union***, 27, 526-534.

Darcy, H. (1856). Les Fontaines Publiques de LaVille de Dijon. Paris: V. Oalmont.

Theis, C. V. (1935). "The Relation Between the Lowering of the Piezometric Surface and the Rate and Duration of Discharge of a Well Using Ground-Water Storage," ***Trans. Am. Geophys. Union***, 16, 519-324.

習 題

1. 解釋名詞

⑴微水層（aquiclude）。（81 環工專技）

⑵滲透係數（coefficient of permeability）。（84 水利中央簡任升等考試）

⑶比出水量（specific yield）。（88 水利中央簡任升等考試）

⑷蓄水係數（coefficient of storage）。（86 屏科大土木，84 水利中央簡任升等考試）

⑸流通係數（coefficient of transmissivity）。（85 屏科大土木，84 水利高考二級）

⑹洩壓圓錐（cone of depression）。（83 水利檢覈）

2. 分別比較黏土、粗砂及礫石三種介質之孔隙率（Porosity）、比出水量（Specific yield）與比保水量（Specific retention）之大小關係，並說明何以如此？（88 中原土木）

3. 地表下的水流流動，於地下水位以上與以下的兩個部分有何流動機制上（如驅動力、公式、影響因子等）的不同？（86 逢甲土木及水利）

4. 某一區域內之地下水位等水位圖如下圖所示，請在圖上標明入滲河川、出滲河川、抽水區及補注區。（82 水保專技）

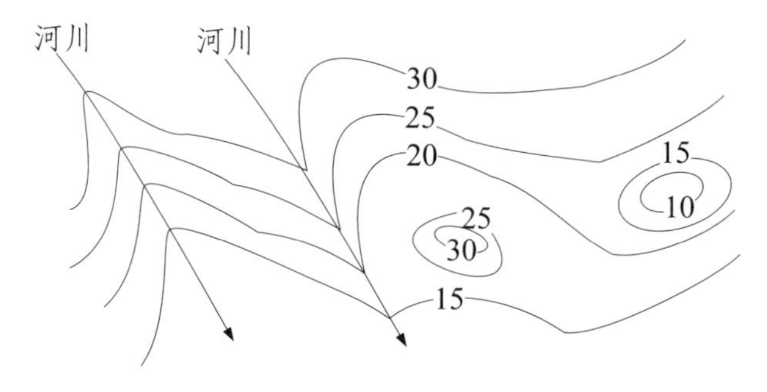

5. ㈠計算地下水流動之達西定律（Darcy's Law）其中 K（Hydraulic Conductivity 滲透係數）的單位為何？T（Transmissivity 流通係數）的單位為何？

㈡達西速度與實際水流速度之分別為何？吾人預估污染物之傳輸時是否應採用達西速度？請簡答之（請先說明達西速度之意義）。（87 中央土木）

6. 某一現地實驗發現，從 A 井施放追蹤劑（Tracer），10 小時後在 B 井監測到該追蹤劑。A、B 兩井間距 60 公尺，地下水位差 0.6 公尺，該地區之土壤孔隙率 0.3，試求水力傳導係數（Hydraulic conductivity）。（85 水利高考三級）

7. 解答下列問題：

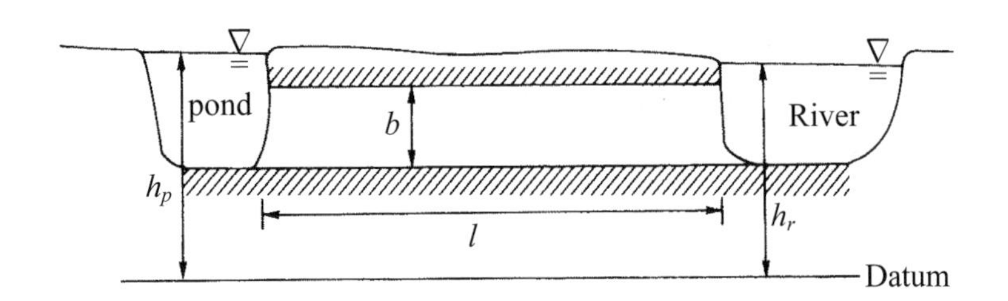

㈠如上圖所示介於水塘與河川間有一厚度 $b=10\,m$，長度 $l=3\,km$，孔隙率 $p=0.3$，通水係數 $T=0.1\,m^2/sec$，水塘水位 $h_p=301\,m$，河川水位 $h_r=300\,m$ 之拘限含水層，若某化學工廠傾倒水溶性廢液於水塘中，試問經過多久時間在河川中將發現該廢液？

提示：$V_{act}=Q/pA=V/p$

㈡假定你為水利單位官員，當上級主管詢及某一平均面積及厚度分別為 $60\,Km^2$ 及 $36\,m$ 之飽和自由含水層可供使用之地下水蘊藏量有若干時，你該如何應對？單憑以上數據是否足夠？尚缺什麼資料？若尚缺資料試自行假設之，並回答該問題！（88 成大水利）

8. 如下圖所示，有三個井（A,B,C），自同一個含水層抽水，A 與 B 井之距離為 1200 m，B 與 C 井之距離為 1000 m，B 井位於 A 井之正南方，C 井在 B 井之正西方。以下並列出三個井之地面高程及三個井之地下水位深度（Depth of water table below the ground surface）。試求此含水層地下水流之方向。（84 水利檢覈）

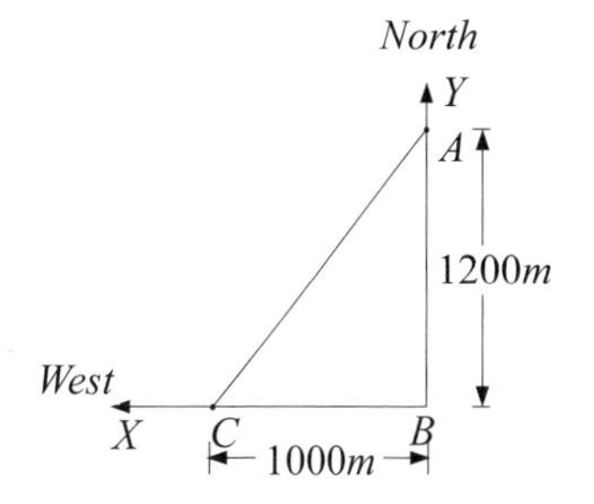

井	井地面高程（m above datum）	地下水位深度(m)
A	200	11
B	197	7
C	202	14

9. Dupuit 公式之假設條件為何？（89 水利檢覈）

10. 東西兩湖之間由一寬度為600 m 之狹長砂堤隔開，如圖示。東湖、西湖水深各為 10 m 與 15 m，砂堤之滲透係數 K 值為 5m/day，且湖底與砂堤基礎皆為不透水層。今為了維持砂堤上的植生，固定以5m/day的水量灌溉。在不考慮蒸發散的情況下，試求：

㈠流入西湖之流量（$m^3/day/m$ $width$）。

㈡流入東湖之流量（$m^3/day/m$ $width$）。

㈢在砂堤中的地下水位線之最高點之位置與高度。（88 水利高考三級）

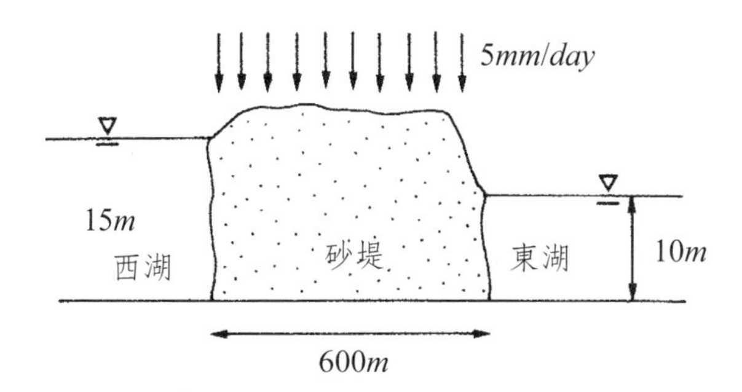

11. 甲和乙兩條平行河川相距 1.5 km，兩河川之間為一自由含水層，又兩河川皆貫穿含水層至不透水岩盤。含水層上之地表有均勻之補注（Recharge），若甲和乙兩河川水位高程分別為 31 m 和 27 m（自不透水岩盤起算），又流向甲和乙兩河川之流量（Discharge per meter into the river）分別為 0.957 $m^3/day/m$ 和 1.143 $m^3/day/m$，試求最高地下水位高程。（84 水利高考二級）

12. 均勻補注量為 R 之非限制含水層，受一完全鑿入之抽水井定量投水Q_p，試推求平衡狀況下之滲流水面方程式以及其影響半徑R_i。

13.一有單位面積均勻補注量 0.01 cm/hr 之非拘限含水層，其地下水面位與底層岩盤之距離為 15 米，此含水層為具均質及等向性，其滲透係數 $2.0 \times 10^{-3} cm/sec$。當有一完全鑿入之抽水井，其抽水量每秒 1 公升時，求㈠距抽水井 30 m 處之地下水位洩降（Drawdown）？㈡影響半徑（Radius of influence）？㈢如不考慮補注量，其間之差異為何？（88 中原土木）

14.某一水田地區，其自由含水層之初始地下水位為 5.0 m，今以 $0.045 m^3/s$ 定量抽水時，抽水井（內徑30 cm，完全鑿入）洩降 1.3 m，洩降影響範圍之半徑達 200 m。已知水田對地下水之補注量為 10 mm/day，求該含水層之滲透係數，以 m/day 表示之。（86 水保檢覈）

15.設有 30 cm 直徑抽水井鑿入一 32 m 深之非拘限含水層內，在洩降 2m時之穩定抽水量為 213 $liters/min$。試求算如直徑為㈠ 20cm，㈡ 40cm 之抽水井，在洩降仍為 2m 時之抽水量，以$liters/min$ 表示，已知上述三種不同管徑之抽水影響半徑均為 750m 。（86 水利中央薦任升等考試）

16.一直徑 20 公分的井，鑿入含水層 30 公尺深，假設定量抽水率為 $0.02 m^3/sec$，今有二觀測井距離抽水井 10 公尺及 30 公尺之洩降分別為 1.5 公尺及 0.5 公尺，請分別就拘限含水層及非拘限含水層計算㈠含水層之滲透係數（Coefficient of Permeability），㈡若有效影響半徑為 100 公尺，求水井之洩降為何？（87 水利檢覈）

17.今有一井貫穿拘限層（Confined aquifer）該層厚30 m，其透水係數為 30 m/day，抽水後洩降為 2m。井之直徑為20 cm，其影響半徑為300m 。

㈠試求該井之抽水量（l/hr）？

㈡試求在井徑增加一倍為 40 cm 時，井之抽水量（l/hr）為何？

㈢其增加百分率為何？

㈣試就經濟觀點評論其得失。（84 水利中央薦任升等考試）

18.某一拘限含水層，其平面座標如下圖所示，x 及 y 軸為一組相互垂直之不透水邊界，點 A 為抽水井位置。已知含水層厚度為 20 公尺，水力傳導係數為 6.1×10^{-4} 公尺/分鐘，抽水前之管壓面距含水層底部 90 公尺。若抽水井之抽水量為 0.2 立方公尺/分鐘，點 0 處之洩降為 10 公尺，試計算點B之洩降？（89 水保檢覈）

（單位：公尺）

y

A（100,100）

0（0,0） B（100,0） x

19.考慮一個有兩正交補助邊界（Recharge boundary）之拘限含水層。現有一抽水井以 5000 m^3/day 自含水層抽水，試求觀測井處之洩降。抽水井及觀測井之位置示如下圖。含水層之流通係數為 1500 m^2/day。（82 水利高考一級）

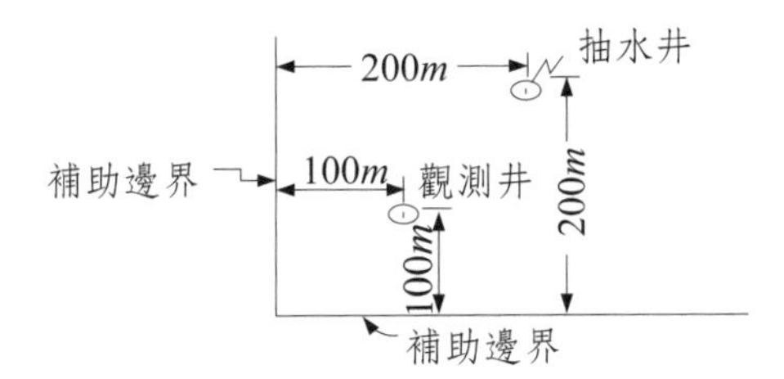

20.已知某完全鑿入拘限含水層（Confined aquifer）的井，以流量為 0.03*cms* 的穩定水量抽水，已知該井的直徑為50 *cm*，距離抽水井100 *m*及500 *m* 處各有一個觀測井，其洩降值分別為12 *m* 及 4 *m*，若含水層的厚度為 30 *m*，試求

㈠該含水層的滲透係數 K 及流通係數 T？

㈡抽水井的影響半徑？

㈢若於抽水井所觀測到的洩降為 44 *m*，試求假想井的阻抗？（87 屏科大土木）

21.某地區其地下水拘限含水層（Confined aquifer）厚度為 30 *m*，且延伸範圍達 800 km^2，其壓力水位之年變化量自 9 *m* 至 19 *m*（以含水層頂部為基準），貯蓄係數（storage coefficient）為 0.0008，試

㈠估算此地區之年平均地下水補注量。

㈡設單一水井之平均出水量為 30 m^3/hr，且一年中僅運轉 200 天，試計算該區最多能設置多少口水井？（87 海大河工）

22.進行抽水試驗時，將觀測井置於抽水井之正東方 100 *m* 處，然而由於該地區受另外兩口定水量之私設抽水井同時抽水的影響，使得當抽水井之抽水量為 0.1 *cms* 時，觀測井之水位變化在開始抽水一小時後洩降為 7.76 *m*。假設已知

此兩口私井的抽水量相同，且分別位於觀測井之正北方 100 m 處與觀測井之正南方 200 m 處。今已知含水層流通係數（Transmissivity）T 為 $25m^2/hr$，蓄水係數（Storage Coefficient）為 0.0004。試推求此兩口私井的抽水量（cms）。（87 水保檢覈）

公式提供：井函數：$W(u)=-0.5772-\ln u+u-\frac{u^2}{2\cdot 2!}+\frac{u^3}{3\cdot 3!}\cdots$

23. 有關地下水理論，請簡答之

兩口井相距 100m，假設該地區起始地下水位為零且與地表平行，現在兩口井開始皆以 $Q=1000\ m^3/day$ 的抽水量抽水，假設含水層的蓄水常數 $S=0.003$，流通係數 $T=0.15m^2/min$，請問二小時後

㈠位於兩井連線的中點處（X 位置）的地下水位洩降為何(cm)？

㈡位於東井北方 50m 置處（Y 位置）的地下水位洩降為何(cm)？（88 中央土木）

公式提示：（公式 1）$u=\frac{S}{4T}\frac{r^2}{t}$

（公式 2）$Z_r=\frac{q}{4\pi T}\int_u^\infty \frac{e^{-u}}{u}du$

（公式 3）Well function of u：$W(u)=-0.5772-\ln u+u-\frac{u^2}{2\cdot 2!}+\frac{u^3}{3\cdot 3!}\cdots$

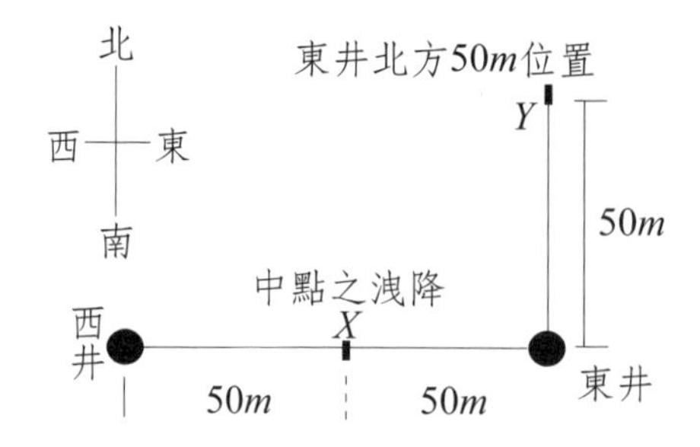

24. 一拘限含水層（Confined aquifer）抽水，設抽水井之位置為原點，則洩降（draw down）Z 與時間 t 及水井至觀測井之距離 r 之關係，可利用傑可伯（Jacob）法以徑向流（radial flow）表示如下：

$$Z=\frac{Q}{4\pi T}\left(-0.5772-\ln\frac{S}{4T}\cdot\frac{r^2}{t}\right)\quad 或\quad Z=\frac{2.30Q}{4\pi T}\log\left[\left(\frac{2.25T}{S}\cdot\frac{1}{r}\right)t\right]$$

式中Q為抽水量，T為流通係數（transmissibility），S為儲蓄係數（storage coefficient）。

㈠說明 Jacob 法之適用條件。

㈡由一組抽水試驗資料得t 與 Z之對應關係為

t_0(零洩降軸之時間截距)$=2.5\times10^{-4}$(天)　　$Z_0=0$(呎)

$t_1=10^{-3}$(天)　　$Z_1=0.6$(呎)

$t_2=10^{-2}$(天)　　$Z_2=2.0$(呎)

$Q=6,400$(立方呎/天)　　$r=24$(呎)

試求T與S。（86 水利檢覈）

25. 某一拘限含水層（confined aquifer），含水層厚度為 20 公尺，在進行抽水試驗時，若距抽水井 100 公尺處觀測井在抽水後 1 小時及 4 小時之洩降分別為 1.0 公尺及 1.5 公尺，已知含水層之蓄水係數（storage coefficient）為 0.003，試估算含水層之滲透係數（coefficient of permeability）。（88 環工技師）

26. 已知距離一抽水井20 m處經過抽水 240 分鐘後之某含水層水位洩降為25 m，試應用修正 Theis 公式來求算距該抽水井60 m處具有相同洩降之所需抽水時間。（84 水利專技）

27. 有一含水層之傳輸率（Transmissivity）$T=120\ m^2/day$，儲蓄率（Storativity）$S=5\times10^{-2}$，在距抽水井 300 公尺處有一不透水邊界，抽水率為 $2.6\times10^3\ m^3/day$，請問在抽水 365 天後，在抽水井和不透水邊界間之中點處之洩降為何？

再者，如果不透水邊界改成為河川，則該點之洩降又如何？

相關之水井函數列出如下：（82 水保專技）

$u=5\times10^{-3}$；$W(u)=4.73$	$u=4\times10^{-2}$；$W(u)=2.68$
$u=6\times10^{-3}$；$W(u)=4.54$	$u=5\times10^{-2}$；$W(u)=2.47$
$u=7\times10^{-3}$；$W(u)=4.39$	$u=6\times10^{-2}$；$W(u)=2.30$

28. 某一完全貫入拘限含水層之抽水井，其初始抽水量為1,000 m^3/day，一天後抽水量變為 2,000 m^3/day。假設含水層之流通係數為 1,400 m^2/day，蓄水係數為 10^{-4}，試求距初始抽水三天後在離抽水井1,000 m處之洩降？（86 水利高考三級）

29. 某一抽水井完全貫入拘限含水層，以 0.2 m^3/sec 抽水，抽水 100 分鐘後停止抽水，此時距抽水井 100 公尺處之觀測井其洩降為 1.19 公尺，又停止抽水 900 分鐘後在觀測井之殘餘洩降為 0.65 公尺，試求蓄水係數與流通係數。（88 水保檢覈）

30.某抽水井自 25 公尺厚之拘限含水層抽水 1000 分鐘，其抽水量為 0.2 m^3/sec，在距抽水井 100 公尺處之觀測井其洩降記錄如下表所示，試求蓄水係數及流通係數。（83 水保檢覈）

時間（min）	10	30	60	100	600	1,000
洩降（m）	0.54	0.85	1.05	1.19	1.70	1.84

31.一抽水井直徑30 cm，抽水量360 m^3/hr，進行抽水試驗，距離抽水井100 m 處之觀測井時間洩降記錄資料如下：

時間（分）	4	9	15	30	60	120	250	470	940
洩降（公尺）	0.14	0.35	0.55	0.81	1.15	1.55	1.75	2.2	2.5

試求：

㈠該含水層之流通係數及蓄水常數。

㈡經過 1 年抽水其影響半徑為何？（84 屏科大土木）

32.以 Jacob 法探討一鑿入拘限含水層井之抽水量（Q）與洩降（z）關係可表示為：

$$z=\frac{Q}{4\pi T}W(u)$$

其中 $W(u)$ 為井函數（$=-0.5772-\ln u$）而 $u=(r^2S/4Tt)$；r 為距抽水井距離；S 為蓄水係數；T 為流通係數；t 為抽水時間。若一抽水井以 0.05cms 定量抽水，在距離其100 m 處有一觀測井其洩降與抽水時間關係如下：

時間（hr）	1	2	5	6	8	10	20	30	50
洩降（m）	0.02	0.04	0.05	0.11	0.19	0.25	0.44	0.55	0.70

試以所附之半對數紙依 Jacob 法求此含水層之蓄水係數 S 及流通係數 T（以 m^2/day 表示之）。（89 中興土木）

33.如圖所示，水流以飽和滲透方式通過某一由三層土層所構成之土壤層。設各土層皆適用 Darcy 定律，試答：

㈠土壤水在垂直方向呈穩定狀態流動時，第一層至第三層之平均滲透係數 $\bar{k}_v$ 為何？

㈡ 已 知 $k_1 = 1.0 \times 10^{-4}\ cm/s$，$k_2 = 1.0 \times 10^{-6}\ cm/s$，$k_3 = 1.0 \times 10^{-5}\ cm/s$ 及 $d_1=15\ cm$，$d_2 = 5\ cm$，$d_3 = 30\ cm$，則 $\bar{k}_v$ 為何？（89 水保工程高考三級）

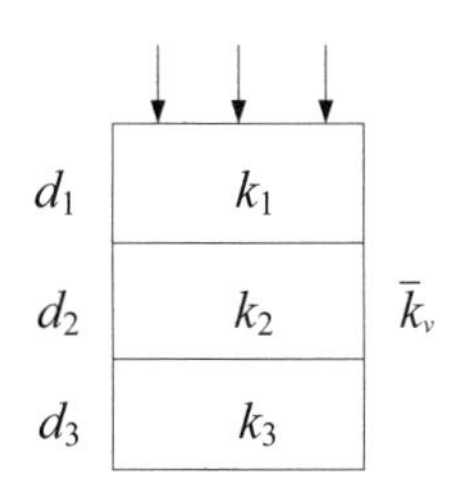

34. 台灣西部沿海地區地下水超抽導致海水入侵之現象頗為嚴重。已知西部濱海某處之地下水水位為海平面上 1.5 m，試以水動力平衡之條件，推求該位置地下水與海水交界面之深度。已知海水之密度為1.025 g/cm^3。（88 台大農工）

35. #何謂地下水之人工補注？其目的與功能為何？方法有哪些？又防止海水入侵之方法又有哪些？

CHAPTER 7

集水區降雨逕流演算

集水區降雨逕流演算 (rainfall-runoff routing) 是應用水文模式，以模擬集水區降雨與逕流之間的關係。一般是將集水區視為一個獨立系統，因此相較於（1-1）式，集水區降雨逕流演算之水流連續方程式可以表示為

$$(\text{集水區之輸入水量})-(\text{集水區之輸出水量})=\frac{dS}{dt} \quad (7\text{-}1)$$

在集水區降雨逕流演算過程中，系統輸入水量為集水區之降雨量；而系統輸出水量為集水區出口處之流量；S 則表示在降雨逕流過程中，暫時蓄積於集水區內（包括土壤、漫地流表面、河川）之水量。

降雨逕流演算過程需視集水區之大小，而選用不同的水文模式。所謂的小集水區，是指其水文條件符合以下特性：(1)降雨於時間與空間分佈為均勻，(2)逕流主要為漫地流，(3)降雨延時通常大於集流時間，以及(4)河川貯蓄效應可忽略。工程實用上可將小集水區定義為面積小於 10 平方公里，或集流時間小於 1 小時之集水區。而中集水區之水文特性為：(1)降雨在空間上分佈均勻，(2)降雨在時間上分佈不均勻，(3)逕流為漫地流與河川水流，以及(4)河川貯蓄效應可忽略。就水文觀點而言，若集水區有部分或全部上述特質即屬中集水區。工程實用上可將中集水區之面積上限定義為介於 100 km^2～1000 km^2 之集水區 (Ponce, 1989)。

對於小型集水區，可採用簡單的合理化公式法 (rational method) 進行流量設計工作。而對於中型集水區之流量分析，因降雨之時變性效應甚為明顯，所以需採用能反應時變性降雨強度的方法。工程上最常使用的方法，即為單位歷線理論或瞬時單位歷線理論。至於面積超過中集水區上限之大集水區，因區域內降雨在時間與空間上之分佈為不均勻，故需先將集水區劃分為數個中、小型集水區，而後進行降雨逕流演算。此外，因河川貯蓄效應相對地較為明顯，是以需應用河道演算模式模擬洪水波傳遞過程，此部分將在第八章再作詳細說明。由於水文設計過程，往往需先推求集水區之集流時間，因此本章將先討論集流時間之計算方式，而後逐次說明單位歷線理論與瞬時單位歷線理論。

7.1 集流時間

集流時間 (time of concentration) 之定義為水流由集水區內水力學上之最遠點，流至集水區出口所需時間。定義中所言之水力學上的最遠點，係因為考慮逕流過程之坡度與糙度等水力因子所造成之影響；因此幾何座標之最遠點，未必即為基於水力學考量上之最遠點。基於以上概念，集流時間之計算公式可表示為

$$t_c = \frac{L}{V} \tag{7-2}$$

式中t_c為集流時間；L 為長度；V為逕流速度。對於地表覆蓋或坡度變異較大之地區，應分段計算個別的集流時間值，以得到該地區的總集流時間值，即

$$t_c = \sum_{j=1}^{N} (t_c)_j = \sum_{j=1}^{N} \frac{L_j}{V_j} \tag{7-3}$$

式中$(t_c)_j$為第j段的集流時間；L_j為第 j 段的逕流長度；V_j為第 j 段的逕流速度；N 為分段數。有關於逕流速度 V的估計方式，可分為漫地流、管流與渠流三種；亦可利用水文紀錄資料與集流時間公式 (time of concentration equation) 推求集流時間值，茲分別詳述如下。

7.1.1 漫地流速度

漫地流 (overland flow) 是指水流由集水區邊界流至排水管或河道之過程；在大集水區中，漫地流運行時間所佔的比例相對地較小，而在小集水區中，逕流運行則主要為漫地流。漫地流速度可以下式計算

$$V = kS_o^{1/2} \tag{7-4}$$

式中 V 為漫地流速度(m/s)；k為漫地流速度常數（如表 7-1 所列）；S_o為漫地流平均坡度(m/m)。

表 7-1 漫地流速度常數 k（SCS, 1986）

地表覆蓋	$k(m/s)$
森林——茂密矮樹叢	0.21
稀疏矮樹叢	0.43
大量枯枝落葉	0.76
草叢——百慕達草	0.30
茂密草叢	0.46
矮短草叢	0.64
放牧地	0.40
農耕地——有殘株	0.37
無殘株	0.67
農作地——休耕地	1.37
等高耕	1.40
直行耕作地	2.77
道路鋪面	6.22

7.1.2 管流速度與渠流速度

管流與渠流速度可利用曼寧公式計算，即

$$V = \frac{1}{n} R^{2/3} S^{1/2} \tag{7-5}$$

式中 V 為流速 (m/s)；n 為糙度係數；R 為水力半徑 (m)；S 為坡度 (m/m)。若考慮滿管流情況，則坡度應採用上、下游控制斷面水位差所形成之水力坡降。一般塑膠管的糙度係數為 0.009，混凝土管或鋼管為 0.013；河道的糙度係數可參考表 7-2 所列。

表 7-2　渠流糙度係數n_c (Chow, 1959)

渠　道　情　況	最小值	正常值	最大值
混凝土渠道	0.011	0.013	0.015
磚造渠道	0.012	0.015	0.018
順直土渠	0.018	0.022	0.025
蜿蜒土渠	0.023	0.025	0.030
順直天然河道	0.025	0.030	0.033
多石塊及野草之順直天然河道	0.030	0.035	0.040
有深潭、淺灘且有石塊及野草之蜿蜒天然河道	0.035	0.045	0.050
有深潭、淺灘且有石塊及野草之蜿蜒天然河道（低水位期）	0.040	0.048	0.055
有深潭且野草叢生之蜿蜒天然河道	0.050	0.070	0.080
有深潭且雜木叢生之蜿蜒天然河道	0.075	0.100	0.150

7.1.3　利用水文紀錄資料或集流時間公式推求集流時間

在設有水文測站之集水區，可應用水文紀錄以推求集水區之集流時間值。因為逕流歷線退水段之反曲點 (inflection point) 代表地表逕流結束的時間點，所以可定義集流時間等於超量降雨終點至逕流歷線反曲點間之時距（如圖 7-1）。若缺乏研究地區之水文紀錄資料，在經審慎評估後，亦可應用集流時間公式，以推求集流時間值。常用的集流時間公式可簡述如下：

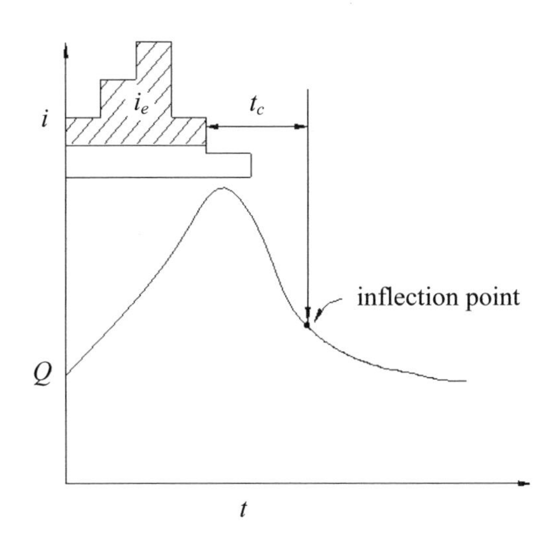

圖 7-1　利用水文紀錄推求集流時間

1. Kirpich 公式

Kirpich (1940) 利用美國田納西州六個農業集水區之水文紀錄，推導集流時間公式如下

$$t_c = 0.02 \frac{L^{0.77}}{S^{0.385}} \tag{7-6}$$

式中 t_c 為集流時間 (*min*)；*L*為逕流長度 (*m*)；*S* 為集水區平均坡度 (*m*/*m*)。

2. Rziha 公式

$$t_c = 0.00083 \frac{L}{S^{0.6}} \tag{7-7}$$

式中 t_c 為集流時間(*min*)；*L*為集水區長度(*m*)；*S*為集水區平均坡度(*m*/*m*)。

3. 運動波集流時間公式

工程實務上，可將地形複雜的集水區，簡化為如圖 7-2 之 *V* 形集水區模型。應用運動波理論 (kinematic-wave theory)，可推導出兩側漫地流平面之漫地流集流時間為 (Henderson and Wooding, 1964)

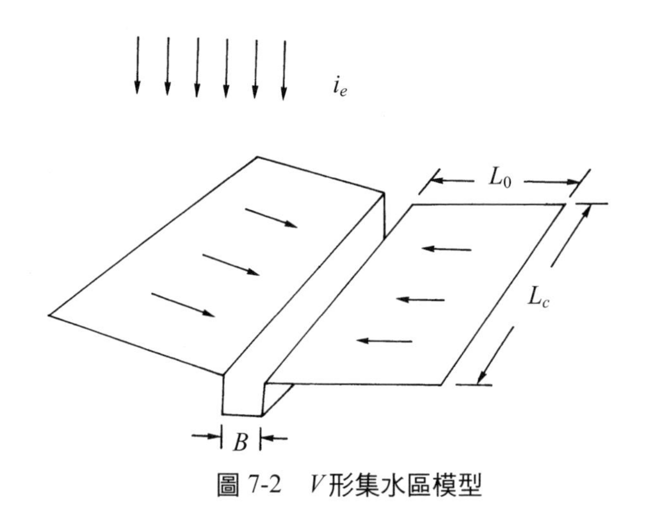

圖 7-2　*V* 形集水區模型

$$t_{oc}=\left(\frac{n_o L_o}{\sqrt{S_o}\, i_e^{2/3}}\right)^{\frac{3}{5}} \tag{7-8}$$

式中 t_{oc} 為漫地流集流時間(*sec*)；n_o 為漫地流糙度（如表 7-3）；L_o為漫地流長度(*m*)；S_o為漫地流坡度；i_e為超量降雨強度(*m/s*)。而渠流部分之集流時間為 (Wooding, 1965)

$$t_{cc}=\frac{B}{2i_e L_o}\left(\frac{2i_e n_c L_o L_c}{\sqrt{S_c}\, B}\right)^{\frac{3}{5}} \tag{7-9}$$

式中 t_{cc} 為渠流集流時間(*sec*)；n_c 為渠流糙度；L_c 為渠流長度(*m*)；S_c 為渠流坡度；*B* 為渠寬(*m*)。因此整個 *V* 形集水區之集流時間 t_c，應為漫地流集流時間 t_{oc}（7-8 式）加上渠流集流時間 t_{cc}（7-9 式）。而上述兩個公式中的

i_e是指在降雨強度－延時－頻率曲線中，降雨延時t_d等於集流時間t_c之降雨強度。

表 7-3 漫地流糙度係數n_o（*HEC*, 1985, 1990）

地表覆蓋	漫地流糙度係數
瀝青／混凝土	0.05~0.15
裸露且密集之石塊	0.10
耕作地（有殘株）	0.16~0.22
一般草地	0.20~0.30
牧草	0.30~0.40
密集植生（草皮、灌木或森林）	0.40~0.80

7.2 流量歷線與集流時間

集水區出口處之逕流歷線形狀，因集水區地形特性與降雨特性而異。此處所指之地形特性包括如長度、坡度與幾何形狀等；而降雨特性則是指降雨於時間與空間上之分佈。若集水區內之降雨為均勻，則此逕流過程將完全為集水區地形特性所主控。

顯而易見地，落在集水區出口附近的雨滴僅需很短的時間便流至集水區出口；而落在離集水區出口較遠的雨滴則需較長的時間方能抵達集水區出口。如圖 7-3 之坡面，落在坡面上的雨滴將循序由遠端流向出口處。若水流由坡面最遠端流至出口處所需之時間為4*min*（即集流時間$t_c = 4\ min$），則可將此坡面等分為a、b、c、d四個區段，即圖中同一區段內之逕流流至出口處所需的時間相同。

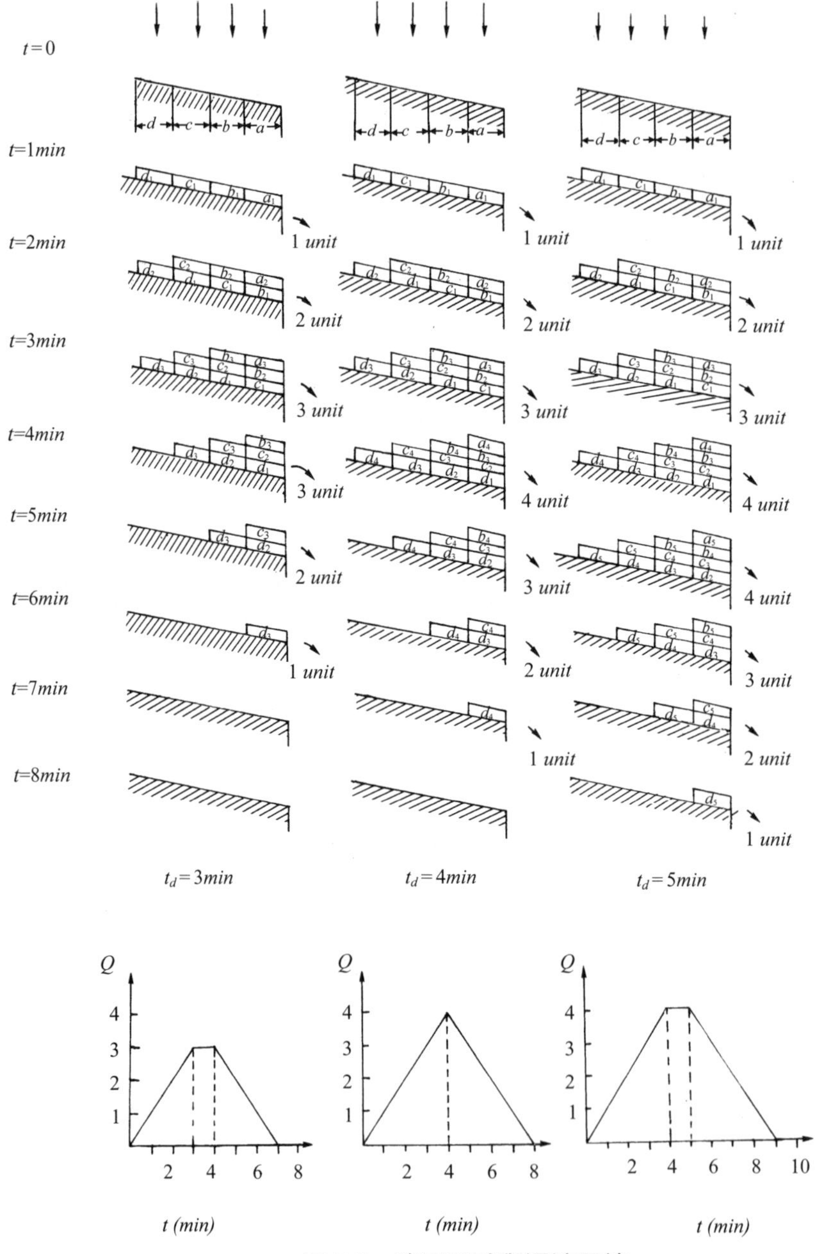

圖 7-3 降雨延時與逕流歷線

若假設逕流反應為線性關係，則當發生降雨延時 t_d 分別為 $3min$、$4min$ 與 $5min$ 的暴雨時，其流量對時間之關係可表示如圖 7-3 之流量歷線。圖中坡面上的每一個小長方體，代表該降雨強度情況下所降下的單位水量。小長方體內的註標為雨滴最初落下之位置，而其下標則為降雨發生時刻；例如註標 a_1 表示在 $t=1min$ 落於 a 區段內降雨所形成之逕流量。由圖中可以歸納得知坡面上逕流的特性如下：

1. 雨滴降落後流至出口處所需時間，視其距離出口處之遠近而異；
2. t 時刻出口處之流量，應為各區段內於不同時段降雨所產生之逕流，逐漸匯集至出口處之水量；
3. 在 $t_d<t_c$ 情況下，歷線於 $t=t_d$ 時達到尖峰，而在 $t=t_c$ 時開始退水，退水段時間為 t_d。在 $t_d=t_c$ 情況下，歷線於 $t=t_d=t_c$ 時達到尖峰並開始退水，退水段時間為 t_c。在 $t_d>t_c$ 情況下，歷線於 $t=t_c$ 時達到尖峰，而在 $t=t_d$ 時開始退水，退水段時間為 t_c。

由圖 7-3 可得知，對某一特定超量降雨強度 i_e 而言，不同降雨延時所產生的逕流歷線尖峰分別為

$$Q_p=\left(\frac{t_d}{t_c}\right) i_e A \quad for \;\; t_d<t_c$$
$$Q_p=i_e A \quad for \;\; t_d \geq t_c \tag{7-10}$$

式中 Q_p 為尖峰流量；i_e 為超量降雨強度；A 為集水區面積。由上式可知，當降雨延時大於或等於集流時間的情況下，集水區可產生最大逕流量。

由以上分析可知，集水區之集流時間是一個反應逕流歷線特性之指標，因此又被稱為集水區之水文反應時間 (hydrologic response time)。在大集水區中，其水文反應時間較長；而在小集水區中，其水文反應時間則相對地較短。

7.3 合理化公式

由 7.2 節的分析得知，當降雨延時大於或等於集流時間的情況下，集水區可產生最大逕流量。由於小集水區中，降雨延時通常大於集流時間，故參考（7-10）式中 $t_d \geq t_c$ 之情況，可得小集水區之設計流量為

$$Q_p = C\bar{i}A \tag{7-11}$$

式中 Q_p 為尖峰流量；C 為逕流係數，該係數是反應集水區降雨損失之無因次係數；$\bar{i}$ 為降雨延時等於集流時間之平均降雨強度；A 為集水區面積。比較（7-10）式與（7-11）式可知，式中是以 $C\bar{i}$ 表示超量降雨強度 i_e。

一般將（7-11）式稱為合理化公式 (rational formula)；其之所以被稱為合理化公式是因為，$1in/hr$ 的超量降雨落於 $1acre$（$= 43560ft^2$）的集水區上，恰形成 $1\,ft^3/s$ 的逕流量。因合理化公式法之計算簡單，所以廣受歡迎，特別是應用於設計都市暴雨排水系統。但是如何選定合適的逕流係數 C，並正確決定設計降雨強度，則為設計工作之成敗關鍵。

表 7-4 所列為工程設計所慣常採用之逕流係數值；對於較高重現期 (return period) 的暴雨，因入滲與其它降雨損失均已降低其重要性，故應選用較高的逕流係數值。表中所列的逕流係數值為集水區臨前土壤水份，呈現一般平均值之狀況；如需考慮連續暴雨或長時距暴雨情況，則應使用較高的逕流係數，以模擬集水區土壤充分飽和之狀況。

合理化公式中之設計降雨強度 $\bar{i}$，包含設計頻率 (design frequency) 與降雨延時 (rainfall duration) 兩項因素。設計頻率的決定需視工程重要性而定；重大工程之設計降雨強度應採用較高的重現期，反之，則採用較低的重現期。由 7.2 節的分析得知，當降雨延時大於或等於集流時間的情況下，集水區可產生最大逕流量。而如圖 7-4 所示，對同一重現期而言，降雨強度隨降雨延時之增長而遞減；因此產生集水區最高逕流量之降雨強度，應為

表 7-4 合理化公式之逕流係數（Chow et al., 1988）

Character of surface	Return Period (*years*)						
	2	**5**	**10**	**25**	**50**	**100**	**500**
Developed							
Asphaltic	0.73	0.77	0.81	0.86	0.90	0.95	1.00
Concrete/roof	0.75	0.80	0.83	0.88	0.92	0.97	1.00
Grass areas (lawns, parks, etc.)							
Poor condition (grass cover less than 50% of the area)							
Flat, 0-2%	0.32	0.34	0.37	0.40	0.44	0.47	0.58
Average, 2-7%	0.37	0.40	0.43	0.46	0.49	0.53	0.61
Steep, over 7%	0.40	0.43	0.45	0.49	0.52	0.55	0.62
Fair condition (grass cover on 50% to 75% of the area)							
Flat, 0-2%	0.25	0.28	0.30	0.34	0.37	0.41	0.53
Average, 2-7%	0.33	0.36	0.38	0.42	0.45	0.49	0.58
Steep, over 7%	0.37	0.40	0.42	0.46	0.49	0.53	0.60
Good condition (grass cover larger than 75% of the area)							
Flat, 0-2%	0.21	0.23	0.25	0.29	0.32	0.36	0.49
Average, 2-7%	0.29	0.32	0.35	0.39	0.42	0.46	0.56
Steep, over 7%	0.34	0.37	0.40	0.44	0.47	0.51	0.58
Undeveloped							
Cultivated Land							
Flat, 0-2%	0.31	0.34	0.36	0.40	0.43	0.47	0.57
Average, 2-7%	0.35	0.38	0.41	0.44	0.48	0.51	0.60
Steep, over 7%	0.39	0.42	0.44	0.48	0.51	0.54	0.61
Pasture/Range							
Flat, 0-2%	0.25	0.28	0.30	0.34	0.37	0.41	0.53
Average, 2-7%	0.33	0.36	0.38	0.42	0.45	0.49	0.58
Steep, over 7%	0.37	0.40	0.42	0.46	0.49	0.53	0.60
Forest/Woodlands							
Flat, 0-2%	0.22	0.25	0.28	0.31	0.35	0.39	0.48
Average, 2-7%	0.31	0.34	0.36	0.40	0.43	0.47	0.56
Steep, over 7%	0.35	0.39	0.41	0.45	0.48	0.52	0.58

降雨延時等於集流時間所對應的降雨強度。故（7-11）式中的設計降雨強度$\bar{i}$，應為降雨延時等於集流時間之平均降雨強度。

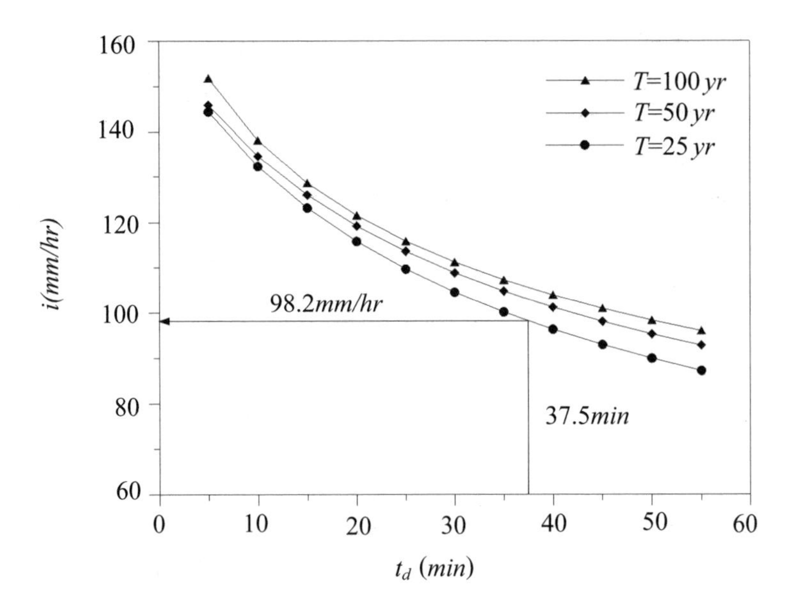

圖 7-4　應用合理化公式決定設計流量（五堵雨量站）

例題 7-1

某瀝青舖面停車場長度$L=200m$，坡度$S=0.004$，面積$A=40000m^2$，已知該地區重現期為 25 年之降雨強度－延時公式為

$$i=\frac{537.06}{(t_d+17)^{0.425}}$$

式中i 為降雨強度(mm/hr)；t_d為降雨延時(min)。試利用合理化公式，計算該停車場 25 年之設計流量。

解：

㈠本例題因無渠流階段，若採用（7-4）式計算逕流速度，則查表 7-1

可知道路舖面$k=6.22$

$$t_c=\frac{L}{V}=\frac{L}{k\sqrt{S}}=\frac{200}{6.22\sqrt{0.004}}=508\ sec=8.5\,min$$

$$\because\ t_d=t_c\qquad\therefore\ i=\frac{537.06}{(t_d+17)^{0.425}}=\frac{537.06}{(8.5+17)^{0.425}}=135.6\ mm/hr$$

逕流係數須查表 7-4，得知重現期為 25 年之道路舖面$C=0.86$，因此設計流量為

$$Q_p=C\bar{i}A=0.86\times135.6\times40000\cdot\frac{10^{-3}}{3600}=1.30\ m^3/s$$

㈡若以（7-6）式計算則

$$t_c=0.02\frac{L^{0.77}}{S^{0.385}}=0.02\frac{200^{0.77}}{0.004^{0.385}}=9.91\ \ min$$

$$i=\frac{537.06}{(9.91+17)^{0.425}}=132.5\ \ mm/hr$$

$$Q_p=C\bar{i}A=0.86\times132.5\times40000\cdot\frac{10^{-3}}{3600}=1.27\ \ m^3/s$$

㈢若以（7-8）式計算，則可首先假設降雨強度為$i=130\,mm/hr$，所以超量降雨強度$i_e=Ci=0.86\times130.0=111.8\ mm/hr$，由表 7-3 知漫地流糙度為 0.1，則

$$t_{oc}=\left(\frac{n_oL_o}{\sqrt{S_o}i_e^{2/3}}\right)^{\frac{3}{5}}=\left(\frac{0.1\times200}{\sqrt{0.004}\times\left(111.8\cdot\frac{10^{-3}}{3600}\right)^{2/3}}\right)^{\frac{3}{5}}=2010\ \ sec=33.5\,min$$

令$t_d=t_{oc}$，代入降雨強度公式可得

$$i=\frac{537.06}{(33.5+17)^{\,0.425}}=101.4\ mm/hr$$

由於結果與先前假設不合，因此再以$i_e=0.86\times101.4=87.2\ mm/hr$，重新代入（7-8）式計算得$t_{oc}=2220\ sec=37\ min$，而此時之降雨強度則為 98.6 mm/hr；因為降雨強度仍不等於先前所假設者（$i=101.4\ mm/hr$），所以

需繼續進行試算工作。如此反覆計算，可得最後結果為 $t_d = 37.5min$；$i = 98.2mm/hr$，因此設計流量為

$$Q_p = CiA = 0.86 \times 98.2 \times 40000 \cdot \frac{10^{-3}}{3600} = 0.94\ m^3/s$$ ◆

傳統合理化公式法僅能推求設計尖峰流量，無法得到不同降雨延時情況下之完整流量歷線。水利工程師因而發展出修正合理化公式法 (modified rational method)，以建立降雨延時等於或大於集流時間情況之流量歷線。由修正合理化公式法所產生的歷線形狀為三角形或梯形，而歷線上昇段與退水段之時距均等於集流時間 t_c，歷線尖峰為（7-11）式所算出之尖峰流量值。

以例題 7-1 之坡面為例，假設集流時間為 10 分鐘，圖 7-5 顯示降雨延時大於 10 分鐘之情況下，應用修正合理化公式法所得之流量歷線。若降雨延時等於集流時間，則歷線形狀為三角形。當降雨延時大於集流時間，則歷線形狀為梯形。圖中歷線尖峰隨降雨延時 t_d 之增加而降低之原因，在於降雨強度－延時－頻率曲線中之降雨強度值隨降雨延時之增加而降低。因此當降雨延時愈長，其流量歷線尖峰流量會愈低。

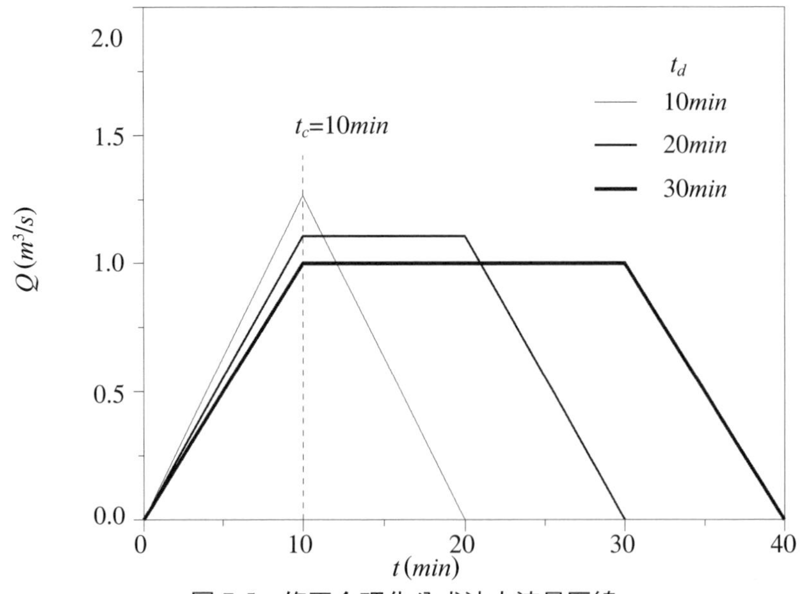

圖 7-5　修正合理化公式法之流量歷線

7.4 單位歷線

第 7.2 節與 7.3 節所述之計算方式，因採用平均降雨強度 $\bar{i}$ 以計算逕流量，故僅適用於小集水區。對於面積較大的中型集水區而言，因集水區之水文反應時間較長，故需考慮較長時距內之降雨特性；所以逕流計算方式不宜以平均降雨強度，以取代完整的降雨組體圖。工程上最常使用的方法即為 Sherman (1932) 所發展的單位歷線理論 (unit hydrograph theory)，此理論建立於線性系統 (linear system) 之假設。而所謂的線性系統假設是指系統的總反應，符合線性正比性 (proportionality) 與線性疊加性 (superposition) 原則。

7.4.1 單位歷線定義

單位歷線的定義為在某特定降雨延時內，1 單位有效降雨 (effective rainfall) 均勻落於集水區所產生的直接逕流歷線 (direct runoff hydrograph)。基於非時變性之假設，水文工程師可利用集水區過去的水文紀錄資料推求單位歷線；再應用線性假設，以正比與疊加方式，計算現在發生的一場暴雨所產生的直接逕流歷線。

圖 7-6 為一個單位歷線的使用例；圖 7-6a 為利用過去的水文紀錄資料所得降雨延時 t_d 為 $2hr$，且逕流歷線基期 t_b 為 $10hr$ 之單位歷線；需注意的是，圖中在單位歷線所對應的降雨延時內，其降雨強度為定值。

圖 7-6b 為以線性正比方式，計算目前一場降雨所產生之逕流量。因目前發生暴雨事件之總降雨延時為 $6hr$，故需將此場暴雨分為三場延時分別為 $2hr$ 之個別暴雨事件，再以線性正比法進行計算。需注意的是，圖中各場暴雨所產生之歷線尖峰呈線性倍增，但歷線基期卻維持定值。圖 7-6b 中之粗線則是單純地以線性疊加方式，計算上述三場個別暴雨所產生之集水

區總直接逕流量。

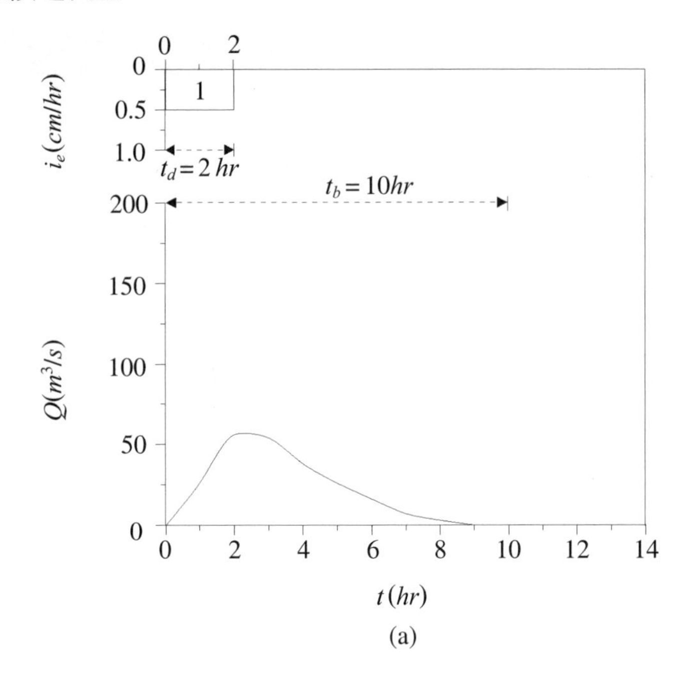

(a)

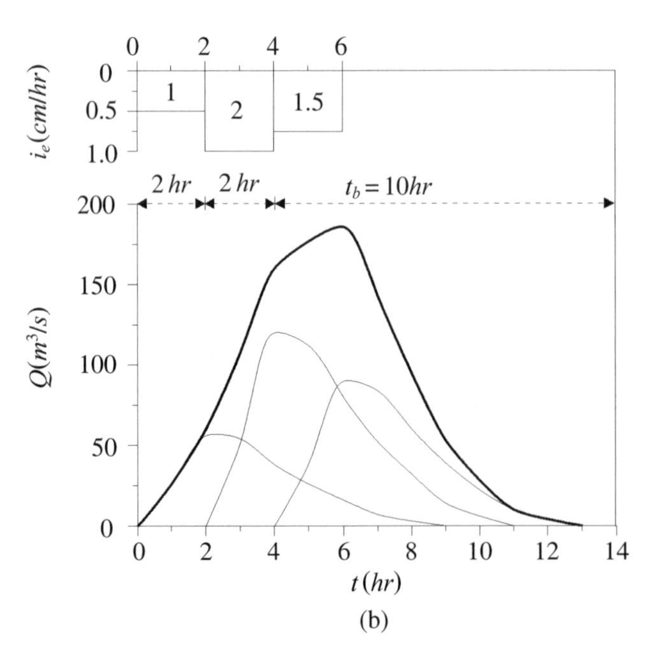

(b)

圖 7-6　單位歷線與有效降雨

經由以上計算例可以推論得知，單位歷線之基本假設如下：

⑴於降雨延時內，有效降雨強度為均勻（如圖 7-6a）；

⑵降雨於空間上分佈均勻；

⑶對同一延時有效降雨所產生之直接逕流歷線的基期為一定（如圖 7-6b）；

⑷不同強度降雨所產生之逕流量，可以正比方式進行估算，並用線性疊加方式計算總逕流量（如圖 7-6b）；

⑸集水區之水文特性為非時變性。

因上述中之第⑴項假設，所以用於推求單位歷線之暴雨紀錄，其降雨延時不宜過長。又第⑵項假設為中型集水區之水文特性，故應用單位歷線法分析集水區逕流量，應侷限於集水區面積小於中型集水區面積之上限。因第⑸項假設的存在，所以工程實務上雖可利用過去的水文紀錄資料，推求現在集水區之水文反應，但所使用之資料應儘量避免早於 3 年以前的水文紀錄。事實上線性假設為單位歷線的最大缺點，因為水力學理論明白顯示逕流過程的非線性特性。當高強度降雨落於地面時，所累積於地面之水深較高，因此逕流速度加快，以致歷線之時間基期變短 (Lee and Yen, 1997)，所以逕流總歷線並非單純地以線性正比與疊加即能模擬，此即線性水文系統之缺失。但在工程實務上，線性假設提供一個相當便利的計算方式。

7.4.2 單位歷線推求方式

所謂的單位歷線，一般是指 1*cm*（公制）或 1*inch*（英制）有效降雨所產生之直接逕流歷線。由於在特定降雨延時內，無法剛好產生 1 *cm*或 1*inch* 有效降雨，因此需藉水文紀錄資料作進一步之計算，以求得單位歷線。但是為符合降雨延時內有效降雨強度為均勻之假設，所選用以分析之降雨紀錄的延時不宜過長，且應儘量選用單一暴雨所形成之單峰歷線以進行分析。

例題 7-2

某集水區面積為104 km^2，降雨紀錄與流量紀錄如圖 E7-2 與下表所列，試利用所附水文紀錄資料，推求此集水區之單位歷線。

解：

表中第(1)、(2)、(3)、(4)欄位為已知，第(5)、(6)、(7)欄位可依下述步驟進行分析：

(1) 時間 (hr)	(2) 降雨量 (mm/hr)	(3) 總逕流量 (m^3/s)	(4) 基流量 (m^3/s)	(5) 直接逕流量 (m^3/s)	(6) 單位歷線 (m^3/s)	(7) 有效降雨量 (mm/hr)
0-1	15	13	7	6	2	10
1-2	25	136	7	129	43	20
2-3	2	246	6	240	80	
3-4		192	6	186	62	
4-5		140	5	135	45	
5-6		95	5	90	30	
6-7		50	5	45	15	
7-8		26	5	21	7	
8-9		20	5	15	5	
9-10		5	5	0	0	

1. 將總逕流量減去基流量，可得直接逕流量，即

第(3)欄位 − 第(4)欄位 = 第(5)欄位 ；

2. 利用第(5)欄位計算直接逕流總體積

$$\text{直接逕流總體積} = (6+129+240+186+135+90+45+21+15+0) \times 3600$$
$$= 3.12 \times 10^6 m^3 ；$$

3. 將直接逕流總體積除以集水區面積，得到直接逕流深度

$$直接逕流深度=\frac{3.12\times10^6}{104\times10^6}=0.03m=3cm；$$

4. 將直接逕流量除以直接逕流深度（$=3\,cm$），可得集水區之單位歷線，即

第(6)欄位 = 第(5)欄位 ÷ 3.0；

因直接逕流深度等於有效降雨深度，故若以ϕ指數法配合第(2)欄位反覆試算，可得$\phi=5\;mm/hr$，即

$$有效降雨深度=(15-5)+(25-5)=30\;mm=3\;cm$$

上表顯示原降雨延時為 3 hr（第 2 欄位），但有效降雨延時減少為 2hr（第 7 欄位）。 ◆

例題 7-2 所示為利用一場降雨與逕流紀錄，以推導集水區之單位歷線。由於此直接逕流歷線為 3cm 有效降雨所產生之歷線，因此將此直接逕流歷線之直軸量除以 3，即可得所謂的單位歷線。需注意的是，圖 E7-2 中原降雨延時為 3hr，但經過扣除降雨損失後，有效降雨延時縮短為 2hr；因此圖 E7-2 所示之單位歷線稱為有效降雨延時為 2hr 的單位歷線。

7.4.3 不同延時單位歷線間之轉換

因為不同降雨延時之暴雨，會產生不同的逕流歷線；所以必須應用不同降雨延時的暴雨紀錄資料，以產生不同降雨延時的單位歷線。工程實務上因無法收集足夠的水文紀錄資料，往往應用稽延法 (lagging method) 或是 s 歷線法 (s-hydrograph)，對不同降雨延時的單位歷線進行轉換。稽延法適用於所轉換單位歷線的降雨延時之間為整數倍關係，而 s 歷線法則適用於所轉換降雨延時之間為非整數倍關係；茲詳細分述如下。

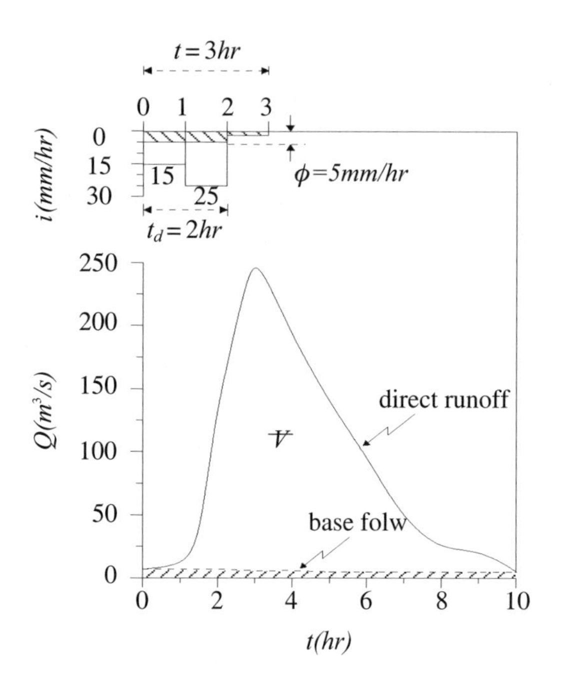

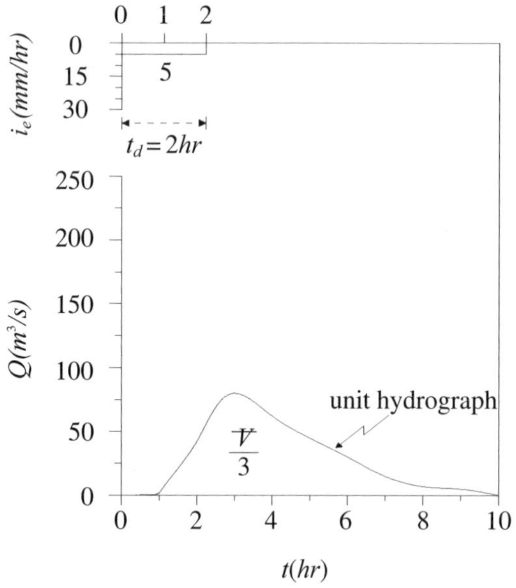

圖 E7-2　單位歷線之推求方式

1. 稽延法

如圖 7-7 所示，(a)圖表示要將延時為 1*hr* 的單位歷線，轉換成延時為 2*hr* 的單位歷線。因此圖中先繪一個 1*hr* 的單位歷線，而後將時間挪後 1*hr*，再繪一個延時為 1*hr* 的單位歷線，將此二個歷線疊加，得到一個延時為 2*hr*，降雨量為 2 個單位的逕流歷線。因此再將此降雨量為 2 個單位的逕流歷線直軸除以 2，則可以得到延時為 2*hr* 的單位歷線。

(b)圖表示要將延時為 2*hr* 的單位歷線，轉換為成為延時為 4*hr* 的單位歷線。方法與圖(a)類似，但是需注意的是，原單位歷線之延時為 2*hr*，因此要用以疊加的第二個歷線是將時間軸挪後 2*hr*。(c)圖則是要將延時為 1*hr* 的單位歷線，轉換為成為延時為 3*hr* 的單位歷線。因此要用三個延時為 1*hr* 的單位歷線疊加，而用以疊加的歷線逐次挪後 1*hr*。最後的累加歷線為降雨量為 3 個單位的逕流歷線，因此需再將此逕流歷線除以 3，則可以得延時為 3*hr* 的單位歷線。

例題 7-3

試以稽延法將下列降雨延時為 2*hr* 之單位歷線，分別轉換為降雨延時為 4*hr* 與 6*hr* 之單位歷線。

解：

下頁表中第(1)、(2)欄位為已知，其餘欄位可依下述步驟分析：

1. 第(2)欄位為延時為 2*hrs* 之單位歷線；
2. 第(3)與第(4)欄位分別為原單位歷線向後稽延 2*hrs* 與 4*hrs*；
3. 第(5)欄位 = [第(2)欄位+第(3)欄位]／2，為延時為 4*hrs* 之單位歷線；
4. 第(6)欄位 = [第(2)欄位+第(3)欄位+第(4)欄位]／3，為延時為 6*hrs* 之單位歷線。

由本例題可以觀察到，單位歷線之尖峰隨降雨延時之增加而降低，但

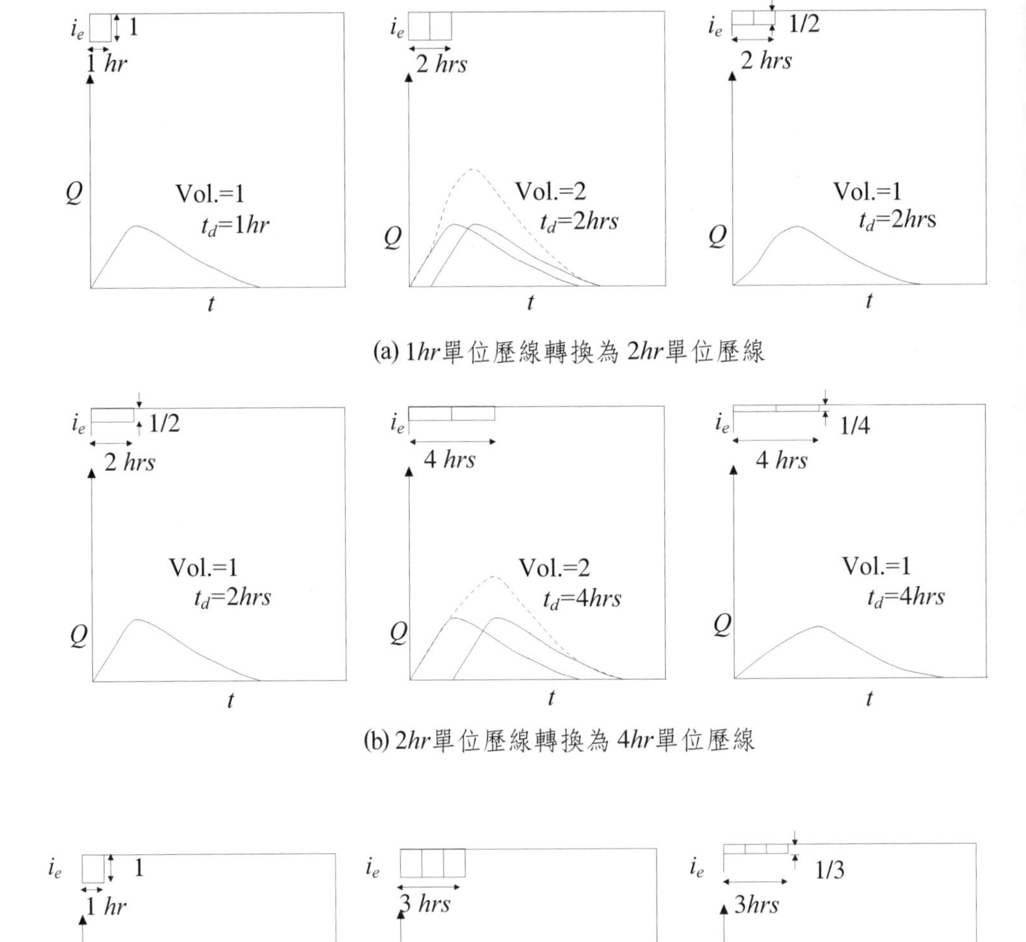

(a) 1*hr*單位歷線轉換為 2*hr*單位歷線

(b) 2*hr*單位歷線轉換為 4*hr*單位歷線

i_e 1 1 hr Q Vol.=1 t_d=1hr t

i_e 3 hrs Q Vol.=3 t_d=3hrs t

i_e 1/3 3hrs Q Vol.=1 t_d=3hrs t

(c) 1*hr*單位歷線轉換為 3*hrs*單位歷線

圖 7-7　單位歷線轉換（稽延法）

(1) 時間 (*hr*)	(2) $u_2(t)$ (m^3/s)	(3) $u_2(t)$ lagging 2 *hrs*	(4) $u_2(t)$ lagging 4 *hrs*	(5) $u_4(t)$ (m^3/s)	(6) $u_6(t)$ (m^3/s)
1	2			1	1
2	43			22	14
3	80	2		41	27
4	62	43		53	35
5	45	80	2	63	42
6	30	62	43	46	45
7	15	45	80	30	47
8	7	30	62	19	33
9	5	15	45	10	22
10	0	7	30	4	12
11		5	15	3	7
12		0	7	0	2
13			5		2
14			0		0

單位歷線之時間基期隨降雨延時之增加而增長。◆

2.s歷線法

s歷線是表示連續降雨所產生的逕流歷線；如圖 7-8 所示，(a)圖表示一場降雨延時為 1*hr*之暴雨所形成的單位歷線，(b)圖表示發生連續降雨的情形。若將此連續降雨的逕流歷線疊加，則得到如圖(c)之累積逕流歷線$s(t)$，稱之為s歷線；而(d)圖中之$s(t-3)$則是表示將原來s歷線之時間軸往後挪 3 小時。

由圖(e)可以觀察得知，若將$s(t)$與$s(t-3)$歷線相減，所得即為前 3 小時降雨所產生之逕流歷線。由於圖(e)之逕流歷線是降雨延時為 3*hrs*、總量為 3 個單位降雨所產生之逕流歷線，因此將此逕流歷線除以 3，則可得到

降雨延時為 $3hr$ 之單位歷線（如圖 7-8f）。

上述方式可應用於降雨延時間為整數關係的轉換，亦可應用於所轉換降雨延時為非整數關係的計算。因此可將 s 歷線法之歷線轉換關係表示為

$$u_{T'}(t) = \frac{T}{T'}[s(t) - s(t - T')] \tag{7-12}$$

式中 T 為原單位歷線之降雨延時；T' 為擬轉換之降雨延時；$s(t)$ 為利用原單位歷線所得之 s 歷線；$s(t-T')$ 為將原 s 歷線時間軸挪後 T' 時距；$u_{T'}(t)$ 為轉換後延時為 T' 之單位歷線。

s 歷線法之計算步驟可整理為：

⑴將降雨延時為 T 之單位歷線 $u_T(t)$，以間隔 T 小時之方式逐次累加而得到 $s(t)$；

⑵將 $s(t)$ 時間軸挪後 T' 得到 $s(t-T')$；

⑶計算 $s(t)$ 減 $s(t-T')$ 之值，再乘以 T/T' 即可得降雨延時為 T' 之單位歷線 $u_{T'}(t)$。

由圖 7-8 中可以注意到，s 歷線的起始部分較陡，然後隨著時間的增加，s 歷線漸趨於平緩，而當 s 歷線達到第一個單位歷線之末端即呈平衡狀態。在某些特殊情況下，會發生 s 歷線之平衡段呈現反覆性上下跳動之情況，此時可以上下跳動之平均值（或最大值）予以平滑化 (smoothing)。

例題 7-4

試利用延時為 2 小時之單位歷線 $u_2(t)$ 推求 s 歷線，以求得延時為 3 小時之單位歷線 $u_3(t)$。

解：

下表第⑴、⑵欄位為已知，其餘欄位可依下述步驟分析：

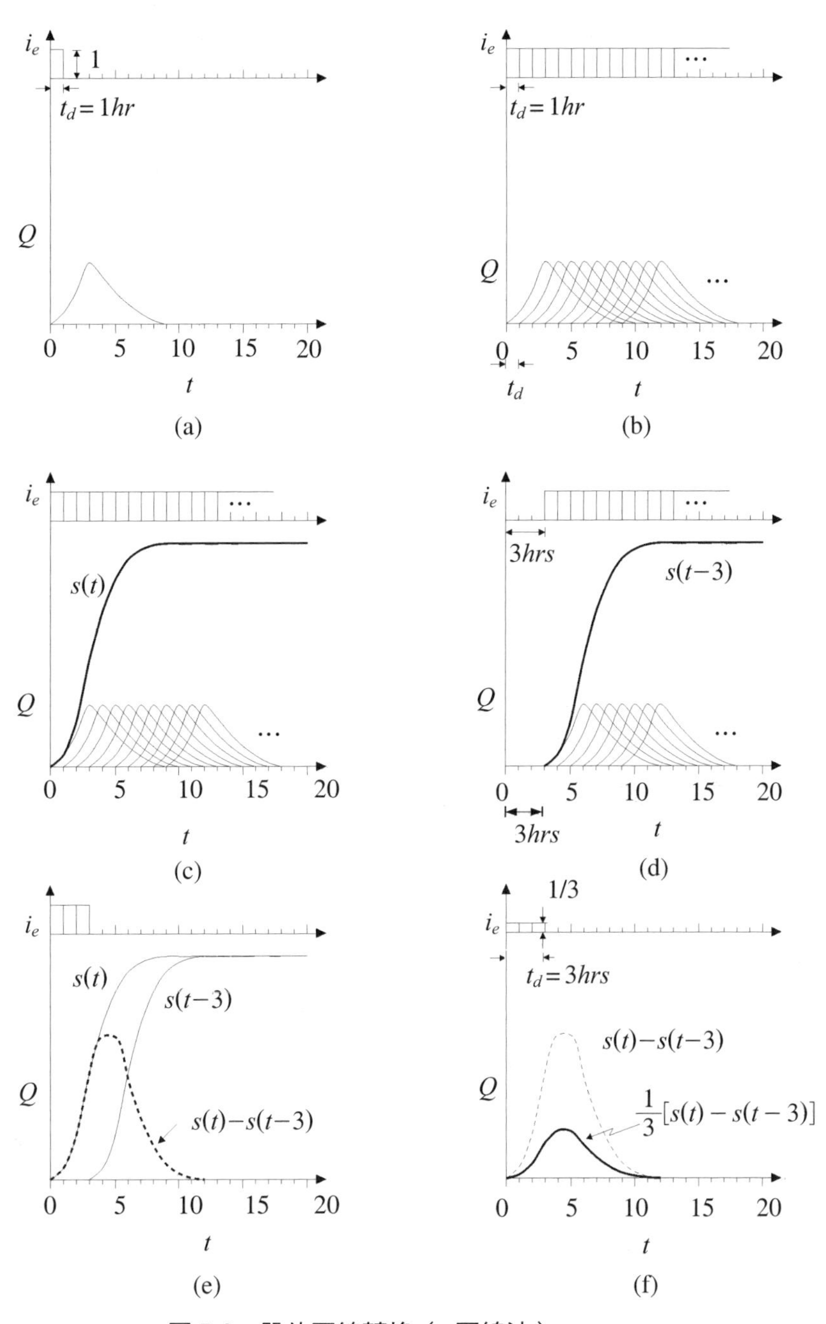

圖 7-8 單位歷線轉換（s 歷線法）

(1) 時間 (hr)	(2) $u_2(t)$ (m^3/s)	(3) $u_2(t)$ lagging 2hrs	(4) $u_2(t)$ lagging 4hrs	(5) $u_2(t)$ lagging 6hrs	(6) $u_2(t)$ lagging 8hrs	(7) $u_2(t)$ lagging 10hrs	(8) $s(t)$ (m^3/s)	(9) 修正 $s(t)$ (m^3/s)	(10) $s(t-3)$ (m^3/s)	(11) $u_3(t)$ (m^3/s)
1	2						2	2		1
2	43						43	43		29
3	80	2					82	82		55
4	62	43					105	105	2	69
5	45	80	2				127	127	43	56
6	30	62	43				135	135	82	35
7	15	45	80	2			142	142	105	25
8	7	30	62	43			142	144	127	11
9	5	15	45	80	2		147	147	135	8
10	0	7	30	62	43		142	147	142	3
11		5	15	45	80	2	147	147	144	2
12		0	7	30	62	43	142	147	147	0

1. 第(2)欄位為延時為 2 小時之單位歷線；
2. 第(3)、(4)、(5)、(6)、(7)欄位分別為原單位歷線向後稽延 2、4、6、8hrs與 10hrs；
3. 第(8)欄位為第(2)欄位至第(7)欄位的累加值，即為 s 歷線；
4. 第(8)欄位呈現反覆性上下跳動之情況，故將之平滑化得第(9)欄位；
5. 第(10)欄位為第(9)欄位向後挪移 3hrs；
6. 第(11)欄位 = 2/3 × [第(9)欄位 － 第(10)欄位]，即為延時為 3hrs之單位歷線。◆

7.4.4 單位歷線之應用

單位歷線之所以能成為一般工程常用的逕流分析方式，乃基於該方法簡捷易用。由於非時變性的假設，所以認定水文環境不會隨時間發生明顯的改變，因此可以藉由集水區過去水文紀錄，推測該地區目前可能發生的水文情況。更由於線性的假設，故可藉由已知的單位歷線，以線性正比與疊加之方式，推求該集水區之直接逕流歷線；其計算過程與方式，如先前之圖 7-6 所示。應用單位歷線法配合有效降雨所得之直接逕流歷線，若再加上河川基流量，則可得到河川的洪水流量歷線 (total runoff hydrograph)。

例題 7-5

某集水區面積為100 km^2，發生一場延時為 6 小時之降雨，已知目前河川基流量為10 m^3/s，且該地區之平均降雨損失為 5 mm/hr；試利用延時為 2 小時之單位歷線（1 cm水深），推求該場暴雨所產生之逕流歷線。

解：

下頁表中第(1)、第(2)與第(5)欄位為已知，其餘欄位可依下述步驟分析：

1. 第(3)欄位 = 第(2)欄位－降雨損失（$\phi = 5\ mm/hr$）；
2. 因已知之單位歷線延時為 2 小時，故應以 2 小時為計算單位，所以需推求每 2 小時之總降雨量，如第(4)欄位所示；
3. 第(5)欄位為已知之 2 小時單位歷線；
4. 0-2 小時之有效降雨量為 5cm，故將第(5)欄位乘 5 得第(6)欄位之值；
5. 2-4 小時之有效降雨量為 10cm，故將第(5)欄位乘 10，並向後挪移 2 小時，得第(7)欄位之值；
6. 4-6 小時之有效降雨量為 7.5cm，故將第(5)欄位乘 7.5，並向後挪移 4 小時，得第(8)欄位之值；
7. 第(9)欄位 = 第(6)欄位 + 第(7)欄位 + 第(8)欄位；如圖 7-6 所示；
8. 總逕流量 = 直接逕流量 + 基流量。

(1) 時間 (hr)	(2) 降雨強度 (mm/hr)	(3) 有效降雨強度 (mm/hr)	(4) $2hrs$ 有效降雨量 (mm)	(5) $u_2(t)$ (m^3/s)	(6) $5\times u_2(t)$ (m^3/s)	(7) $10\times u_2(t)$ lagging $2hrs$ (m^3/s)	(8) $7.5\times u_2(t)$ lagging $4hrs$ (m^3/s)	(9) 直接逕流 (m^3/s)	(10) 總逕流量 (m^3/s)
1	25	20	50	2	10			10	20
2	35	30		43	215			215	225
3	50	45	100	80	400	20		420	430
4	60	55	–	62	310	430		740	750
5	65	60	75	45	225	800	15	1,040	1,050
6	20	15		30	150	620	323	1,093	1,103
7				15	75	450	600	1,125	1,135
8				7	35	300	465	800	810
9				5	25	150	338	513	523
10				0	0	70	225	295	305
11						50	113	163	173
12						0	53	53	63
13							38	38	48
14							0	0	10

◆

有效降雨配合單位歷線的計算方式，亦可表示為矩陣計算方式如下

$$[Q]=[P][U] \quad (7\text{-}13)$$

式中$[Q]$為直接逕流矩陣；$[P]$為有效降雨矩陣；$[U]$為單位歷線矩陣。將上式的兩側各乘以有效降雨矩陣之轉移矩陣$[P]^T$可得

$$[P]^T[Q]=[P]^T[P][U] \quad (7\text{-}14)$$

因此集水區之單位歷線矩陣可表示為

$$[U]=([P]^T[P])^{-1}[P]^T[Q] \tag{7-15}$$

式中( ) $^{-1}$表示反矩陣。然而因水文紀錄無法完全符合（7-13）式之線性假設，所以應用上式以矩陣運算方式推求之單位歷線，往往會出現負值的情況。

例題 7-6

已知某集水區降雨延時為 1 小時之單位歷線（1*cm*水深）如下表所列；試利用矩陣運算方式，推求下列有效降雨所產生之直接逕流歷線。

時間(*hr*)	1	2	3	4	5
單位歷線流量(m^3/s)	0	30	20	10	0

時間 (*hr*)	1	2	3	4
降雨強度 (*cm/hr*)	5	3	2	1

解：

有效降雨與單位歷線之矩陣向量可分別表示為

$$[P]=\begin{bmatrix} 5 & 0 & 0 & 0 & 0 \\ 3 & 5 & 0 & 0 & 0 \\ 2 & 3 & 5 & 0 & 0 \\ 1 & 2 & 3 & 5 & 0 \\ 0 & 1 & 2 & 3 & 5 \\ 0 & 0 & 1 & 2 & 3 \\ 0 & 0 & 0 & 1 & 2 \\ 0 & 0 & 0 & 0 & 1 \end{bmatrix} \qquad [U]=\begin{bmatrix} 0 \\ 30 \\ 20 \\ 10 \\ 0 \end{bmatrix}$$

應用（7-13）式，所以直接逕流為

$$[Q]=[P][U]=\begin{bmatrix}0\\0+5(30)\\0+3(30)+5(20)\\0+2(30)+3(20)+5(10)\\0+1(30)+2(20)+3(10)\\0+0+1(20)+2(10)\\0+0+0+1(10)\\0\end{bmatrix}=\begin{bmatrix}0\\150\\190\\170\\100\\40\\10\\0\end{bmatrix}$$

◆

7.5 瞬時單位歷線

瞬時單位歷線 (instantaneous unit hydrograph, 簡稱 *IUH*) 之定義為 1 單位有效降雨在 $t=0$ 瞬間，均勻落於集水區所產生之直接逕流歷線。相對於一般之單位歷線為有效降雨延時 T 與時間 t 的函數，因瞬時單位歷線之延時趨近於無限小 ($T\rightarrow 0$)，所以瞬時單位歷線僅為時間 t 之函數。如 7.4.3 節所述之 s 歷線為連續降雨所產生的逕流歷線，因此理論上可直接將 s 歷線對時間微分，而得到瞬時單位歷線，即

$$u(t)=\frac{d}{dt}[s(t)] \tag{7-16}$$

式中 $u(t)$ 為瞬時單位歷線；$s(t)$ 為 s 歷線。因降雨延時趨近於無限小，所以在實際應用上瞬時單位歷線不需要像傳統單位歷線，必須進行不同降雨延時之轉換，此為瞬時單位歷線法優於傳統單位歷線法之最主要原因。

因瞬時單位歷線之降雨延時趨近於 0，所以集水區由有效降雨轉變為直接逕流之過程，可表示如下之摺合積分 (convolution integral) 方程式

$$Q(t)=\int_0^t i(\tau)\,u(t-\tau)\,d\tau \tag{7-17}$$

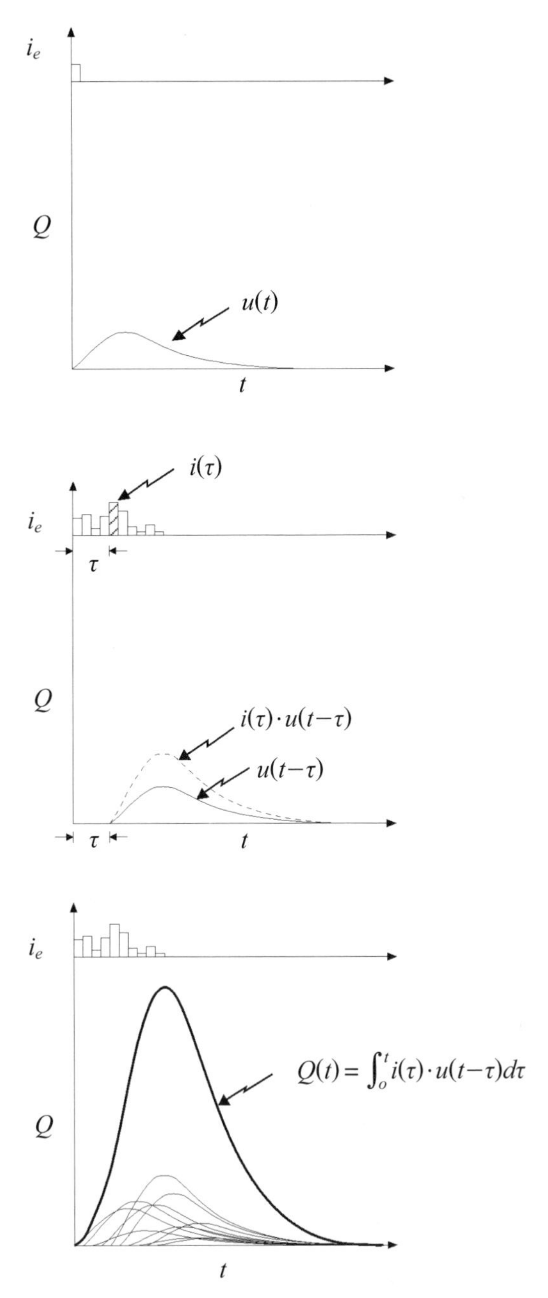

圖 7-9 瞬時單位歷線之摺合積分

式中 $Q(t)$ 為 t 時刻之直接逕流量；$u(t-\tau)$ 為時間軸向後挪移 τ 時刻之瞬時單位歷線；$i(\tau)$ 為 τ 時刻之有效降雨強度；上式可表示如圖 7-9 的運算過程，其運算架構仍遵循線性正比與線性疊加之原則。

因為降雨 $i(\tau)$ 是由 τ 時刻開始，所以（7-17）式中之 $u(t-\tau)$ 是將 $u(t)$ 之時間軸向後挪移 τ 單位而成。因 t 時刻集水區出口之流量 $Q(t)$ 是由 $0\sim t$ 之間降雨所生成之逕流，所以 t 時刻之後發生的降雨無需加以考慮，故積分範圍為由 0 至 t。基本上，圖 7-9 之計算方式與圖 7-6 所示之程序相同，只是二者分別在連續化系統 (continuous system) 與間段式系統 (discrete system) 中運算而已。

瞬時單位歷線之推求方法，除了利用（7-16）式直接對 s 歷線微分，亦可利用概念化模式 (conceptual model)，如線性水庫 (linear reservoir) 與時間－面積法 (time-area method) 以進行推導，茲說明如下。

7.5.1 線性水庫

Nash（1957）建議將集水區視為 n 個串聯線性水庫（如圖 7-10），假設每一水庫之出流量 $Q(t)$ 與水庫之蓄水量 $S(t)$ 成線性正比，可表示如下

$$S(t)=KQ(t) \tag{7-18}$$

式中 S 為蓄水量 $[L^3]$；K 為蓄水係數 $[T]$；Q 為出流量 $[L^3/T]$。蓄水係數 K 之單位為時間，其物理意義為水流經過此假想蓄水庫之滯留時間。基於瞬時單位歷線之假設，在 $t=0$ 瞬間於第一個線性水庫注入 1 單位之有效降雨，隨後此有效降雨量逐次流經過 n 個串聯線性水庫，而最後一個水庫的出流歷線即為此集水區之瞬時單位歷線。

由（7-18）式之貯蓄方程式配合水流之連續方程式（1-1 式），可推導得第 1 個線性水庫之出流關係為

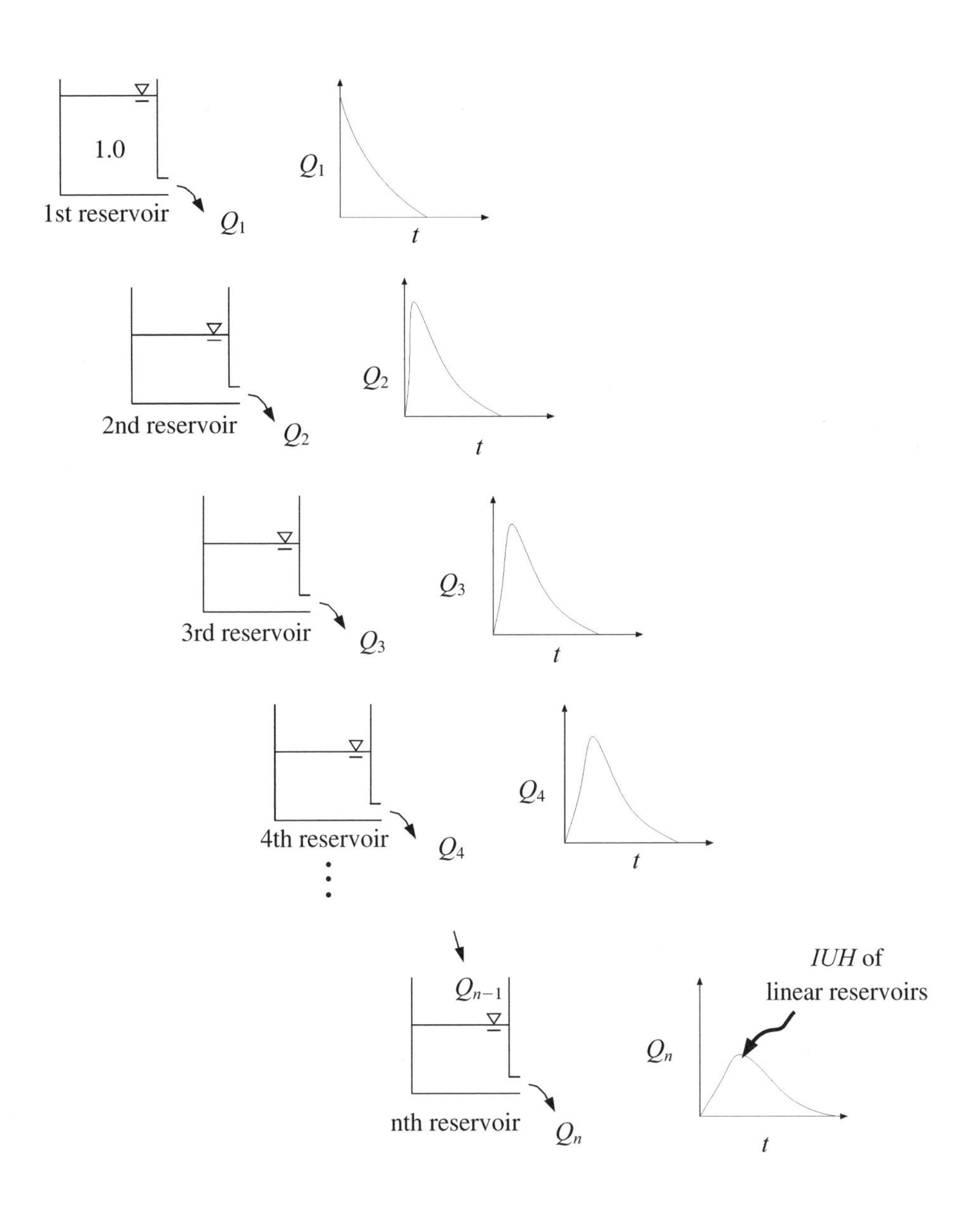
1.0
1st reservoir
Q_1
Q_1
t
2nd reservoir
Q_2
Q_2
t
3rd reservoir
Q_3
Q_3
t
4th reservoir
Q_4
Q_4
t
Q_{n-1}
nth reservoir
Q_n
Q_n
t
IUH of
linear reservoirs

圖 7-10 線性水庫模式

$$I_1(t)-Q_1(t)=\frac{dS_1(t)}{dt}=K\frac{dQ_1(t)}{dt} \tag{7-19}$$

式中 I_1、Q_1與 S_1分別為第 1 個線性水庫之入流量、出流量與貯蓄量。因遵循瞬時單位歷線之假設，所以 $t=0$ 時 $I_1(0)=1$，$S_1(0)=1$；而 $t>0$ 之後 $I_1(t)=0$，所以 $t>0$之後的流量關係為

$$\frac{dQ_1}{Q_1}=-\frac{1}{K}dt \tag{7-20}$$

將上式配合初始條件，可推導得第 1 個線性水庫之出流歷線為

$$Q_1(t)=\frac{1}{K}e^{-\frac{t}{K}} \tag{7-21}$$

上式為一指數遞減函數，顯示出流量隨時間遞減。因 n 個水庫相互聯接，所以第 1 個線性水庫之出流歷線，將成為第 2 個水庫的入流歷線，因此

$$Q_1(t)-Q_2(t)=K\frac{dQ_2(t)}{dt} \tag{7-22}$$

由（7-21）式與（7-22）式可解得

$$Q_2(t)=\frac{t}{K^2}e^{-\frac{t}{K}} \tag{7-23}$$

應用歸納法可推導得第 n 個水庫之流出歷線為

$$Q_n(t)=\frac{t^{n-1}}{K^n(n-1)!}e^{-\frac{t}{K}} \tag{7-24}$$

其中 $(n-1)!$ 為伽傌函數 (gamma function)，故上式亦可表示為

$$Q_n(t)=\frac{t^{n-1}}{K^n\Gamma(n)}e^{-\frac{t}{K}} \tag{7-25}$$

上式為 1 單位有效降雨於 $t=0$ 瞬間落下，流經 n 個假想的線性水庫所形成之出流歷線，一般稱為線性水庫模式之瞬時單位歷線（*IUH*）。

由於瞬時單位歷線代表瞬間降雨所產生的直接逕流歷線，因此可利用下式轉換為有效降雨延時為 T 的單位歷線，即

$$u_T(t)=\frac{1}{2}[\,IUH(t)+IUH(t-T)\,] \tag{7-26}$$

式中 $u_T(t)$ 爲有效降雨延時爲 T 的單位歷線；$IUH(t)$ 爲瞬時單位歷線；$IUH(t-T)$ 爲將原瞬時單位歷線時間軸挪後 T 時距。

應用線性水庫模式推求瞬時單位歷線，需要知道（7-25）式中之 n 與 K 值；此參數可藉由集水區之水文紀錄推求如下

$$M_{Q1}-M_{I1}=nK \tag{7-27}$$

$$M_{Q2}-M_{I2}=n(n+1)K^2+2nKM_{I1} \tag{7-28}$$

式中 M_{Q1} 與 M_{Q2} 分別為直接逕流歷線之第 1 階動差（1st moment）與第 2 階動差（2nd moment），M_{I1} 與 M_{I2} 則分別為有效降雨組體圖之第 1 階動差與第 2 階動差。

應用線性水庫模式進行集水區降雨逕流演算之步驟，可分述如下：

⑴收集集水區水文紀錄資料；

⑵利用水文紀錄資料配合（7-27）與（7-28）式推求 n 與 K 值；

⑶將 n 與 K 值代入（7-25）式求得瞬時單位歷線；

⑷利用（7-26）式計算降雨延時為 T 的單位歷線；

⑸以 7.4.4 節所述之方式，利用有效降雨推求直接逕流量。

需注意的是，（7-25）式所算出之瞬時單位歷線值為時間的倒數，其歷線總合值應趨近於 1。因此若要以一般常用之流量單位表示，需經過適當的轉換。例如若將此瞬時單位歷線定義為 1 $cm\,(=0.01\,m)$ 有效瞬時降雨所產生之直接逕流歷線；集水區面積為 $A\,km^2\,(=A\times10^6\,m^2)$，所欲轉換後之瞬時單位歷線的單位為 m^3/s，而計算時距 Δt 設為 1 $hr\,(=3600\,sec)$，則需將（7-25）式所算出之瞬時單位歷線值再乘上 $0.01\times A\times10^6/3600$。

例題 7-7

某集水區面積為 30 km^2，有效降雨紀錄如下表所列。若已知該集水區之線性水庫模式參數分別為 $n=2$ 與 $K=1.5\ hr$，試利用線性水庫模式推求此暴雨所產生之直接逕流量。

解：

表中第(1)、(2)欄位為已知，其餘欄位可依下述步驟分析：

(1) 時間 (hr)	(2) 有效降雨強度 (mm/hr)	(3) $u(t)$	(4) $u(t)$ (m^3/s)	(5) $u(t)$ lagging 1 hr (m^3/s)	(6) $u_1(t)$ (m^3/s)	(7) $2\times u_1(t)$ (m^3/s)	(8) $3\times u_1(t)$ lagging 1 hr	(9) $1\times u_1(t)$ lagging 2 hr (m^3/s)	(10) 直接逕流 (m^3/s)
0	—	0.000	0.0		0.0	0.0			0.0
1	20	0.228	19.0	0.0	9.5	19.0	0.0		19.0
2	30	0.234	19.5	19.0	19.3	38.6	28.5	0.0	67.1
3	10	0.180	15.0	19.5	17.3	34.6	57.9	9.5	102.0
4		0.123	10.3	15.0	12.7	25.4	51.9	19.3	96.6
5		0.079	6.6	10.3	8.5	17.0	38.1	17.3	72.4
6		0.049	4.1	6.6	5.4	10.8	25.5	12.7	49.0
7		0.029	2.4	4.1	3.3	6.6	16.2	8.5	31.3
8		0.017	1.4	2.4	1.9	3.8	9.9	5.4	19.1
9		0.010	0.8	1.4	1.1	2.2	5.7	3.3	11.2
10		0.006	0.5	0.8	0.7	1.4	3.3	1.9	6.6
11		0.000	0.0	0.5	0.3	0.6	2.1	1.1	3.8
12				0.0	0.0	0.0	0.9	0.7	1.6

1. 第(3)欄位為將 $n=2$ 與 $K=1.5\ hr$ 代入（7-25）式，所得之瞬時單位歷線為無因次；
2. 第(4)欄位＝第(3)欄位 $\times 0.01 \times 30 \times 10^6/3600$；
3. 第(5)欄位為第(4)欄位挪後 1 小時之瞬時單位歷線；

4. 第(6)欄位是將瞬時單位歷線轉換為 1 小時單位歷線，即

$$第(6)欄位 = 0.5 \times [第(4)欄位 + 第(5)欄位];$$

5. 0-1 小時之有效降雨量為2 *cm*，故將第(6)欄位乘 2 得第(7)欄位之值；

6. 1-2 小時之有效降雨量為3 *cm*，故將第(6)欄位乘 3，並向後挪移 1 小時，得第(8)欄位之值；

7. 2-3 小時之有效降雨量為1 *cm*，故將第(6)欄位乘 1，並向後挪移 2 小時，得第(9)欄位之值；

8. 第(10)欄位 = 第(7)欄位 + 第(8)欄位 + 第(9)欄位。 ◆

7.5.2 時間－面積法

降雨落於集水區後，水流在集水區運行之過程包含傳遞效應 (translation effect) 與貯蓄效應 (storage effect)。所謂的傳遞效應可解釋為水體質量由上游往下游迅速移動之現象，或稱為逕流集中現象 (runoff concentration)；而貯蓄效應則是水體質量暫時蓄積於集水區內之現象，或稱為逕流擴散現象 (runoff diffusion)。本節所述之時間－面積法 (time-area method) 類似於 7.2 節之坡面逕流計算方式，但是 7.2 節之計算方式只考慮集水區之傳遞效應，故僅適用於面積甚小的集水區 ($A < 2.5\ km^2$)。對於面積較大的集水區，Clark (1945) 建議應再加上一個線性水庫以模擬集水區之貯蓄效應。

如圖 7-11 所示，可應用等時線 (isochrone) 將集水區劃分為數個區間；圖中的每一區間，代表水流由該位置到達集水區出口所需之運行時間為相同。將上述等時線劃分的次集水區面積繪製成柱狀圖，即稱之為時間－面積圖 (time-area histogram)。若經過適當的單位轉換，此時間－面積圖即表示 1 單位瞬時降雨所產生之直接逕流歷線。但是因為時間－面積圖僅反應集水區之傳遞效應，所以需再加入一個線性水庫演算，以模擬集水區之貯蓄效應。因此可將時間－面積圖視為線性水庫之入流歷線，而後推導線性水庫之出流歷線，即為包含傳遞效應與貯蓄效應的瞬時單位歷線。

時間－面積圖配合線性水庫的計算方式，是先將水流連續方程式（1-1 式）間段化而得

$$\frac{1}{2}(I_1+I_2)-\frac{1}{2}(Q_1+Q_2)=\frac{1}{\Delta t}(S_2-S_1) \quad (7\text{-}29)$$

式中 I_1 與 I_2 分別表示 t_1 與 t_2 時刻，圖 7-11 之線性水庫的入流量（即 t_1 與 t_2 時刻之時間－面積柱狀圖值）；Q_1 與 Q_2 分別表示 t_1 與 t_2 時刻線性水庫之出流量；而 S_1 與 S_2 分別表示 t_1 與 t_2 時刻之貯蓄量。因時間－面積法僅考慮單

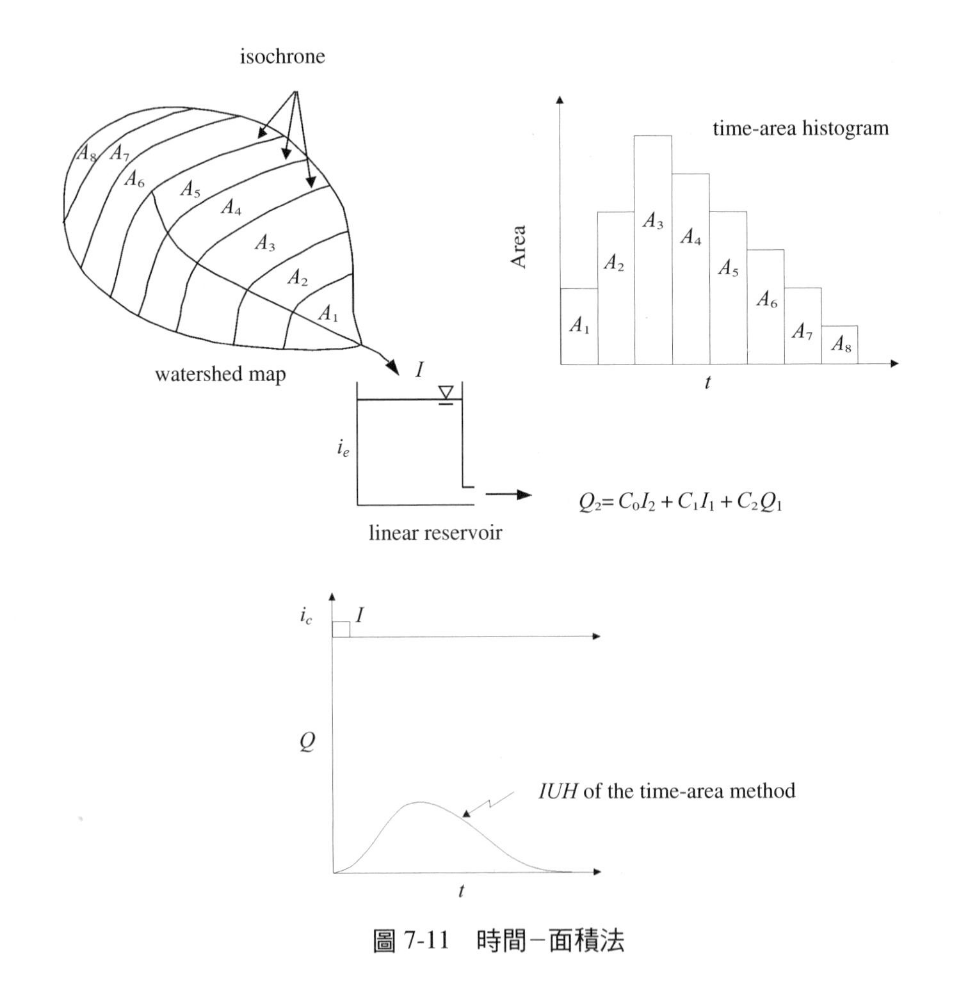

圖 7-11　時間－面積法

一個線性水庫，所以利用（7-18）式可得$S_1 = KQ_1$與 $S_2 = KQ_2$，將其代入（7-29）式，可得

$$Q_2 = C_0 I_2 + C_1 I_1 + C_2 Q_1 \tag{7-30}$$

式中

$$C_0 = C_1 = \frac{\Delta t}{2K + \Delta t} \tag{7-31}$$

$$C_2 = \frac{2K - \Delta t}{2K + \Delta t} \tag{7-32}$$

故若以集水區之時間－面積圖為入流歷線，再應用（7-30）至（7-32）式即可求得時間－面積法之瞬時單位歷線。

由於逕流歷線退水段之反曲點 (inflection point) 表示地表逕流之終點，此時可視為系統入流已經停止(即 $I=0$)，因此由水流連續方程式與線性水庫之貯蓄方程式可得

$$-Q = \frac{dS}{dt} = K\frac{dQ}{dt} \tag{7-33}$$

所以可應用歷線反曲點之水文量，推求集水區之K值如下

$$K = -\frac{Q_{inf}}{\frac{dQ_{inf}}{dt}} \tag{7-34}$$

式中 Q_{inf} 為反曲點位置之流量值；dQ_{inf}/dt 為反曲點位置之歷線斜率。

歸納以上所述，應用時間－面積法進行集水區降雨逕流演算之步驟，可分述如下：

⑴收集集水區地形圖與水文紀錄資料；

⑵在地形圖上劃分等時區，以繪製時間－面積圖；

⑶由水文紀錄配合（7-34）式以推求K值；

⑷以時間－面積圖為入流條件，代入（7-30）式求得瞬時單位歷線；

⑸利用（7-26）式計算降雨延時為 T 的單位歷線；

(6)以 7.4.4 節所述之方式，利用有效降雨推求直接逕流量。

例題 7-8

某集水區面積為135 km^2，發生一場連續 2 小時降雨，降雨量分別為 20 mm/hr 與 10 mm/hr。若該集水區之蓄水常數$K=2\ hr$，集水區之時間－面積圖如下表所列。試利用時間－面積法，以計算時距$\Delta t=1\ hr$推求直接逕流歷線。

時間(hr)	0-1	1-2	2-3	3-4	4-5	5-6	6-7	7-8	8-9	9-10
面積(km^2)	0	10	20	30	25	20	15	10	5	0

解：

下頁表中第(1)、第(2)與第(3)欄位為已知，其它欄位可依下述步驟分析。在下列計算需注意的是，舉凡公式中下標為 1 者，表示與計算時刻同屬一列；而下標為 2 者，表示為計算時刻的下一列：

1. 已知$K=2\ hr$，$\Delta t=1hr$，所以時間－面積法之參數為

$$C_0=C_1=\frac{\Delta t}{2K+\Delta t}=\frac{3600}{2(2\times 3600)+3600}=0.2\text{；}$$

$$C_2=\frac{2K-\Delta t}{2K+\Delta t}=\frac{2(2\times 3600)-3600}{2(2\times 3600)+3600}=0.6\text{；}$$

2. 第(4)欄位代表 1cm水深所產生之逕流歷線，所以進行單位轉換

第(4)欄位＝第(3)欄位 $\times$ 0.01 $\times$ 10^6/3600；

3. 第(5)欄位為C_0I_2，即

0.2 $\times$ 第(4)欄位$_{(t+1)}$＝第(5)欄位$_{(t)}$

例如，當$t=0$時，$0.2\times 27.8=5.6\ m^3/s$；

(1) 時間 (hr)	(2) 有效降雨強度 (mm/hr)	(3) Time area histogram (km^2)	(4) Time area histogram (m^3/s)	(5) $0.2I_2$ (m^3/s)	(6) $0.2I_1$ (m^3/s)	(7) $0.6Q_1$ (m^3/s)	(8) $u(t)$ (m^3/s)	(9) $u(t)$ lagging 1hr (m^3/s)	(10) $u_1(t)$ (m^3/s)	(11) $2\times u_1(t)$ (m^3/s)	(12) $1\times u_1(t)$ lagging 1hr (m^3/s)	(13) 直接逕流 (m^3/s)
0	—	0	0	5.6	0	0	0*		0	0		0
1	20	10	27.8	11.1	5.6	3.4	5.6	0	2.8	5.6	0	5.6
2	10	20	55.6	16.7	11.1	12.1	20.1	5.6	12.9	25.8	2.8	28.6
3		30	83.3	13.9	16.7	23.9	39.9	20.1	30.0	60.0	12.9	72.9
4		25	69.4	11.1	13.9	32.7	54.5	39.9	47.2	94.4	30.0	124.4
5		20	55.6	8.3	11.1	34.6	57.7	54.5	56.1	112.2	47.2	159.4
6		15	41.7	5.6	8.3	32.4	54.0	57.7	55.9	111.8	56.1	167.9
7		10	27.8	2.8	5.6	27.8	46.3	54.0	50.2	100.4	55.9	156.3
8		5	13.9	0	2.8	21.7	36.2	46.3	41.3	82.6	50.2	132.8
9		0	0	0	0	14.7	24.5	36.2	30.4	60.8	41.3	102.1
10				0	0	8.8	14.7	24.5	19.6	39.2	30.4	69.6
11				0	0	5.3	8.8	14.7	11.8	23.6	19.6	43.2
12				0	0	3.2	5.3	8.8	7.1	14.2	11.8	26.0

*第一個$u(t)$為假設值，因起始時刻尚未有出流量，故通常假設$u(0)=0$。

4. 第(6)欄位為C_1I_1，即

$$0.2\times 第(4)欄位_{(t)}=第(6)欄位_{(t)}$$

例如，當$t=0$時，$0.2\times 0=0\ m^3/s$；

5. 第(7)欄位為C_2Q_1，即

$$0.6\times 第(8)欄位_{(t)}=第(7)欄位_{(t)}$$

例如，當$t=1$時，$0.6\times 0=0\ m^3/s$；

6. 第(8)欄位的第一個值為假設，其餘項為

第(5)欄位$_{(t)}$ + 第(6)欄位$_{(t)}$ + 第(7)欄位$_{(t)}$ = 第(8)欄位$_{(t+1)}$

例如，當 $t=0$ 時，$5.6+0+0=5.6\ m^3/s$；

7. 第(9)欄位為第(8)欄位挪後 1 小時之瞬時單位歷線；
8. 第(10)欄位是將瞬時單位歷線轉換為 1 小時單位歷線，即

第(10)欄位 = 0.5 × [第(8)欄位 + 第(9)欄位]：

9. 第 1 小時之有效降雨量為2*cm*，故將第(10)欄位乘以 2，得第(11)欄位之值：
10. 第 2 小時之有效降雨量為1*cm*，故將第(10)欄位乘以 1，並向後挪移 1 小時，得第(12)欄位之值：
11. 集水區出口處之直接逕流為第 1 小時降雨與第 2 小時降雨，所產生之直接逕流的總合，即

第(13)欄位 = 第(11)欄位 + 第(12)欄位。 ◆

7.6 合成單位歷線

7.4 節與 7.5 節所述之單位歷線或瞬時單位歷線法，均需利用集水區水文紀錄資料以建立集水區逕流模式。然而水資源工程規劃地區，往往無流量紀錄可供分析，因此需藉由鄰近有紀錄集水區之水文紀錄資料，配合所欲推求集水區之地文特性，以求得降雨逕流關係。此種利用鄰近集水區水文紀錄資料，以建立無紀錄集水區單位歷線之方式，稱為合成單位歷線法(synthetic unit hydrograph)。

合成單位歷線法一般是利用集水區地文因子，求得集水區之稽延時間 t_L (lag time)，而後建立稽延時間與歷線基期 t_b (base time) 之關係。一般常用的有 *SCS* 法與 Snyder 法，茲分述如下。

7.6.1 美國水土保持局三角形歷線法

美國水土保持局 (Soil Conservation Service, 1957) 發展三角形無因次單位歷線，以推求無紀錄地區之降雨逕流關係。如圖 7-12 所示，所謂的稽延時間是指有效降雨中心至直接逕流歷線尖峰之時距。經由水文紀錄分析，得到美洲地區之集水區稽延時間為

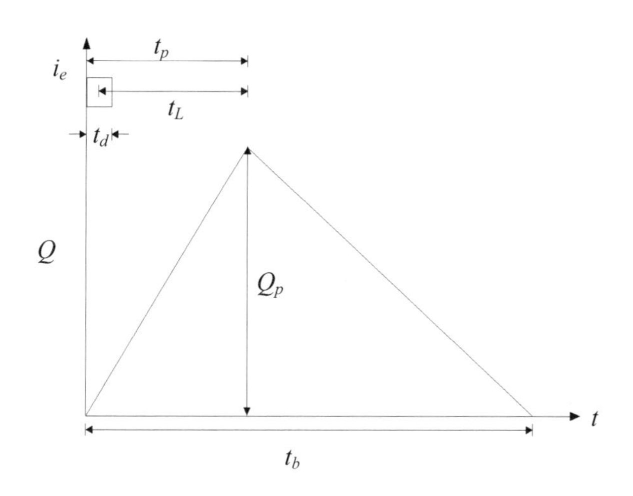

圖 7-12 三角形合成單位歷線

$$t_L = 0.000526 \frac{L^{0.8}}{S^{0.5}} \left(\frac{1000}{CN} - 9\right)^{0.7} \tag{7-35}$$

式中 t_L 為稽延時間(hr)；L 為集水區長度(ft)；S為集水區平均坡度（%）；CN為不同土壤形態與土地利用的曲線值（詳見第五章）。由圖 7-12 可以看出

$$t_p = \frac{1}{2} t_d + t_L \tag{7-36}$$

式中 t_p 為三角形單位歷線之尖峰到達時間；t_d 為降雨延時(hr)。如圖所示，三角形單位歷線之尖峰為

$$Q_p = \frac{2\,Vol}{t_b} \tag{7-37}$$

式中Vol為三角形單位歷線之體積；t_b 為三角形單位歷線之基期時間。美國水土保持局分析水文紀錄資料顯示

$$t_b = 2.67 t_p \tag{7-38}$$

因此，若此三角形單位歷線為1.0 $inch$超量降雨所產生之歷線，則

$$\begin{aligned} Q_p &= \frac{0.75\,Vol}{t_p} \\ &= \frac{484A}{t_p} \end{aligned} \tag{7-39}$$

式中 Q_p 為尖峰流量（ft^3/s）；A 為集水區面積（mi^2）；t_p 為歷線之尖峰到達時間(hr)。Capece et al. (1984) 發現在地勢平緩且地下水位較高之集水區，（7-39）式中之係數可由 484 降低至 10 ~ 50，故使用此方法應多加謹慎。

7.6.2 史奈德法

史奈德 (Snyder, 1938) 利用阿帕拉契高地 (Appalachian Highlands) 面積為 10 mi^2 ~ 1000 mi^2 的集水區水文紀錄得到稽延時間關係式為

$$t_L = C_t\,(L\,L_{ca})^{0.3} \tag{7-40}$$

式中 t_L 為稽延時間(hr)；C_t 為集水區坡度與貯蓄特性之係數，其值範圍在 1.8 ~ 2.2 間，平均值約為 2.0；L為分水嶺至集水區出口之主河道長度（$mile$）；L_{ca}為主河道上距離集水區重心位置最近之點至集水區出口的距離（$mile$）。而合成單位歷線之基期時間為

$$t_b = 3 + \frac{t_L}{8} \tag{7-41}$$

式中 t_b 為合成單位歷線基期（*day*）。

（7-41）式在大集水區尚稱合理，但在小集水區則有高估之嫌。對於小集水區可採用 3~5 倍的尖峰時間為基期。此合成單位歷線之尖峰流量公式為

$$Q_P = \frac{640 C_p A}{t_L} \tag{7-42}$$

式中 Q_p 為尖峰流量(*cfs*)；A 為集水區面積(mi^2)；t_L 為稽延時間(*hr*)；C_p 為集水區貯蓄狀況之係數，範圍自 0.4 ~ 0.8；當集水區有較大的 C_p 值，則其 C_t 值往往較小。為避免此合成單位歷線為三角形歷線，故美國陸軍兵工團分別於歷線 50%與 75%的尖峰流量位置，取其時間軸寬度為

$$W_{50} = \frac{830}{(Q_P/A)^{1.1}} \tag{7-43}$$

$$W_{75} = \frac{470}{(Q_P/A)^{1.1}} \tag{7-44}$$

式中 W_{50} 與 W_{75} 分別表示 50%與 75%尖峰流量之時間軸寬度（如圖 7-13）；此時間軸寬度應在尖峰兩側成 1：2 之比例。

上述方式所產生之合成單位歷線，其所對應的降雨延時為

$$t_d = \frac{t_L}{5.5} \tag{7-45}$$

式中 t_d 為有效降雨延時(*hr*)。若欲改變降雨延時，則可經由下式更動原歷線之稽延時間為

$$t'_L = t_L + 0.25\,(t'_d - t_d) \tag{7-46}$$

式中 t'_L 為修正後之稽延時間(*hr*)；t'_d 為所欲變更之降雨延時(*hr*)。

上述無論是美國水土保持局法（*SCS* method）或是史奈德法 (Snyder

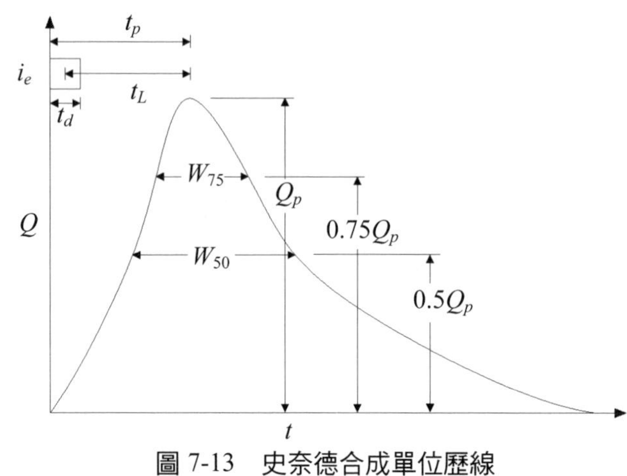

圖 7-13　史奈德合成單位歷線

method)，均是利用特定集水區水文與地文資料以建立降雨逕流關係。因此模式應用集水區，應侷限於與原特定集水區相近之水文與地文特性，否則將導致較大的模擬誤差。新近發展以集水區地貌為基礎的逕流模式 (Rodrigue-Iturbe and Valdes, 1979)，配合以適當水流運動機制後，其適用性較為廣泛 (Lee and Yen, 1997)，可作為無紀錄地區進行水資源工程規劃地區之依據。

參考文獻

Capece, J. C., K. L. Campbell, and L. B. Baldwin, (1984) , "Estimating Runoff Peak Rates and Volumes from Flat, High-Water-Table Watersheds," Paper no. 84-2020, ***ASAE***, St. Joseph, Missouri.

Chow, V. T., (1959). ***Open Channel Hydraulic***, McGraw-Hill Book Co., New York.

Chow, V. T., D. R. Maidment, and L. W. Mays, (1988). ***Applied Hydrology***, McGraw-Hill Book Co., New York.

Clark, C. O. (1945). "Storage and the unit hydrograph," ***Tran., ASCE.,*** 110 (2261) , 1419-1446.

Henderson, F. M., and Wooding, R. A. (1964). "Overland flow and groundwater flow from a steady rainfall of finite duration," ***J. Geophys. Res***., 69 (8) , 1531-1540.

Hydrologic Engineering Center, (1990). "HEC-1 Flood hydrograph package: User's manual and programmer's manual," U. S. Army Corps of Engineers Davis, California.

Kirpich, Z. P. (1940). "Time of concentration of small agricultural watersheds," ***Civil Engrg***., 10 (6) , 362

Lee, K. T., and Yen, B. C. (1997). "Geomorphology and kinematic-wave based Hydrograph derivation," ***J. Hydr. Engrg., ASCE***, 123 (1), 73-80.

Nash, J. E., (1957). "The form of the instantaneous unit hydrograph," ***IASH publication*** no. 45, vol.3-4, 114-121.

Ponce, V. M. (1989). ***Engineering Hydrology-Principles and Practices***, Prentice Hall.

Rodriguez-Iturbe, I., and Valdes J. B. (1979). "The geomorphologic structure of hydrologic response," ***Water Resour. Res***., 15 (6) , 1409-1420.

Sherman, L. K. (1932). "Streamflow from rainfall by the unit-graph method," ***Eng. New-Rec***., 108, 501-505.

Snyder, F. F., (1938). "Synthetic unit-graphs," ***Trans. Am. Geophys. Union***, 19, 447-454.

Soil Conservation Service, (1957). "Use of Storm and Watershed Characteristics in Synthetic Hydrograph Analysis and Application," U.S. Department of Agriculture, Washington, D. C.

Soil Conservation Service, (1975). "Urban Hydrology of Small Watersheds," Technical Release 55, Washington, D. C. (updated, 1986)

Wooding, R. A. (1965). "A hydraulic model for the catchment-stream problem, Ⅰ. Kinematic-wave theory," ***J. Hydrol***., 3 (3), 254-267.

習　題

1. 解釋名詞：

⑴集流時間（time of concentration）。（87 淡江水環轉學考，85 水利高考三級， 84 水利檢覈）

⑵合理化公式（rational formula）。（87 屏科大土木，87 淡江水環轉學考，84 中原土木）

⑶逕流係數（runoff coefficient）。（80 中原土木）

⑷單位歷線（unit hydrograph）。（85 屏科大土木）

⑸瞬時單位歷線（instantaneous unit hydrograph）。（81 環工專技）

⑹時間－面積圖（time-area histogram）。（82 水利交通事業人員升資考試）

⑺合成單位歷線（synthetic unit hydrograph）。（86 屏科大土木）

⑻流域稽延時間（basin lag）。（88 水利中央簡任升等考試）

⑼#黑盒分析（black-box analysis）。（82 水利高考二級）

⑽#水文預報（hydrologic forecasting）。（82 水利中央簡任升等考試）

2. 某停車場依逕流到達出口處所需時間，可劃分為四個小區。每個小分區所佔面積均為2500 m^2，且逕流於每分區流動所需時間為10min。若入滲損失可予以忽略，試推求降雨強度為1 cm/hr，降雨延時分別為㈠ $t_d = 30\ min$，㈡ $t_d = 50\ min$，情況下之出流歷線圖（流量請用 m^3/s表示）。（87 海大河工）

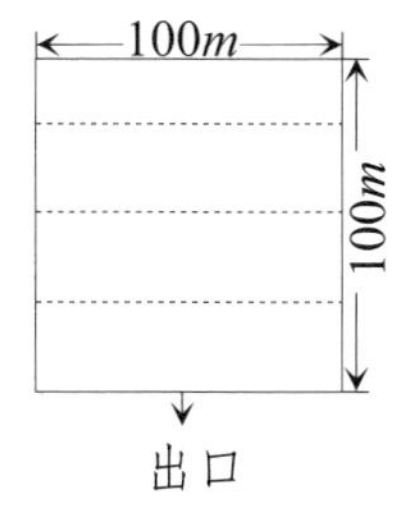

3. 有一 60°扇形小集水區，若忽略瀦蓄效應不計，並設：

㈠歷線單元之上升段與退水段均呈線性變化。

㈡流達時間（Travel time）與距出口距離成正比。

㈢降雨延時等於集流時間（t_c）。

試描繪出口處之出流歷線。（86 水利高考三級）

4. 合理化公式（rational formula）之假設條件為何？（89 水利檢覈）

5. 分析某停車場修建完畢後所造成之五年頻率之洪峰流量為該區域原來為草地時之洪峰流量的幾倍？請使用合理化公式推估。假設草地之C值為 0.6，草地之水流速度為 0.1 m/s；停車場之 C 值為 1，停車場之水流速度為0.2 m/s。排水口位於長邊的中點，水流方向如圖示，此地區降雨之 IDF 曲線見附圖。（87 中央土木）

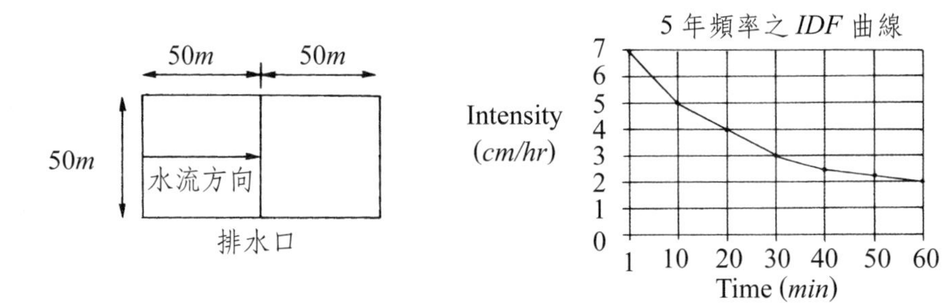

6. 有一新闢社區，面積為 0.85 km^2，若區內平均坡度為 0.006，今擬設計一能排除復現期為 25 年之排水溝渠，而據以往數據分析，25 年復現期之最大雨深與延時關係，以及全區土地之使用狀況對應之逕流係數如表一、表二，倘區內水流最長行經距離為950 m，且集流時間可按下式（Kirpich 公式）計算，試以合理法公式（Rational formula）推求 25 年復現期之尖峰流量（以 cms 表之）？（85 水利專技）

表一

延時（min）	5	10	20	30	40	60
最大雨深（mm）	17	26	40	50	57	62

$t_c(min) = 0.01947(L/S^{0.5})^{0.77}$　L 單位為 m

表二

土地利用	面積（ha）	逕流係數
道路	8	0.17
草地	17	0.10
住宅區	50	0.30
商業區	10	0.80

$1\ ha = 10^{-2}\ Km^2$

7. 某擬開發之新市鎮面積有20 km^2，其中住宅區有9 km^2，商業區有7 km^2，4 km^2為綠地，已知各區之逕流係數如下表，假設雨水由該新市鎮之最遠端到達擬規劃興建之下水道入口需時10 min，而下水道長為3000 m，其設計流速為1.5 m/sec，若雨量強度 i 可按右式：$i(mm/hr) = 1851/[t(min)+19]^{0.7}$計算，試以合理法公式推求下水道出口之尖峰流量($cms$)？（89 成大水利）

地目	住宅區	商業區	綠地
逕流係數	0.4	0.7	0.2

提示：$Q_p = C \times i \times A \quad C = \dfrac{\sum c_i \times a_i}{\sum a_i}$

8. #如圖示，假想之扇形集水區，其主要河川長度$L_0 = 10\ km$，平均河川坡度$s = 0.005$，降雨強度（i，mm/hr）-延時（t，$mins$）-頻率（T，$years$）關係可表示如下：

$$i = \frac{25T^{0.45}}{(t+3)^{0.65}}$$

且集流時間(tc，hrs)可表示如：

$$t_c = 0.005\left(\frac{L_0}{\sqrt{S}}\right)^{0.64} \quad (L_0：m；s：\%)$$

試求：㈠該集水區之密集度 c、圓比值 M 及細長比 E。

㈡假設該集水區之平均逕流係數 $C_r = 0.6$，該地區 50 年及 5 年重現期距洪水之設計流量。（89 水利專技）

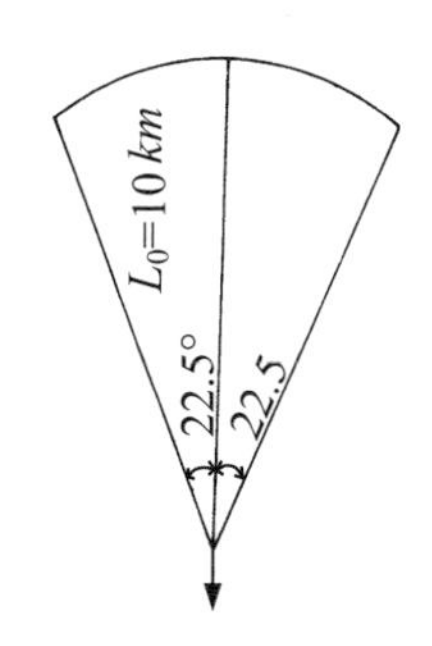

9.某流域內經由連續三場有效降雨延時皆為 1 小時之有效雨量為 0.6、1.8、1.2cm 所形成之直接逕流量如下：

時間t，hr	0	1	2	3	4	5	6	7	8	8	10
直接逕流量$DR(t)$，cms	0	18	90	174	186	150	114	78	42	12	0

如將此三場總有效雨量 3.6cm視為一場 3 小時之均勻有效降雨，則其形成之直接逕流量 $DR(t)$ 將變為何？（89 中原土木）

10.某線性水文系統之輸入函數為 2, 6, 1，其輸出函數為 0, 4, 14, 8, 1, 0，試以矩陣（matrix）法推求其核心函數（kernel function）。（85 水利檢覈）

11.某流域的有效雨量為1/2 cm/hr，歷時 6 小時，其直接逕流歷線如下表所示：

時間 (hr)	0	1	2	3	4	5	6	7	8	9	10	11
流量 (cms)	0	20	60	140	200	160	120	80	60	40	10	0

㈠求 6 小時單位歷線。

㈡求該流域面積(km^2)。（86 水利專技）

12.由某流域過去最大洪水記錄知其 3 小時之最大總降雨量為 120 mm，入滲指數 $\Phi = 5\ mm/hr$。下圖為其由 1 小時有效降雨延時及 1 cm 超滲降雨所形成之單位歷線 $U(1,t)$，試求：

㈠該流域之面積，以 km^2 表示。

㈡該流域由 3 小時最大降雨所形成之洪水歷線及洪峰流量。

假設河川之基流量為 30 cms。（88 水保工程高考三級）

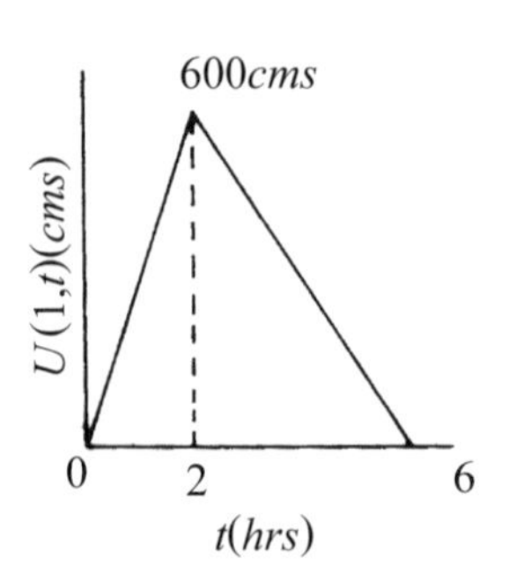

13. 圖為某一集水區由 1 cm 有效降雨及 1 $hour$ 延時所形成之單位歷線，$U(1,t)$。今有兩場降雨降落於該集水區上，第一場降雨之雨量為5.8cm，延時為 2 小時，雨中斷 1 小時後，又降下第二場雨，其雨量為 3.9cm，延時為 1 小時。假設該集水區之 Φ 指數為 0.9 cm/hr，河川之基流量為 10 cms，試求：
㈠該集水區之面積，以平方公里表示。
㈡兩場降雨降落於該集水區之平均逕流係數C。
㈢由該二場降雨所形成之河川流量歷線 $Q(t)$。（84 水利專技）

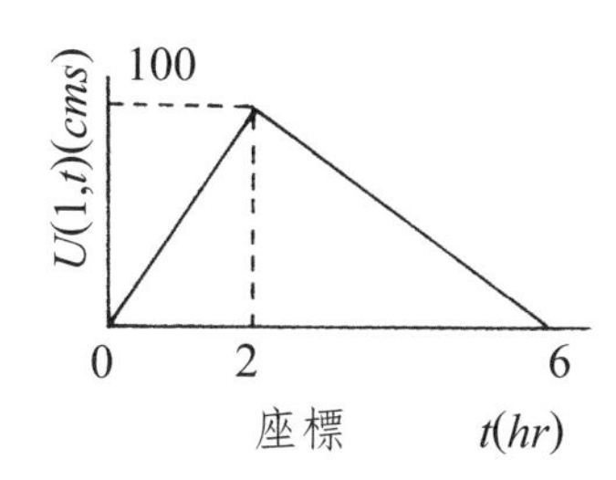

14. 某集水區2 hr降雨所造成之三角形單位歷線的時間基期為4 hr，歷線上昇段為 1 hr，歷線尖峰為0.5 cm。若此集水區發生兩場延時均為 2hr，總降雨量先後分別為1.0 cm與4.0 cm之暴雨，且此兩場暴雨中間停歇1 hr。若此集水區之平均入滲損失為 0.5 cm/hr，試繪圖表示此集水區之總逕流歷線。（88 海大河工）

15. 某集水區，其延時二小時，10 mm有效降雨之單位歷線如下表所示：

時間(hr)	0	1	2	3	4	5	6
單位歷線 $U(2,t)$, cms	0	5	30	40	20	5	0

若此集水區有一場暴雨，其有效降雨量為 30 mm，延時為 3 小時，若此有效降雨在空間與時間分佈上係均勻一致的，試計算此有效降雨所形成之直接逕流。（83 水保檢覈）

16. 某集水區發生一場延時 4 小時之均勻降雨，降雨強度為 1cm/hr，若入滲率可依荷頓氏（Horton）公式表示為：

$$f(t)=f_c+(f_0-f_c)e^{-kt}$$

式中，$f_0=1\ cm/hr$，$f_c=0$，$k=8\ hr^{-1}$，t：hrs。

又假設該地區之瞬時單位歷線可表示為：

$$U(0,t)=\lambda e^{-\lambda t}，\lambda=0.5\ hr^{-1}$$

試計算該集水區於 $t=3\ hr$ 之地表逕流量，以 cm/hr 表示。（82 水利中央簡任升等考試）

17.某集水區由 1 公分有效降雨及 3 小時延時所形成之單位歷線，$U(3,t)$ 如下：

時間 (hrs)	0	1	2	3	4	5	6	7	8	9	10
$U(3,t)$ (cms)	0	2	7	17	33	42	39	25	11	4	0

試求：㈠該集水區之面積，以公頃表示。

㈡設該集水區降下一場延時為 4 小時之雨量，其第 1 小時之降雨強度為 $2.5\ cm/hr$，第 2、3 及 4 小時之降雨強度均為 $3.5\ cm/hr$，且已知入滲 Φ 指數為 $5\ mm/hr$，河川基流量為 $20\ cms$，試計算該集水區由於該場降雨所形成之逕流歷線。（81 水利專技）

18.經過 40 年轉變，某一農業集水區漸次都市化。在都市化前，該集水區之平均降雨損失為 $5\ mm/hr$；都市化後，降雨平均損失減為 $2\ mm/hr$。假設該集水區都市化前後之 $1\ cm$ 超滲降雨及 1 小時有效降雨延時之單位歷線 $U(1,t)$ 如下：

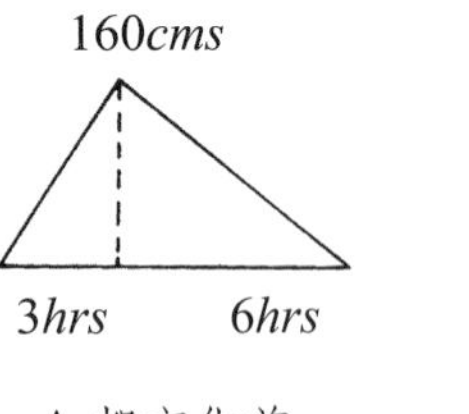

A.都市化前

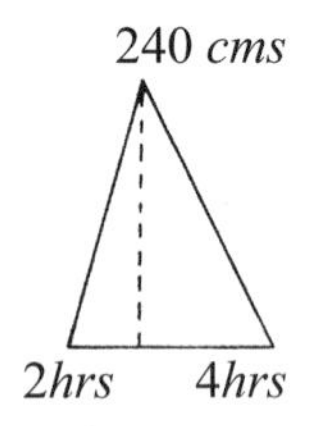

B.都市化後

試求：㈠該集水區之面積，以 km^2 表示。

㈡在已知臨前水文條件下，該區都市化前後之逕流係數。

㈢設有二場降雨落於該區，第一場降雨延時為 3 小時，降雨6 *cm*，中斷 2 小時後，又降下第二場雨，其延時為 2 小時，雨量為4 *cm*。假設均勻之降雨損失率，且河川之基流量為 20*cms*，試分別推求都市化前後該區之洪水歷線。（83 水保專技）

19. 何謂瞬時單位歷線？並說明各種推求瞬時單位歷線的方法。（82 水利高考一級）

20. 試推導那徐氏（Nash）瞬時單位歷線。（88 台大土木，88 中原土木，84 水利高考二級）

21. 試推導線性水庫中計算n、K值之公式。

22. 如圖所示，線性水庫輸入$I_1=I_2=0.5$，線性水庫蓄水常數$K_1=K_2=K$，試推求該二個串連線性水庫之出流歷線$Q(t)$。（84 水利專技）

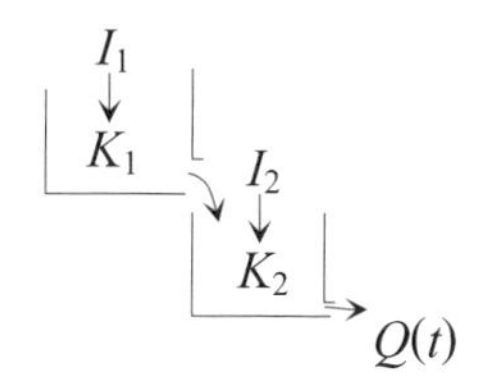

23. 某集水區之面積為600 Km^2，已知其線性蓄水常數$K=2\ hrs$，伽瑪函數因子$N=3$，試應用那徐氏（Nash）概念水庫模式推求該集水區之瞬時單位歷線$U(0,t)$及 2 小時有效降雨延時所形成之單位歷線$U(2,t)$。（83 水利金馬地區薦任升等考試）

24. 已知瞬時單位歷線（Instantaneous Unit Hydrograph）為$h(t)=e^{-t}\ mm/hr$，當降雨強度$i(t)=2\ mm/hr$，其中$0\le t\le 10\ hrs$，求$t=0,1,2,3,4,5$小時之流量。（88 淡江水環）

25. 已知某水庫上游集水區 1 公分超滲降雨之瞬時單位歷線（*IUH*）如下表。當該集水區承受一場降雨延時 3 小時，超滲降雨（rainfall excess）為 6 公分時，試計算該場降雨之直接逕流歷線？及該場降雨為水庫帶進多少逕流量？（87 成大水利）

時間（小時）	0	1	2	3	4	5	6	7	8	9
流量(m^3/sec)	0	10	35	50	40	30	20	10	5	0

26.某一流域之面積為1040 km^2，其 9 小時等時線（Isochrones）如下表所示。試以集水區演算法（watershed routing），推求：
㈠瞬時單位歷線$U(0,t)$。
㈡ 3 小時有效降雨延時之單位歷線$U(3,t)$。
假設該流域之蓄水常數$k=8$小時及時間稽延$t_L=9$小時。（88 水利高考三級）

時間 (*hrs*)	1	2	3	4	5	6	7	8	9
面積 (km^2)	40	100	150	180	160	155	140	80	35

27.某一集水區可以兩個長方形地表面與一渠道表示，長方形之長寬為 $150\,m \times 100\,m$ 與 $150\,m \times 50\,m$，渠道長為$150\,m$，如圖示。假設地表面之水流速度為$1\,m/sec$，渠道之水流速度為$2\,m/sec$。試繪製該集水區之瞬時單位歷線。（85 水利省市升等考試）

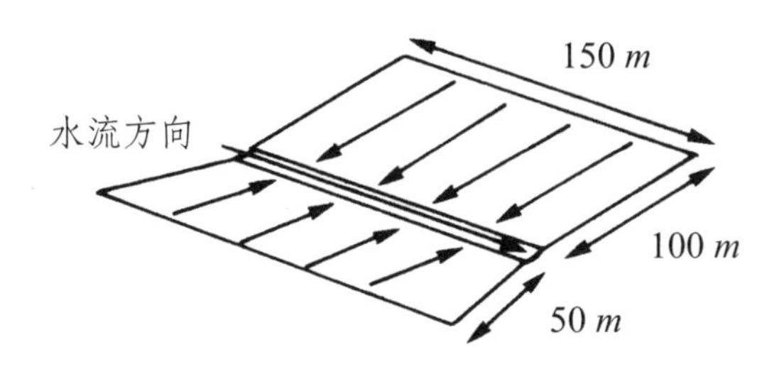

28.已知某流域面積$100\,mile^2$，平均坡降$100\,ft/mile$，河川主流長度$18\,mile$ ($1\,mile=5280\,ft$)，經查該流域之曲線數（curve number）$CN=78$，而稽延時間可以按下式計算

$$t_l=\frac{L^{0.8}(S+1)^{0.7}}{1900W^{0.5}}$$

其中t_l：稽延時間(hr)；L：主流長度(ft)；W：平均坡降（%）；$S=(1000/CN)$

－10。試利用 SCS 法繪製有效降雨延時為 1.6 小時之單位歷線？（89 水利檢覈）

29.[#]何謂無因次單位歷線？何謂分佈歷線？

30.[#]㈠試參照圖一之設計降雨，以合理化公式計算設計洪峰流量（已知逕流係數為 0.8，流域面積為 $10\ Km^2$，集流時間為 90 分鐘）。

㈡利用圖一之設計降雨和圖二之分佈歷線，繪出其流量歷線。（已知流域面積為 $18\ Km^2$，有效降雨率為 100%）（88 水利中央薦任升等考試）

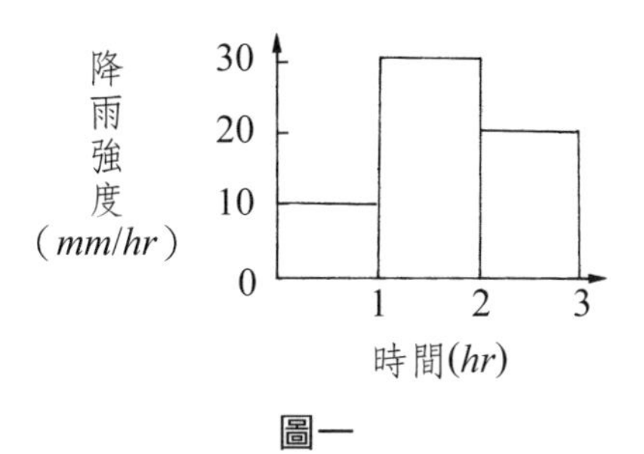

圖一

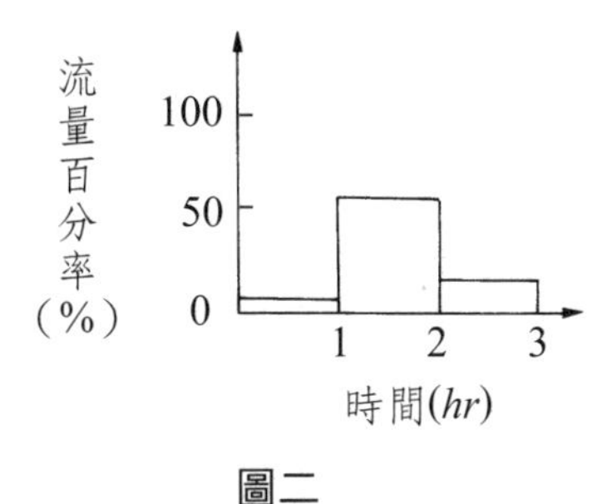

圖二

CHAPTER 8

水庫演算與河道演算

所謂的水庫演算 (reservoir routing) 或是河道演算 (channel routing)，是以水庫或河道為獨立系統，分析洪水波在此系統內之運移情形。在進行大型集水區降雨逕流分析時，往往需先將集水區劃分為數個中型集水區，而後進行降雨逕流演算；然而此數個中型集水區之出流歷線如何串接，則是本章所要談論的主題。如圖 8-1a 所示，一個大型集水區可依河川網路劃分為五個次集水區，圖中的每一個次集水區都可應用第七章的集水區降雨逕流演算法進行計算，而圖中河道 A 與河道 B 的逕流演算方式則是本章所謂的河道演算法。有時集水區出口處設置有水庫（如圖 8-1b 所示），則水庫區之逕流演算方式稱為水庫演算。因此相對於（7-1）式，水庫或河道演算之連續方程式可以表示為

$$(\text{水庫或河道之輸入水量})-(\text{水庫或河道之輸出水量})=\frac{dS}{dt} \tag{8-1}$$

在水庫或河道逕流演算過程中，系統輸入水量為水庫或河道的上游入流量；而系統輸出水量為水庫或河道的下游出流量；S 則表示逕流過程中，暫時蓄積於水庫或河道中之水量。

8.1 洪水波運移特性

相對於 7.5.2 節應用時間－面積法以模擬集水區之降雨逕流過程，洪水波 (flood wave) 在水庫或河道運移過程中，亦包含傳遞效應 (translation effect) 與貯蓄效應 (storage effect)。如圖 8-2 所示，所謂的傳遞效應可解釋為水流沿主流方向之流動現象，而貯蓄效應則可解釋為水流往主流兩側之流動現象。因此傳遞效應是一種水體質量由上游往下游迅速移動之逕流集中現象 (runoff concentration)，而貯蓄效應則是水體質量暫時貯積於主流區兩側之逕流擴散現象 (runoff diffusion)。

如圖 8-2 所示，傳遞效應與貯蓄效應可以由逕流歷線從上游傳至下游，

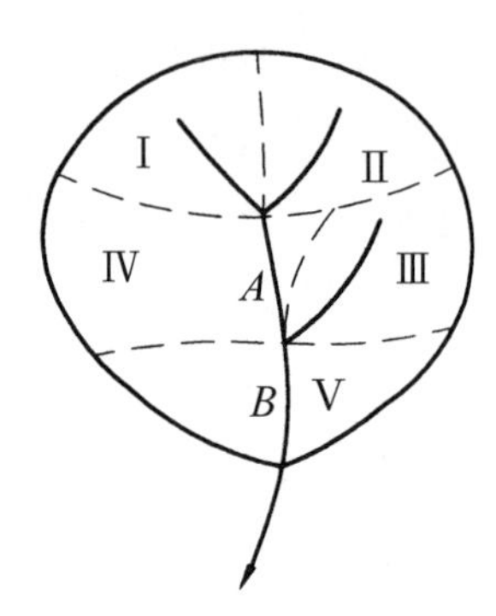

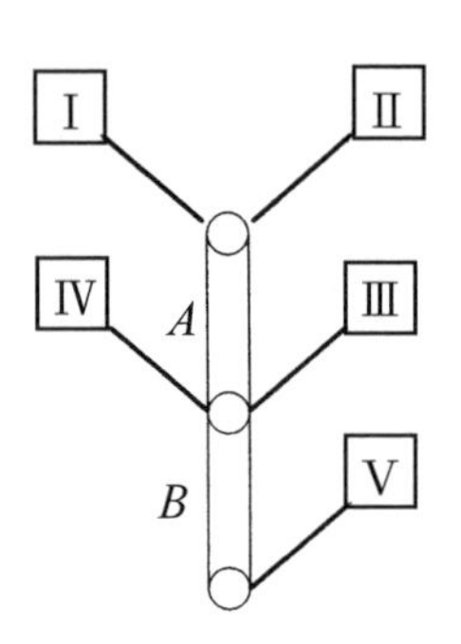

(a) watershed without reservoir

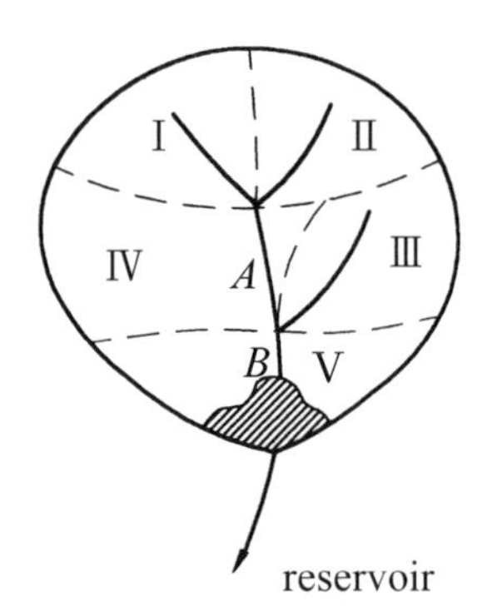

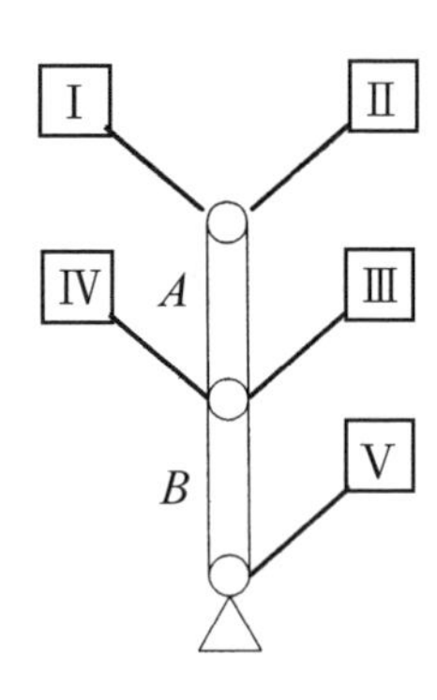

(b) watershed with reservoir

watershed routing

channel routing

reservoir routing

combination

圖 8-1　次集水區劃分與逕流演算

所造成歷線形狀的改變觀察而得知。圖中顯示水庫或河道之下游出流歷線重心較上游入流歷線重心延後，此為傳遞效應所致；而圖中下游出流歷線之尖峰較上游入流歷線之尖峰為平緩，此則為貯蓄效應所致。若欲正確掌握洪水波運移過程歷線重心之延後與尖峰消減情形，則需以水流連續方程式（8-1 式），配合貯蓄方程式作精確的計算。

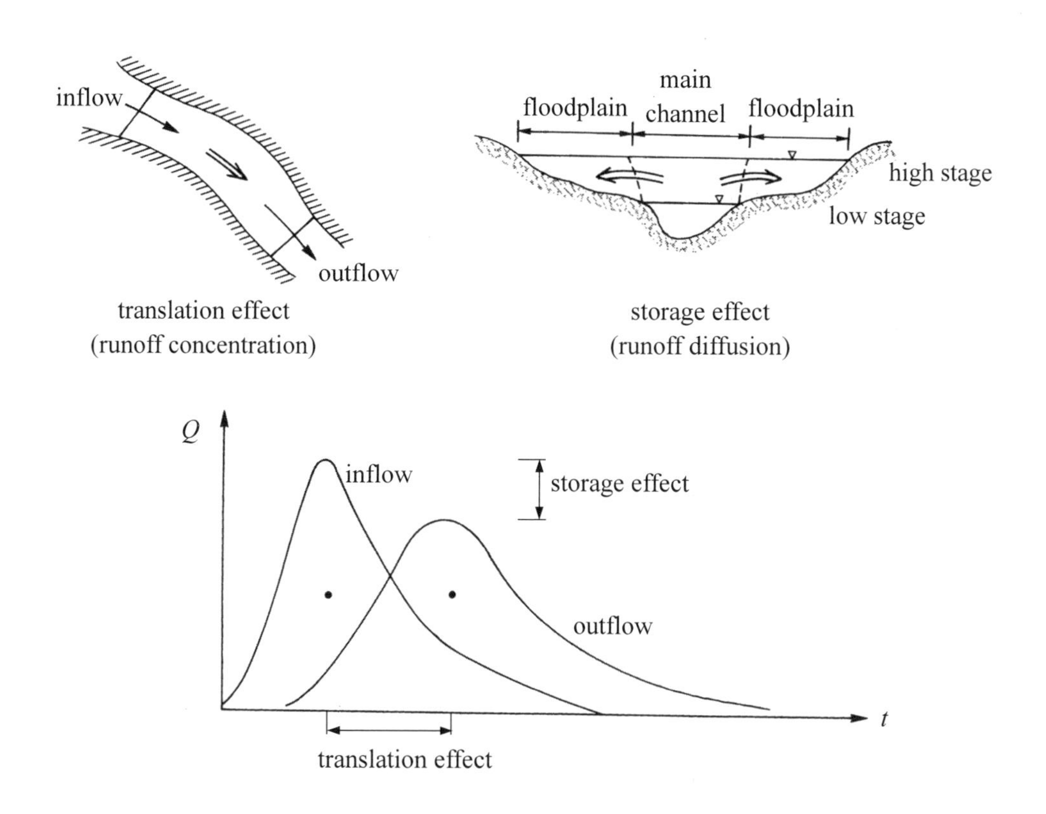

圖 8-2 逕流傳遞效應與貯蓄效應

對一個水庫或河道而言，貯蓄量必然是與上游入流量或是下游出流量有關的函數。由於水庫區之水體體積龐大，因此通常可將庫區水面假設為水平；若水庫出口為自由堰流 (uncontrolled weir flow) 或是孔口流 (orifice flow) 情況下，則依照流體力學理論公式可將水庫出流量 Q 表示為水庫水位 H 的函數。例如堰流公式 $Q=CLH^{3/2}$，式中 C 為常數，L 為堰頂寬度；孔口流公式 $Q=CA\sqrt{2gH}$，式中 C 為常數；A 為孔口截面積；g 為重力加速度。此外，因為水庫貯蓄量 S 亦是水庫水位 H 的函數，所以合併這兩個函數關係，可將水庫演算中之貯蓄方程式表示為

$$S=f(Q) \tag{8-2}$$

此種演算方式是假設水庫水面為水平情況，因此稱為平池演算法 (level pool routing)。由（8-2）式可知，水庫貯蓄量 S 與水庫下游出流量 Q 為一對一的簡單關係（如圖 8-3a 所示）。

相對於水庫區之龐大水體體積，河道中所能貯蓄之水量則明顯地較小。所以河道上游入流量 I 與下游出流量 Q，對於河道中的水面坡度造成明顯的影響；因此河道中之貯蓄量應表示為

$$S=f(I,Q) \tag{8-3}$$

由於河道貯蓄量同時受上游入流量 I 與下游出流量 Q 之影響，因此貯蓄量與下游出流量將不再是一對一關係，而在洪水上漲與退水過程，呈現如圖 8-3b 之迴圈形狀 (loop)。

歸納上述洪水波運移特性可知，在面積寬廣且蓄水體積龐大的水庫，其水庫水面幾近水平，水庫出流量為水庫水位的函數，因此水庫貯蓄量可表示為水庫出流量一對一之單調函數關係（8-2 式）。如圖 8-3a 所示，水庫之出流歷線尖峰會發生於入流歷線與出流歷線之交會點。相對地，如圖 8-3b 所示，非為單調函數之貯蓄量與出流量關係，則適用於一般河道或狹長型水庫，其水面坡降會因洪水昇降而有明顯變化，因此貯蓄量與上游入流量以及下游出流量均有關係（8-3 式），而出流歷線之尖峰將發生於入流歷線與出流歷線的交點之後。

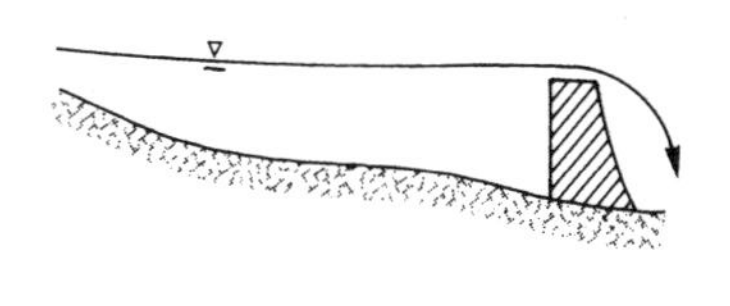

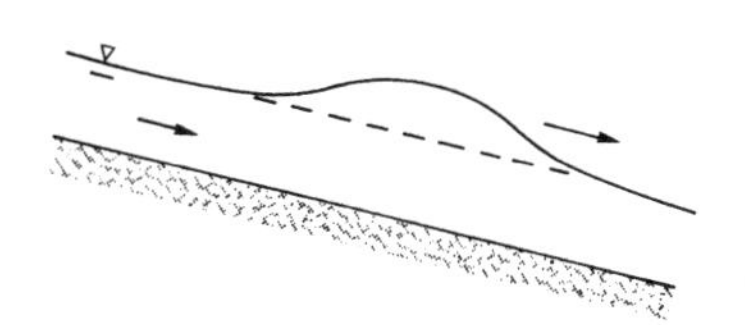

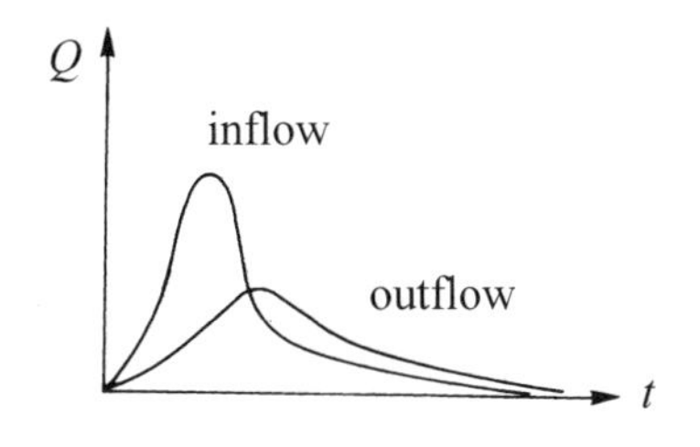

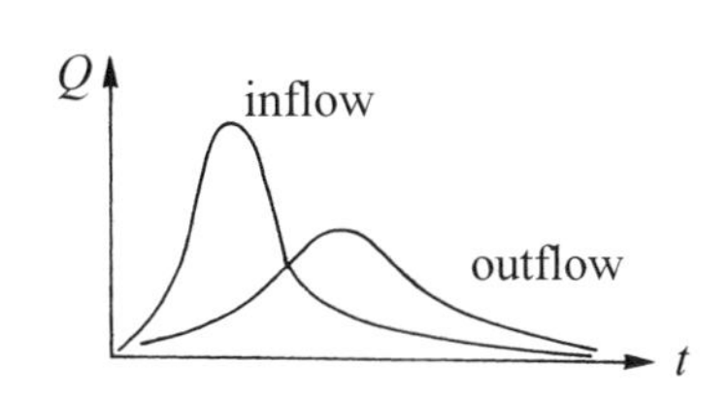

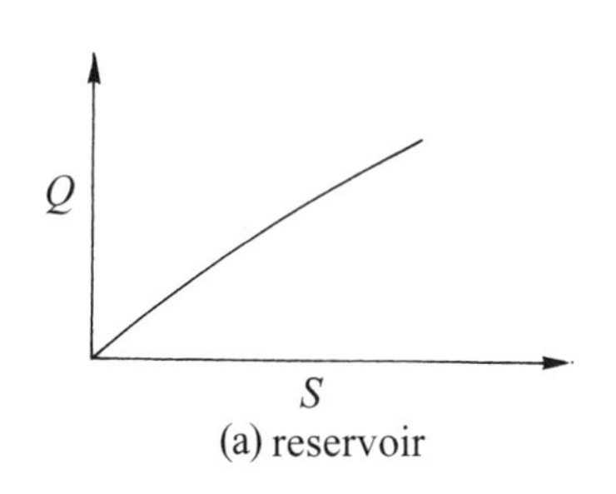

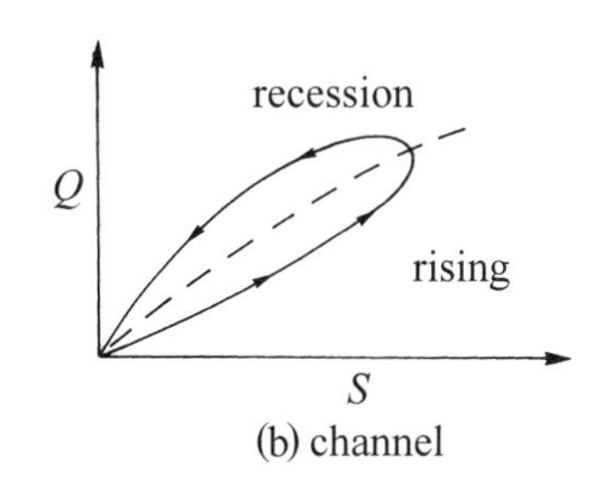

圖 8-3　水庫逕流與河道逕流

例題 8-1

試證明水庫入流歷線與出流歷線之交會點，為洪水過程中產生最大貯蓄量之時點；且水庫之出流歷線尖峰必發生於此交會點。

解：

水庫演算之連續方程式為

$$I - Q = dS/dt \qquad (E8\text{-}1)$$

產生最大貯蓄量之時點即 $S_{max} = dS/dt = 0$，由（E8-1）式知 $I = Q$ 時 $dS/dt = 0$，所以入流歷線與出流歷線之交會點，為洪水過程中產生最大貯蓄量之時點。此外，由 8-2 式知 $S = f(Q)$，故可推論得當 $I = Q$ 時 $dS/dt = dQ/dt = 0$，即此時產生出流歷線尖峰 Q_{max}。

相同於水庫演算，河道水庫演算中產生最大貯蓄量之時點，亦即入流歷線與出流歷線之交會點。然而因貯蓄方程式為 $S = f(I,Q)$，所以出流歷線尖峰未必發生於此交會點；通常出流歷線尖峰會發生於此交會點之後。◆

8.2 包爾斯水庫演算法

如（8-1）式所示，水庫之輸入水量為水庫上游的入流量，而系統輸出水量則為水庫下游之出流量。水庫上游的入流量可藉由水文測站量測，或應用第七章所述的集水區降雨逕流模式，配合降雨資料進行演算。而水庫下游之出流量，則可應用包爾斯水庫演算法 (Puls, 1928) 或稱為貯蓄指標法 (storage indication method) 計算得知。

若水庫中水流之變化接近於線性關係，則可將水流連續方程式（1-1 式）表示為間段時距的表示式，如下

$$\frac{1}{2}(I_1 + I_2) - \frac{1}{2}(Q_1 + Q_2) = \frac{S_2 - S_1}{\Delta t} \tag{8-4}$$

式中 I_1、I_2、Q_1、Q_2 分別為前、後時刻水庫之上游入流量與下游出流量；S_1 與 S_2 分別為前、後時刻水庫之貯蓄量；Δt 為前、後時刻之時間間距。式中之上游入流條件為已知，因此 I_1 與 I_2 為已知值，而 S_1 與 Q_1 為起始時刻 $(t = 0)$ 的已知條件，或為前一時刻計算所得之數值；因此 S_2 與 Q_2 為上式中僅有的兩個未知數。將上式重新排列可得

$$(I_1 + I_2) + \left(\frac{2S_1}{\Delta t} - Q_1\right) = \left(\frac{2S_2}{\Delta t} + Q_2\right) \tag{8-5}$$

上式中之左側均為已知值，右側兩項為未知值；因一個方程式僅能解一個未知數，而包爾斯演算法則提供了尋找另一個條件的方法，以求解（8-5）式。

水庫一般為形狀不規則的蓄水體積，水庫貯蓄量 S 與水位 H 間之關係可由地形圖判讀，或在現場以測深儀量測庫區中不同位置點之水深，而得到 S~H 曲線。水庫的出流量 Q 與水位 H 關係，則需視水庫溢洪道或出水工之型式，應用水力學公式而得到 Q~H 曲線。如圖 8-4 所示，綜合 S~H 曲線與 Q~H 曲線可得到反應水庫出流量與貯蓄量特性之 $Q \sim (2S/\Delta t+Q)$ 曲線。故若將此 $Q \sim (2S/\Delta t+Q)$ 曲線配合（8-5）式，則可以解得 S_2 與 Q_2，此種演算方式即稱為包爾斯水庫演算法 (Puls reservoir routing method)。

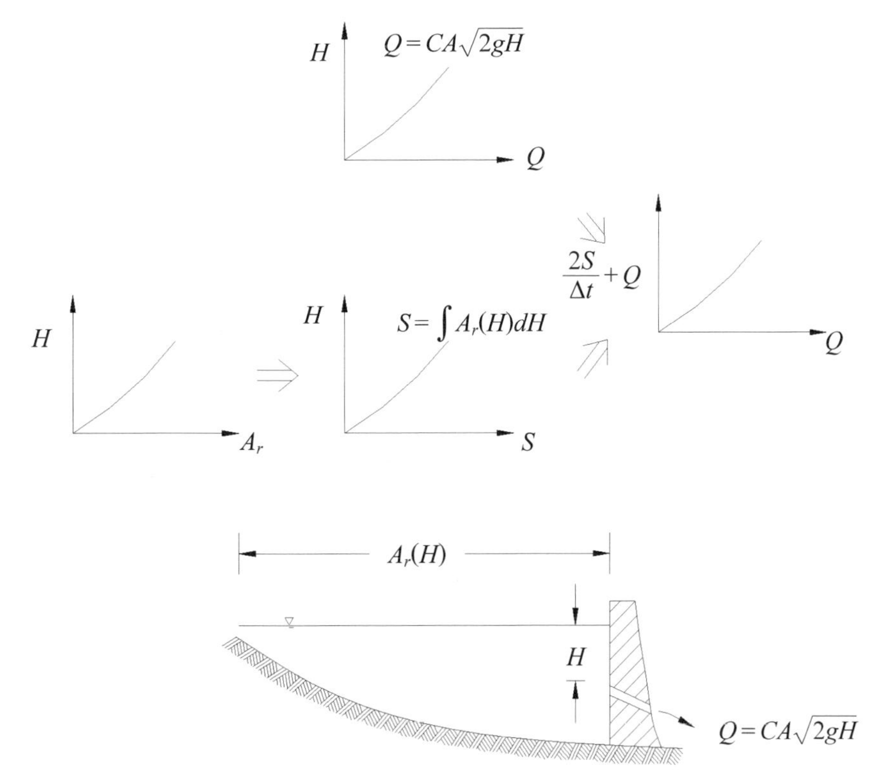

圖 8-4 水庫出流量特性曲線

例題 8-2

有一矩形滯洪水庫其底面積為 200 公頃，逕流排水管之水位－流量關係列於表 E8-2-1 之第⑴與第⑵欄位。假設水庫在起始時刻為空庫，入流歷線如表 E8-2-2 第⑶欄位所示，試計算水庫出流歷線。

解：

表 E8-2-1 中之第⑴、⑵欄位以及表 E8-2-2 中之第⑴、⑵、⑶欄位均為已知，其餘欄位可依下述步驟分析。在下列計算過程中需注意的是，舉凡公式中下標為 1 者，表示與計算時刻同屬一列；而下標為 2 者，表示為計算時刻的下一列。

表 E8-2-1

(1) 水位 H (m)	(2) 出流量 Q (m^3/s)	(3) 貯蓄量 S ($10^6 m^3$)	(4) $2S/\Delta t+Q$ (m^3/s)
0.0	0	0	0.0
0.5	3	1	95.6
1.0	9	2	194.2
1.5	17	3	294.8
2.0	27	4	397.4
2.5	37	5	500.0
3.0	49	6	604.6

1. 因入流歷線之時距為 6 hr，故設定 $\Delta t = 6\,hr = 21600\,sec$；
2. 表 E8-2-1 第⑶欄位為水庫貯蓄量。計算式為

   矩形水庫貯蓄量＝（水庫水位）×（水庫表面積）

   例如，當水位為 0.5 m 時，$S = 0.5 \times 2 \times 10^6 = 1 \times 10^6\,m^3$；
3. 表 E8-2-1 第⑷欄位為 $2S/\Delta t + Q$ 之值。例如，當水位為 0.5 m 時

表 E8-2-2

(1) j	(2) 時間 (hr)	(3) 入流量 I (m^3/s)	(4) I_1+I_2 (m^3/s)	(5) $2S_1/\Delta t-Q_1$ (m^3/s)	(6) $2S_2/\Delta t+Q_2$ (m^3/s)	(7) 出流量 Q (m^3/s)
0	0	0	10	0.0	-	0.0
1	6	10	34	9.4	10.0	0.3
2	12	24	60	40.6	43.4	1.4
3	18	36	100	94.0	100.6	3.3
4	24	64	147	176.0	194.0	9.0
5	30	83	141	283.6	323.0	19.7
6	36	58	98	365.2	424.6	29.7
7	42	40	60	396.4	463.2	33.4
8	48	20	29	390.8	456.4	32.8
9	54	9	12	361.4	419.8	29.2
10	60	3	4	324.0	373.4	24.7
11	66	1	1	287.6	328.0	20.2
12	72	0	0	255.6	288.6	16.5
13	78			227.8	255.6	13.9
14	84			204.4	227.8	11.7
15	90			184.8	204.4	9.8
16	96			168.0	184.8	8.4
17	102			153.2	168.0	7.4
18	108			140.2	153.2	6.5
19	114			128.8	140.2	5.7
20	120			118.8	128.8	5.0

$$\frac{2S}{\Delta t}+Q=\frac{2\times1\times10^6}{21600}+3=95.6\ m^3/s$$；

4. 表 E8-2-2 第(4)欄位為 I_1+I_2。意即第(3)欄之前、後時刻值相加，即

$$\text{第(3)欄位}_{(j)}+\text{第(3)欄位}_{(j+1)}=\text{第(4)欄位}_{(j)}$$

例如，當 $j=0$ 時，$0+10=10\ m^3/s$；

5. 表 E8-2-2 第(5)欄位為 $2S_1/\Delta t-Q_1$。例如，當 $j=0$ 時，因為水庫起始時為空庫，所以 $S_1=0$，且因起始時之出流量等於入流量，即 $Q_1=I_1=0$，故 $2\times 0/21600-0=0.0\ m^3/s$；

6. 由（8-5）式知 $(I_1+I_2)+(2S_1/\Delta t-Q_1)=(2S_2/\Delta t+Q_2)$。所以表 E8-2-2 中

$$\text{第(4)欄位}_{(j)}+\text{第(5)欄位}_{(j)}=\text{第(6)欄位}_{(j+1)}$$

例如，當 $j=0$ 時，$10_{(0)}+0.0_{(0)}=10.0_{(1)}\ m^3/s$；

7. 下一時刻的出流量 Q_2，可利用 $2S_2/\Delta t+Q_2$ 之值與表 E8-2-1 之數據求得。例如，當 $j=1$ 時，$2S/\Delta t+Q=10.0\ m^3/s$，$Q$ 值利用線性內插求出

$$Q=0+(3-0)\times\frac{10.0-0}{95.6-0}=0.3\ m^3/s$$

再將此出流量記錄於表 E8-2-2 的第(7)欄；

8. 同理，計算第(4)欄之 I_1+I_2 後，再計算第(5)欄位。因為 $(2S_1/\Delta t+Q_1)-2Q_1=2S_1/\Delta t-Q_1$，所以

$$\text{第(6)欄位}_{(j)}-2\times\text{第(7)欄位}_{(j)}=\text{第(5)欄位}_{(j)}$$

例如，當 $j=1$ 時，$10.0-2\times 0.3=9.4\ m^3/s$。

依序計算即可完成包爾斯水庫演算，由演算結果得知，入流尖峰量為 $83\ m^3/s$，發生在第30 hrs；當水流通過滯洪水庫後，尖峰流量降低為 $33.4\ m^3/s$，並延遲至第42 hr才發生。如同先前所述，出流尖峰量發生在入流量接近於出流量之時（因本題受計算時間間距選取之限制，所以 $I\cong Q$ 但 $I\neq Q$），而此時之貯蓄量也達到最大值。◆

8.3 朗吉－古達水庫演算法

朗吉－古達 (Runge-Kutta) 水庫演算法是以數值計算方式求解水流連續方程式，公式之形態雖較為複雜，但不需要包爾斯水庫演算法中之 $Q \sim (2S/\Delta t + Q)$ 曲線，可經由直接計算方式求解常微分方程式而得到水庫出流量，較適於應用電子計算機之運算。

水庫或小型滯洪池 (detention basin) 之出流量 Q，可應用水力學公式表示為水位 H 之函數；因此水流之連續方程式可表示為

$$\frac{dS}{dt} = I(t) - Q(H) \tag{8-6}$$

式中 S 為水庫貯蓄量；$I(t)$ 為水庫入流量，可表示為時間的函數；$Q(H)$ 為水庫出流量，可表示為水位 H 的函數。水庫貯蓄變化量 dS 可表示為

$$dS = A_r(H)dH \tag{8-7}$$

式中 $A_r(H)$ 為相對應於水位 H 之水庫表面積（如圖 8-4）；dH 為水庫水位變化量。合併（8-6）式與（8-7）式，可得

$$\frac{dH}{dt} = \frac{I(t) - Q(H)}{A_r(H)} \tag{8-8}$$

若考慮間段式時間表示方式，則 t_{j+1} 時刻之水庫水位可以表示為

$$H_{j+1} = H_j + \Delta H \tag{8-9}$$

式中 H_{j+1} 與 H_j 分別為 t_{j+1} 與 t_j 時刻之水庫水位；ΔH 為時間間距 $\Delta t (= t_{j+1} - t_j)$ 之間的水位改變量；若假設 $dH/dt \cong \Delta H/\Delta t$，則（8-8）式可以表示為

$$\Delta H = \frac{I(t) - Q(H)}{A_r(H)} \Delta t \quad (8\text{-}10)$$

在上述水庫演算法中，水庫入流量 $I(t)$ 為已知條件，水庫出流量與水位之函數關係 $Q(H)$，以及水庫表面積與水位之關係 $A_r(H)$ 亦為已知，故給定計算時間間距 Δt，則可應用（8-10）式逐步計算出水庫水位改變量 ΔH。

朗吉－古達水庫演算法之計算步驟可簡述如下：

(1)收集水庫集水區水文條件 $I(t)$、地文條件 $A_r(H)$ 以及水庫出口設施控制條件 $Q(H)$；

(2)應用（8-10）式逐步計算出水庫水位改變量 ΔH；

(3)應用（8-9）式計算不同時刻的水庫水位 $H(t)$；

(4)由水庫水位 $H(t)$，配合流量與水位之函數關係 $Q(H)$，得到逐時之水庫出流量 $Q(t)$。

上述應用（8-10）式以求解水庫水位改變量之方式，稱為一階朗吉－古達法 (1st order Runge-Kutta method)。一階朗吉－古達法只有在計算時間間距非常小的情況下，才能得到較為精準的答案。因此可應用其它高階計算方式，以求得較精確的解。

1. 一階朗吉－古達法

一階朗吉－古達法定義

$$\frac{dH}{dt} = f(t_j,\ H_j) = \frac{I(t_j) - Q(H_j)}{A_r(H_j)} \quad (8\text{-}11)$$

式中 t 為自變數；H 為因變數。若選擇有限的時間增量 Δt，則

$$\Delta H = f(t_j, H_j)\Delta t \quad (8\text{-}12)$$

圖 8-5a 為一階朗吉－古達法之圖解方式；如圖中所示，一階朗吉－古達法是延伸 t_j 時刻的切線斜率，而推估 t_{j+1} 時刻的 H_{j+1} 值。因此只有在計算時間間距非常小的情況下，才能得到較為精準的答案。

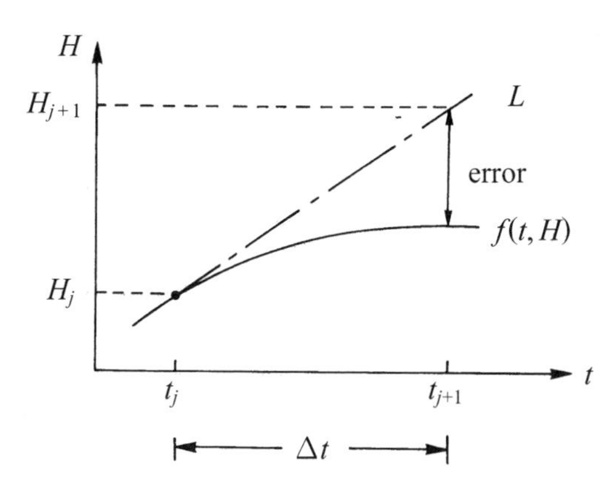

L：由（t_j, H_j）點作切線

(a) 1st order Runge-Kutta

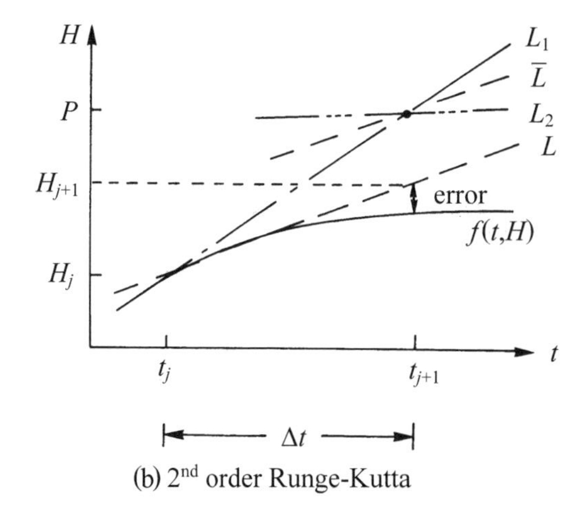

L_1：由（t_j, H_j）點作切線

L_2：由（t_{j+1}, P）點作切線

$\overline{L}$：L_1與L_2之斜率的平均線

L：$\overline{L}$平移與（t_j, H_j）點相交

(b) 2nd order Runge-Kutta

圖 8-5　朗吉－古達法

2. 二階朗吉－古達法

二階朗吉－古達法是以t_j時刻與t_{j+1}時刻切線的平均斜率，來推估t_{j+1}時刻的H_{j+1}值（如圖 8-5b所示），因此二階朗吉－古達法能夠降低求解誤差。首先定義

$$\Delta H=\frac{1}{2}(k_1+k_2)\Delta t \qquad (8\text{-}13)$$

k_1 之定義如下

$$k_1=f(t_j,\ H_j)=\frac{I(t_j)-Q(H_j)}{A_r(H_j)} \qquad (8\text{-}14)$$

k_2 之定義如下

$$\begin{aligned} k_2 &= f\,(t_j+\Delta t\,, H_j+k_1\,\Delta t) \\ &= \frac{I(t_j+\Delta t)-Q(H_j+k_1\Delta t)}{A_r(H_j+k_1\Delta t)} \end{aligned} \qquad (8\text{-}15)$$

3. 三階朗吉－古達法

三階朗吉－古達法可表示為

$$\Delta H=\frac{1}{6}(k_1+4k_2+k_3)\Delta t \qquad (8\text{-}16)$$

式中

$$k_1=f(t_j,\ H_j) \qquad (8\text{-}17)$$

$$k_2=f(t_j+0.5\Delta t,\ H_j+0.5k_1\Delta t) \qquad (8\text{-}18)$$

$$k_3=f(t_j+\Delta t,\ H_j-k_1\Delta t+2k_2\Delta t) \qquad (8\text{-}19)$$

4. 四階朗吉－古達法

四階朗吉－古達法可表示為

$$\Delta H=\frac{1}{6}(k_1+2k_2+2K_3+k_4)\Delta t \qquad (8\text{-}20)$$

式中

$$k_1=f(t_j,\ H_j) \qquad (8\text{-}21)$$

$$k_2 = f(t_j + 0.5\Delta t,\ H_j + 0.5k_1\Delta t) \qquad (8\text{-}22)$$

$$k_3 = f(t_j + 0.5\Delta t,\ H_j + 0.5k_2\Delta t) \qquad (8\text{-}23)$$

$$k_4 = f(t_j + \Delta t,\ H_j + k_3\Delta t) \qquad (8\text{-}24)$$

一般而言，四階朗吉－古達法已提供足夠精度，得以正確推估逐時之水庫出流量。

例題 8-3

試以四階朗吉－古達法，演算例題 8-2 中滯洪水庫的出流歷線，若其出流量可表示為 $Q=9.46H^{3/2}$，式中 Q ：m^3/s；H ：m。

解：

表中第(1)欄位為演算序數，第(2)、第(3)與第(11)欄位為取自表 E8-2-2 的已知值，其餘欄位可依下述步驟分析：

1. 朗吉－古達法之控制方程式為

$$\frac{\Delta H}{\Delta t} = f(t, H) = \frac{I(t) - Q(H)}{A_r(H)}$$

式中 $A_r(H)$ 為面積 $2\times10^6\,m^2$；$I(t)$ 值為第(3)欄位；$Q(H)$ 值以方程式 $Q=9.46H^{3/2}$ 計算；$\Delta t = 6\,hr$；

2. 採用四階方程式進行水庫演算，依序得到表中第(4)至第(7)欄位。例如，起始時 $j=0$，$t_0=0\,hr$、$H_0=0\,m$ 以及 $Q(H_0)=0\,m^3/s$，則

$$k_1 = f(t_j, H_j) = f(0, 0)$$

$$= \frac{I(0) - Q(0)}{A_r(0)}$$

$$= \frac{0 - 0.0}{2\times10^6}\cdot\frac{3600}{1}\ m/hr$$

$$=0.0000\ m/hr；$$

(1) j	(2) 時間 (hr)	(3) 入流量 I (m^3/s)	(4) k_1 (m/hr)	(5) k_2 (m/hr)	(6) k_3 (m/hr)	(7) k_4 (m/hr)	(8) ΔH (m)	(9) H (m)	(10) 郎吉—古達法出流量 Q (m^3/s)	(11) 包爾斯法出流量 Q (m^3/s)
0	0	0	0.0000	0.0090	0.0089	0.0178	0.05	0.00	0.0	0.0
1	6	10	0.0178	0.0300	0.0297	0.0413	0.18	0.05	0.1	0.3
2	12	24	0.0413	0.0504	0.0500	0.0582	0.30	0.23	1.0	1.4
3	18	36	0.0582	0.0799	0.0785	0.0981	0.47	0.53	3.7	3.3
4	24	64	0.0982	0.1072	0.1064	0.1137	0.64	1.00	9.5	9.0
5	30	83	0.1136	0.0794	0.0831	0.0511	0.49	1.64	19.9	19.7
6	36	58	0.0515	0.0294	0.0319	0.0118	0.19	2.13	29.4	29.7
7	42	40	0.0118	−0.0076	−0.0053	−0.0229	−0.04	2.32	33.4	33.4
8	48	20	−0.0226	−0.0299	−0.0291	−0.0358	−0.18	2.28	32.6	32.8
9	54	9	−0.0356	−0.0371	−0.0370	−0.0384	−0.22	2.10	28.8	29.2
10	60	3	−0.0385	−0.0363	−0.0365	−0.0347	−0.22	1.88	24.4	24.7
11	66	1	−0.0346	−0.0322	−0.0324	−0.0302	−0.19	1.66	20.2	20.2
12	72	0	−0.0303	−0.0276	−0.0278	−0.0253	−0.17	1.47	16.9	16.5
13	78	0	−0.0252	−0.0231	−0.0232	−0.0213	−0.14	1.30	14.0	13.9
14	84	0	−0.0213	−0.0195	−0.0197	−0.0181	−0.12	1.16	11.8	11.7
15	90	0	−0.0183	−0.0167	−0.0168	−0.0155	−0.10	1.04	10.0	9.8
16	96	0	−0.0155	−0.0144	−0.0145	−0.0134	−0.09	0.94	8.6	8.4
17	102	0	−0.0133	−0.0124	−0.0125	−0.0116	−0.09	0.85	7.4	7.4
18	108	0	−0.0117	−0.0109	−0.0110	−0.0103	−0.07	0.78	6.5	6.5
19	114	0	−0.0102	−0.0095	−0.0096	−0.0090	−0.06	0.71	5.7	5.7
20	120	0	−0.0089	−0.0084	−0.0084	−0.0079	−0.05	0.65	5.0	5.0

$$k_2 = f\left(t_j + \frac{\Delta t}{2}, H_j + \frac{1}{2}k_1\Delta t\right) = f\left[\left(0+\frac{6}{2}\right), \left(0+\frac{1}{2}\times 0.0000\times 6\right)\right]$$

$$= \frac{\frac{1}{2}[I(0)+I(6)] - Q(0)}{A_r(0)}$$

$$= \frac{\frac{1}{2}(0+10) - 9.46\times 0^{3/2}}{2\times 10^6}\cdot\frac{3600}{1}\ m/hr$$

$$= 0.0090\ m/hr\ ;$$

$$k_3 = f\left(t_j + \frac{\Delta t}{2}, H_j + \frac{1}{2}k_2\Delta t\right) = f\left[\left(0+\frac{6}{2}\right), \left(0+\frac{1}{2}\times 0.0090\times 6\right)\right]$$

$$= \frac{\frac{1}{2}[I(0)+I(6)] - Q(0.027)}{A_r(0.027)}$$

$$= \frac{\frac{1}{2}(0+10) - 9.46\times 0.027^{3/2}}{2\times 10^6}\cdot\frac{3600}{1}\ m/hr$$

$$= 0.0089\ m/hr\ ;$$

$$k_4 = f(t_j + \Delta t, H_j + k_3\Delta t) = f[(0+6),(0+0.0089\times 6)]$$

$$= \frac{I(6) - Q(0.0534)}{A_r(0.0534)}$$

$$= \frac{10 - 9.46\times 0.0534^{3/2}}{2\times 10^6}\cdot\frac{3600}{1}\ m/hr$$

$$= 0.0178\ m/hr\ ;$$

3. 表中第(8)欄位為水位變化。例如，當$j=0$時

$$\Delta H_0 = \frac{1}{6}(k_1 + 2k_2 + 2k_3 + k_4)\Delta t$$

$$= \frac{1}{6}(0.0000 + 2\times 0.0090 + 2\times 0.0089 + 0.0178)\times 6$$

$$= 0.05\ m\ ;$$

4. 表中第(9)欄位為滯洪水庫之水位。$H_j + \Delta H_j = H_{j+1}$，即

$$第(9)欄位_{(j)} + 第(8)欄位_{(j)} = 第(9)欄位_{(j+1)}$$

例如，當$j = 0$時，$0_{(0)} + 0.05_{(0)} = 0.05_{(1)}\ m$；

5. 表中第⑽欄位為滯洪水庫的出流量。例如，當$j = 1$時

$$Q(H_1) = 9.46 H_1^{3/2} = 9.46 \times 0.05^{3/2} = 0.1\ m^3/s$$。

最後一欄位是例題 8-2 以包爾斯法演算所得的出流量，比較兩者之尖峰值可發現其尖峰出流量以及洪峰發生時間皆相同。 ◆

8.4 河道水文演算法

相對於水庫具有龐大蓄水體積，河道之貯蓄量則明顯地較小，因此河道上游入流量I與下游出流量Q，對河道中水面坡度造成明顯影響，河道中之水面並非如水庫區能保持為水平。水流連續方程式若配合水流動量方程式 (momentum equation) 進行演算，稱之為河道水力演算 (hydraulic channel routing)。有關河道水力演算法，將在 8.5 節作詳細說明。若將水流連續方程式配合如（8-3）式之貯蓄方程式 (storage function) 進行演算，則稱之為河道水文演算 (hydrologic channel routing)。馬斯金更法為最常見的河道水文演算法，其計算方法與參數推求方式，詳述如下。

8.4.1 馬斯金更河道演算法

馬斯金更法 (Muskingum method) 將河道內的洪水貯蓄體積劃分為稜形貯蓄 (prism storage) 與楔形貯蓄 (wedge storage) 兩個部分。如圖 8-6 所示，稜形貯蓄表示平常水位情況下之河道蓄水量，而楔形貯蓄則表示洪水漲退過程之河道蓄水量，可分別表示如下

稜形貯蓄 $S = KQ$ (8-25)

楔形貯蓄 $S = KX(I - Q)$ (8-26)

式中 K 稱為河段之貯蓄常數 (storage constant)，其單位為時間[T]，K 值近似於水流流經該河段的波傳時間 (wave travel time)；X 為權重因子 (weighting factor)，其值約在 0.0 ~ 0.5 之間。

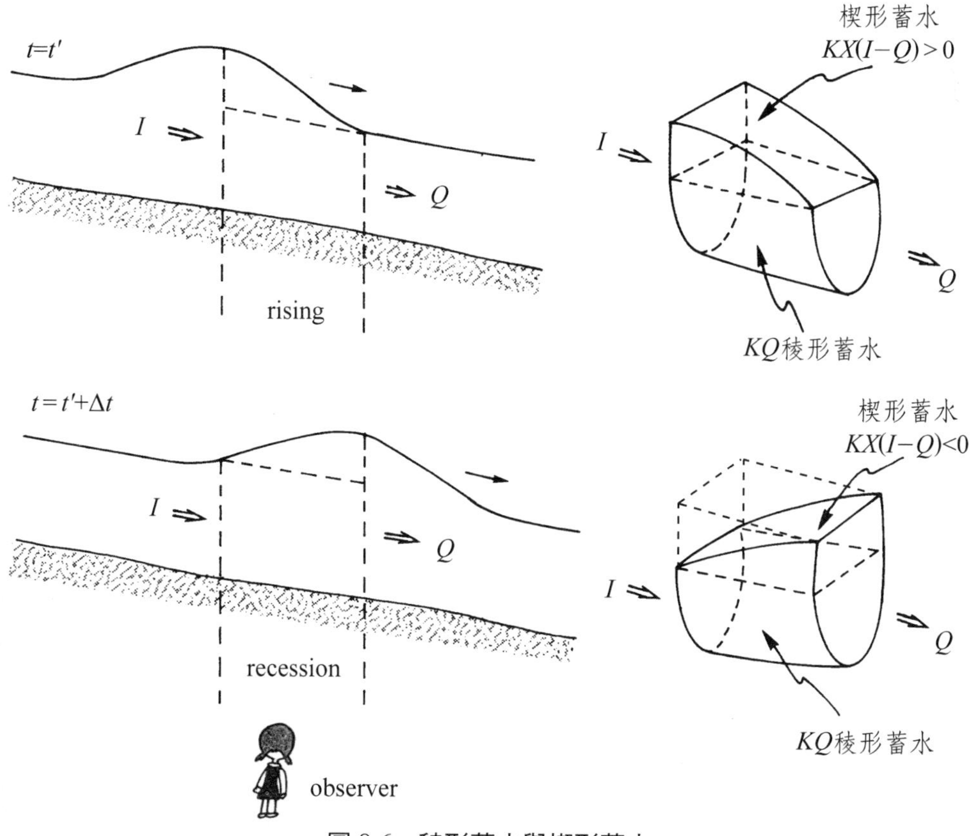

圖 8-6 稜形蓄水與楔形蓄水

由（8-25）式可知，河道中之稜形貯蓄量與下游出流量呈線性關係，且其值永遠為正值。而（8-26）式顯示，當洪水上漲時 (rising)，河段之入流量 I 大於出流量 Q，因而楔形貯蓄為正值；當洪水消退時 (recession)，河段之入流量 I 小於出流量 Q，因而楔形貯蓄為負值。綜合（8-25）與（8-26）式，可得馬斯金更法之貯蓄方程式為

$$S = KQ + KX(I - Q) \tag{8-27}$$

在均勻流 (uniform flow) 情況下，河道出流量與貯蓄量之關係可以 $S = KQ$ 近似之，因此可表示如圖 8-7 中之虛線。當漲水時期因楔形蓄水量 $KX(I - Q) > 0$，所以曲線向右偏移；而退水時期則因楔形蓄水量 $KX(I - Q) < 0$，所以曲線向左偏移。

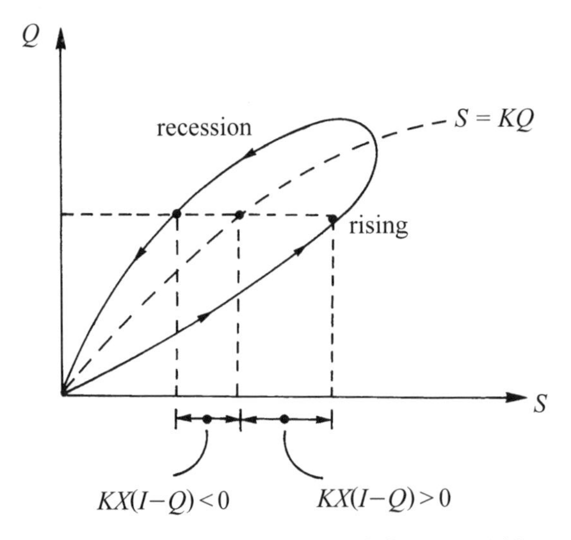

圖 8-7　馬斯金更法之 $S \sim Q$ 曲線

若河道中水流之變化接近於線性關係，則可將水流連續方程式表示為間段時距的表示式，如（8-4）式所示。而（8-27）式之貯蓄方程式則可表示為

$$S_2 - S_1 = K(Q_2 - Q_1) + KX[(I_2 - I_1) - (Q_2 - Q_1)] \tag{8-28}$$

式中 I_1、I_2、Q_1、Q_2 分別為前、後時刻河道上游之入流量與下游出流量；S_1 與 S_2 分別為前、後時刻河道之貯蓄量；Δt 為前、後時刻之時間間距。將（8-28）式代入（8-4）式，可得河道出流量為

$$Q_2 = C_0 I_2 + C_1 I_1 + C_2 Q_1 \tag{8-29}$$

其中

$$C_0 = \frac{-KX + 0.5\Delta t}{K(1-X) + 0.5\Delta t} \tag{8-30}$$

$$C_1 = \frac{KX + 0.5\Delta t}{K(1-X) + 0.5\Delta t} \tag{8-31}$$

$$C_2 = \frac{K(1-X) - 0.5\Delta t}{K(1-X) + 0.5\Delta t} \tag{8-32}$$

式中 C_0、C_1 與 C_2 為係數，其值之和為 1.0。在（8-29）式中 I_1 與 I_2 均為已知值，而 Q_1 為起始時刻 $(t=0)$ 之已知條件，或為前一時刻計算所得之數值，因此可逐時解得 Q_2。由於 K 值代表水流流經河段的波傳時間，故為能正確模擬洪水波於河道中之傳遞情形，演算時距 Δt 通常選定為介於 $K/3$ 與 K 之間的數值。需特別注意的是，演算中 K 與 Δt 必須是選用相同的時間單位。

例題 8-4

已知下表中第⑵欄位為 $\Delta t = 1\ hr$ 之入流歷線，並假設入流量與出流量在起始時相等。試給定 $X=0.2$ 與 $K=2\ hr$，以完成下表中之河道演算。

解：

表中第⑴與第⑵欄位均為已知，其餘欄位可依下述步驟分析。計算過程中需注意的是，舉凡公式中下標為 1 者，表示與計算時刻同屬一列；而

下標為 2 者，表示為計算時刻的下一列。

(1) 時間 t (hr)	(2) 入流量 I (m^3/s)	(3) C_0I_2	(4) C_1I_1	(5) C_2Q_1	(6) 出流量 Q (m^3/s)
1	85	7.2	36.4	44.5	85.0
2	152	10.6	65.1	46.1	88.1
3	223	15.9	95.6	63.9	121.8
4	334	20.5	143.2	91.7	175.3
5	431	19.9	184.7	133.6	255.5
6	419	25.3	179.6	177.0	338.4
7	531	43.8	227.6	200.1	382.2
8	920	57.1	394.3	247.2	471.6
9	1,199	54.9	513.9	366.1	698.4
10	1,154	45.6	494.6	489.8	934.6
11	957	32.8	410.2	539.5	1,029.7
12	689	20.6	295.3	514.9	982.4
13	433	33.0	185.6	435.3	830.5
14	693	43.0	297.0	342.6	653.6
15	903	46.7	387.0	357.8	682.4
16	982	20.2	420.9	414.8	791.1
17	425	32.2	182.2	448.4	855.5
18	676	19.5	289.7	347.3	662.5
19	410	14.0	175.7	344.1	656.2
20	294	10.9	126.0	279.7	533.4
21	228	8.8	97.7	218.4	416.3
22	185	7.4	79.3	170.2	324.6
23	156	5.9	66.9	134.6	256.7
24	124	5.8	53.1	108.4	207.3
25	121	0	51.9	87.5	167.5

1. 已知 $\Delta t = 1\ hr$、$X = 0.2$ 以及 $K = 2\ hr$，則演算所需之參數為

$$C_0=\frac{-KX+0.5\Delta t}{K(1-X)+0.5\Delta t}=\frac{-2\times0.2+0.5\times1}{2\times(1-0.2)+0.5\times1}=0.0476\text{；}$$

$$C_1=\frac{KX+0.5\Delta t}{K(1-X)+0.5\Delta t}=\frac{2\times0.2+0.5\times1}{2\times(1-0.2)+0.5\times1}=0.4286\text{；}$$

$$C_2=\frac{K(1-X)-0.5\Delta t}{K(1-X)+0.5\Delta t}=\frac{2\times(1-0.2)-0.5\times1}{2\times(1-0.2)+0.5\times1}=0.5238\text{；}$$

2. 表中第(3)至第(5)欄位分別為 C_0I_2、C_1I_1 與 C_2Q_1。例如，當 $t=1\ hr$ 時，因起始時之出流量等於入流量，即 $Q_1=I_1=85m^3/s$，所以

$C_0I_2=0.0476\times152=7.2\ m^3/s$；

$C_1I_1=0.4286\times85=36.4\ m^3/s$；

$C_2Q_1=0.5238\times85=44.5\ m^3/s$；

3. 下一時刻之出流量即可以（8-29）式計算。例如，當 $t=2\ hr$ 時，

$Q_2=7.2+36.4+44.5=88\ m^3/s$

將此出流量記錄於表中第(6)欄位，如此反覆運算即可完成馬斯金更演算。

比較入流歷線與出流歷線，可查知洪水在通過此河道後，尖峰流量從 1199 m^3/s 降低為 1029.7 m^3/s，且尖峰流量發生時間往後稽延了 2 個小時，顯示波傳時間恰與貯蓄常數 K 值相同。◆

8.4.2 馬斯金更法之 K 值與 X 值檢定

馬斯金更法中貯蓄常數 K 之單位為時間，其物理意義為水流於該河段之波傳時間 (wave travel time)。K 值可由上、下游流量站紀錄得知，其值約等於河段上游入流尖峰與下游出流尖峰之時差。若無流量紀錄時，可藉由該河川代表性流量 Q 所相對應之平均流速 (flow velocity)，而推求波傳速度 (wave celerity)。一般而言，波傳速度約為水流平均流速的 5/3 倍（相對

於曼寧公式）或是水流平均流速的 3/2 倍（相對於蔡斯公式）。

馬斯金更法中之權重因子 X 為無因次，代表楔形貯蓄量的多寡，亦即反應洪水波運行過程之水面線特性（如圖 8-6）。X 值之範圍應介於 0.0 ~ 0.5 間，而代表值約為 0.2。如圖 8-8 所示，當 $K = \Delta t$ 且 $X = 0.5$ 時，出流歷線之流況保持與入流歷線完全相同的形狀，也就是入流歷線在時間等於 K 之後傳遞到下游，此時並無洪峰消減現象，僅有時間稽延情形，故為單純的洪水波傳遞現象 (pure translation)。而當 $X = 0$ 時，馬斯金更法即等於線性水庫演算（如 7.5.1 節），此時歷線尖峰降低且歷線基期延長，故為單純的洪水波貯蓄現象 (pure storage)。

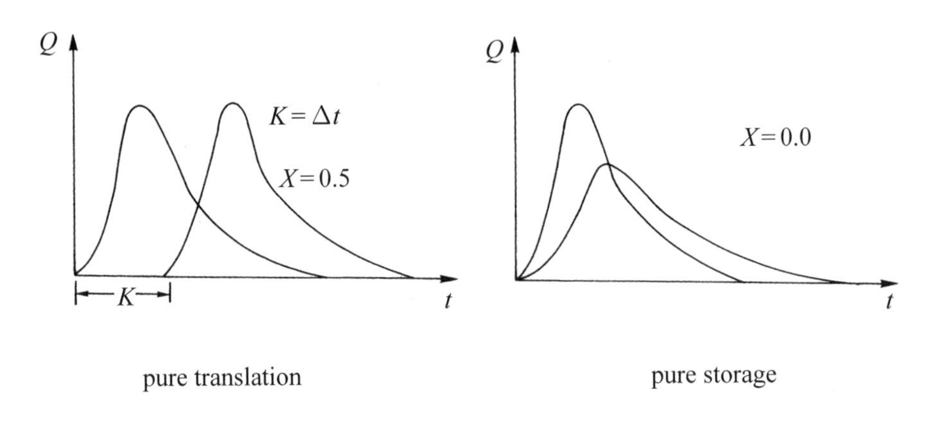

圖 8-8　洪水波運移特性

水文學上是應用洪水流量紀錄，以檢定 (calibrate) K 值與 X 值。如圖 8-9 所示，因為馬斯金更法中假設 $Q + X(I - Q)$ 與 S 為線性關係（8-27 式），故若以流量紀錄所得之 $Q + X(I - Q)$ 值對 S 值作圖，則其圖形應為直線。圖 8-9 中嘗試用幾個不同的 X 值進行計算，而最合適的 X 值應該是線性關係最佳的圖（即最窄迴圈，$X = 0.3$）；此最窄迴圈之斜率等於 K 值，即

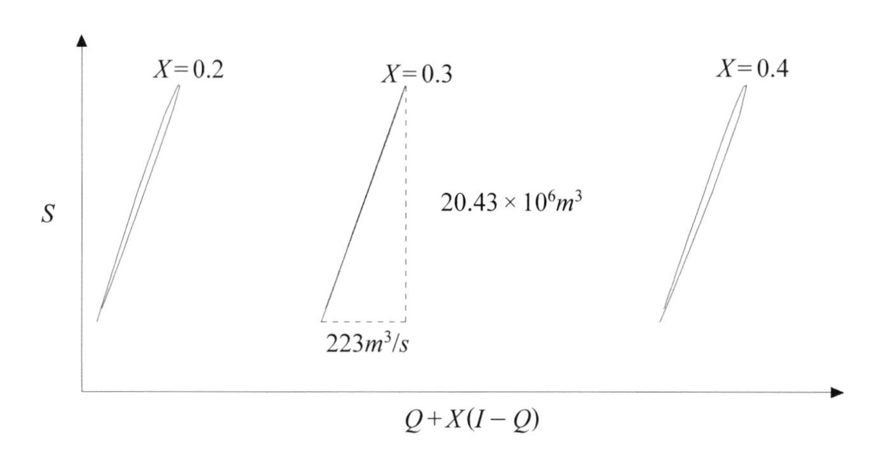

圖 8-9 馬斯金更法參數之檢定

$$K = \frac{S}{Q + X(I - Q)} \tag{8-33}$$

需注意的是，上述利用流量紀錄檢定所得之 K 值與 X 值，僅適用於該河段進行洪水演算，不宜挪移至其他河道使用。若有多場洪水事件紀錄，則檢定所得之 K 值與 X 值可能有所差異，此時可將數個 K 值與 X 值分別平均，用以進行未來的河道演算工作。一般而言，參數 K 值較 X 值為敏感，檢定過程應予以謹慎。

例題 8-5

若已知某洪水事件之入流歷線與出流歷線如下表所示，並知起始時刻河道之貯蓄量為 $21 \times 10^6\, m^3$，試檢定該河段之 K 與 X。

解：

表中第(1)、第(2)與第(3)欄位均為已知，其餘欄位可依下述步驟分析：

(1) 時間 (hr)	(2) 入流量 I (m^3/s)	(3) 出流量 Q (m^3/s)	(4) 貯蓄量 S ($10^6 m^3$)	(5) 權重流量 $Q+X(I-Q)$ (m^3/s)		
				$X=0.2$	$X=0.3$	$X=0.4$
0	40	40	**21.00**	40.0	**40.0**	40.0
12	45	41	21.17	41.8	42.2	42.6
24	80	48	22.55	54.4	57.6	60.8
36	150	71	25.96	86.8	94.7	102.6
48	270	121	32.40	150.8	165.7	180.6
60	340	191	38.84	220.8	235.7	250.6
72	305	245	**41.43**	257.0	**263.0**	269.0
84	260	262	41.34	261.6	261.4	261.2
96	210	254	39.44	245.2	240.8	236.4
108	175	231	37.02	219.8	214.2	208.6
120	150	205	34.64	194.0	188.5	183.0
132	130	180	32.48	170.0	165.0	160.0
144	110	157	30.45	147.6	142.9	138.2
156	90	135	28.51	126.0	121.5	117.0
168	75	115	26.78	107.0	103.0	99.0
180	65	97	25.40	90.6	87.4	84.2
192	60	84	24.36	79.2	76.8	74.4
204	55	73	23.58	69.4	67.6	65.8
216	50	65	22.93	62.0	60.5	59.0
228	48	59	22.46	56.8	55.7	54.6
240	47	54	22.15	52.6	51.9	51.2

1. 第(4)欄位為瞬時貯蓄量，因$I-Q=dS/dt$所以可表示為

$$S_2=S_1+(I_2-Q_2)\Delta t$$

例如，當$t=12\,hr$時，$S=21\times10^6+(45-41)\times12\times3600=21.17\times10^6\,m^3$；

2.第(5)欄為權重流量，其中X為試誤值。例如，當$X=0.2$且$t=12\ hr$時，

$$41+0.2\times(45-41)=41.8\ m^3/s；$$

3.將表中之計算結果繪成圖 8-9，選擇圖中最窄之迴圈（即$X=0.3$），則

$$K=\frac{(41.43-21.00)\times10^6}{263-40}\cdot\frac{1}{3600}=25.4\ hrs$$

如同先前所述，貯蓄常數（$K=25.4\ hrs$）約等於入流歷線尖峰與出流歷線尖峰之時差（24 *hrs*）；另外，起始時的貯蓄量$S_0=21\times10^6\ m^3$亦可隨意假設，因為所需要的只是圖中之斜率而非截距。◆

8.5 河道水力演算法

水力演算 (hydraulic routing) 是利用水流連續方程式與動量方程式，以求解洪水波於河道中之傳輸現象。

1. 連續方程式

如圖 8-10 所示之河道斷面，河道上游入流量與下游出流量以及貯蓄改變量，可表示如下

入流量	$\rho(Q+q_l dx)dt$	（8-34）
出流量	$\rho(Q+\frac{\partial Q}{\partial x}dx)dt$	（8-35）
河道貯蓄改變量	$\rho\frac{\partial A}{\partial t}dxdt$	（8-36）

式中ρ為水的密度$[M/L^3]$；Q為流量$[L^3/T]$；q_l為單位長度之渠道側入流量$[L^2/T]$；A為通水斷面積$[L^2]$。依照質量守恆定律，合併（8-34）、（8-35）與（8-36）式，則水流連續方程式可表示為

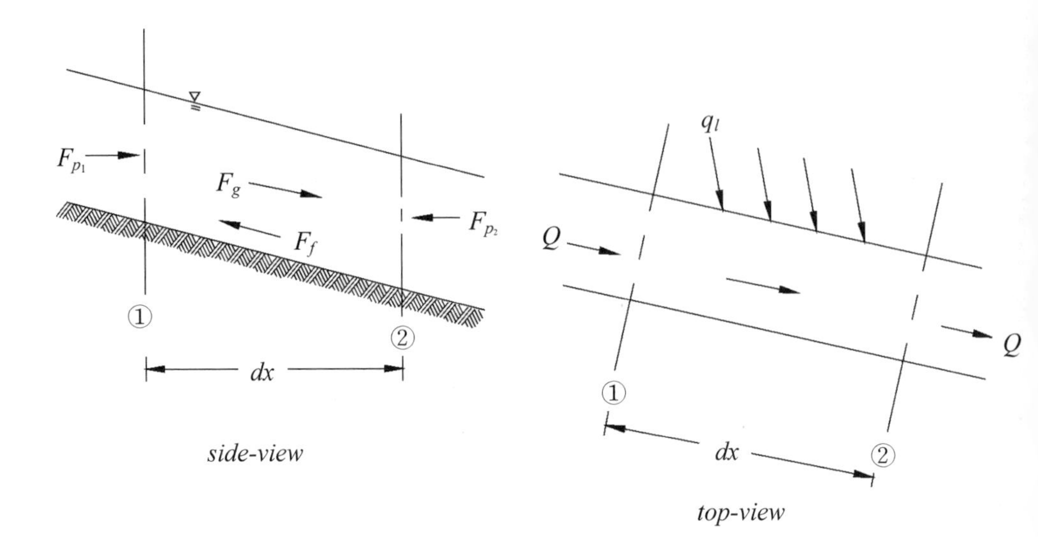

圖 8-10　水力演算法控制斷面

$$\frac{\partial A}{\partial t}+\frac{\partial Q}{\partial x}=q_l \tag{8-37}$$

若斷面平均流速為 V，斷面平均寬度為 B 以及水深為 y，且河道通水斷面積之變化可表示為 $dA=Bdy$，則上式可轉換為

$$\frac{\partial y}{\partial t}+\frac{\partial q}{\partial x}=\frac{q_l}{B} \tag{8-38}$$

式中 q 為河道之單位寬度流量 $(=Q/B=Vy)$，其單位為 $[L^2/T]$。

2. 動量方程式

由牛頓第二運動定律得知，作用於系統之總外力等於系統貯蓄動量之變化率，加上系統輸出動量減去系統輸入動量。如圖 8-10 所示，上、下游斷面之系統動量與河段內動量變化率分別為

上游斷面水流之輸入動量　$\rho(QV+q_lV_xdx)$　（8-39）

下游斷面水流之輸出動量 $\rho\left[QV+\frac{\partial(QV)}{\partial x}dx\right]$ （8-40）

河道貯蓄量之動量改變量 $\rho\frac{\partial(AV)}{\partial t}dx$ （8-41）

式中 V_x 為側入流量於主流方向之流速分量。作用在河段上之主要外力可分別表示為

重力 $F_g=\rho gAS_0dx$ （8-42）

摩擦力 $F_f=-\rho gAS_fdx$ （8-43）

上、下游斷面壓力差 $F_p=-\rho gA\frac{\partial y}{\partial x}dx$ （8-44）

式中 g 為重力加速度；S_0 為底床坡降；S_f 為摩擦坡降。因為作用於系統之總外力等於系統貯蓄動量之變化率，加上系統輸出動量減去系統輸入動量；故合併（8-39）式至（8-44）式可得

$$\frac{\partial Q}{\partial t}+\frac{\partial(QV)}{\partial x}+gA\frac{\partial y}{\partial x}=gA(S_0-S_f)+q_lV_x \quad (8\text{-}45)$$

若考慮單位渠寬之情況，可得

$$\frac{\partial V}{\partial t}+V\frac{\partial V}{\partial x}+g\frac{\partial y}{\partial x}=g(S_0-S_f)+\frac{q_l}{A}(V_x-V) \quad (8\text{-}46)$$

在河川水力學中，將（8-37）式與（8-45）式合併稱作 de Saint Venant 公式。因 de Saint Venant 公式之解析解並不存在，故必需以數值方法 (numerical method) 求解，或視河道特性作不同程度的方程式簡化，以求得解析解。

若忽略側流量之影響，並重新排列（8-46）式，可得

$$S_f=S_0-\frac{\partial y}{\partial x}-\frac{V}{g}\frac{\partial V}{\partial x}-\frac{1}{g}\frac{\partial V}{\partial t} \quad (8\text{-}47)$$

上式中之各項為無因次；等號右側諸項表示驅動水體流動的因子，分別為重力、水壓力以及慣性力（最右側兩項）；等號左側項則表示阻滯水體流動的因子，即水流與河道邊壁的摩擦阻力。對於一般寬淺河川，若底床坡

度 $S_0 = 0.01$，則水深改變率（dy/dx）約為 0.001；而慣性力項約小於 0.001。因此（8-47）式之等號右側，可視河道特性作不同程度的省略。例如都市下水道計算中常用的無慣性波模式 (noninertia-wave model)，其簡化的動量方程式為

$$\frac{dy}{dx} = S_0 - S_f \tag{8-48}$$

而用於計算漫地流 (overland flow) 或陡坡渠道的運動波模式 (kinematic-wave model)，則再忽略壓力項，成為

$$S_0 = S_f \tag{8-49}$$

上式表示為均勻流 (uniform flow) 情況，其流況可以曼寧公式或是蔡斯公式近似之；若配合以水流連續方程式，則可以採用較簡單的數值計算方式。

參考文獻

Puls, L. G. (1928).“Flood regulation of the Tennessee River,” 70th Congr., 1st Section, 185.

U.S. Army Corps of Engineers (1936). “Method of flood-routing,” Report on survey for flood control, Connecticut River Valley, Vol. 1, Section 1.

習題

1. 解釋名詞

⑴洪水演算（flood routing）。（80 中原土木）

⑵河川演算（channel routing）。（79 中原土木）

⑶馬斯金更法（Muskingum method）。（84 中原土木）

⑷水理演算（hydraulic routing）。（83 水利檢覈）

2. 假設某一水庫溢洪道之出流量 (Q) 與超出溢洪道頂部水位 (H) 之關係為 $Q(CMS)=100H^{1.5}$，H 單位為公尺。當水庫水位在溢洪到頂部時，水庫蓄水面積為 10 平方公里，以後水位每上升一公尺，水庫蓄水面積增加 1.5 平方公里。試求在水庫為滿水位時，下表之入流歷線通過水庫後之洪峰流量。（88 水利專技）

時間(時)	0	2	4	6	8
流量 (CMS)	0	500	1000	500	0

3. 已知一水庫之入流歷線如下：

時間 (hr)	0	2	4	6	8	10	12	14	16	18	20	22	24
入流量 (CMS)	100	100	200	400	800	1100	1400	1200	800	500	300	200	100

且該水庫之特性可表示如下：

蓄水量 $S(hm^3)=1.5H^2 \quad (1\,hm^3=10^6\,m^3)$

出水量 $O(cms)=500\sqrt{H}$

其中，H 為水庫水深 (m)。

假設在零時之水庫起始水深 $H_0=0.04\,m$，試演算該水庫之最大水深。（87 水保工程高考三級）

4. 設一水庫為垂直蓄水形狀，其蓄水量 S 可表示為水深 H 之函數關係呈 $S=150H$（cms-day），其中 H 以 m 表示。且出流量由一堰口控制，其出流量 Q 可表示

為 $Q=50H^{\frac{3}{2}}$ (cms)

㈠試建立一代數關係以表示 $\left(\dfrac{2S}{\Delta t}-Q\right)$ 為 H 之函數形式，$\Delta t=2\ days$。

㈡利用下表之水庫入流歷線從事水庫演算，並求最大溢洪流量及最大水深，假設起使標高 H 為 $1\ m$。（85 水利高考三級）

時間 $(days)$	0	2	4	6	8
入流量 (cms)	50	300	500	200	40
出流量 (cms)	50				

5. 水庫之進流歷線如下：

時間 $(days)$	進流量 (m^3/sec)	時間 $(days)$	進流量 (m^3/sec)
0	0	6	22
1	10	7	15
2	20	8	10
3	30	9	10
4	35	10	10
5	30		

已知時間 $t=0$ 時，水庫蓄水量為 $50\ m^3/s/day$，出流量為 0，若 $\Delta t=1\ day$，試算出流歷線及其尖峰流量。（84 水利乙等特考）

若蓄水量與出流量之關係如下：

$$Q=\begin{cases}\dfrac{1}{5}\left(\dfrac{2S}{\Delta t}+Q-120\right) & for\ \dfrac{2S}{\Delta t}+Q>120\\ 0 & otherwise\end{cases}$$

6. 如下圖 a 所示之小集水區出口處有一地下暴雨滯留池（underground detention pond）。今假設有一如圖 b 之設計暴雨發生，且該集水區之入滲容量（infiltration capacity）如圖 c 所示，一小時延時 1 公分有效降雨所形成之單位歷線如圖 d 所示，暴雨滯留池之構造如圖 e 所示。試問在該設計暴雨狀況下，滯留池中之最高水深為若干（假設暴雨發生前滯留池中之水深為 0）？（87 台大農工）

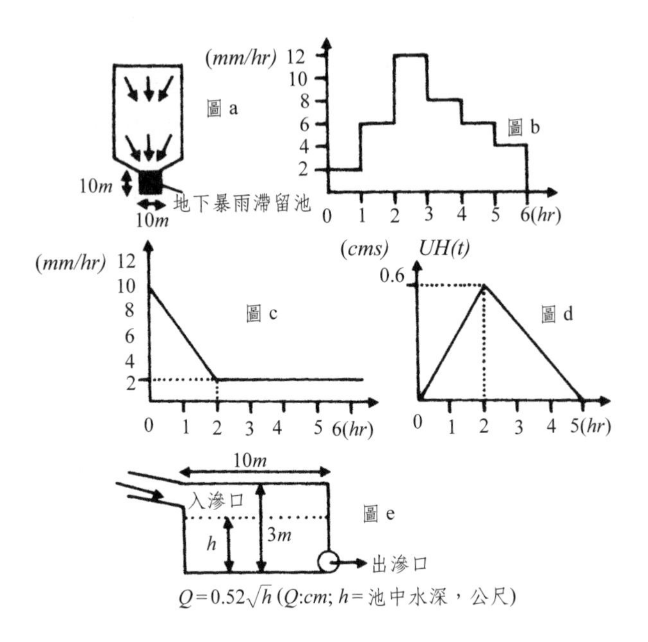

7. 在河川中進行洪水演算分析時，常可選用水文演算法或水力演算法，在理論上兩種演算法有何不同？若使用馬斯金更（Muskingum）法進行分析時，其 K 與 X 兩參數如何決定？又如何選擇適當之演算時距 Δt？（83 水保專技）

8. 馬斯金更法（Muskingum Method）為河川洪水演算的重要方法，請詳細推求其演算式

$$Q_2 = C_0 I_2 + C_1 I_1 + C_2 Q_1$$

並將 C_0, C_1, C_2 以蓄水常數 K，無因次加權因子 X 等表示之；請問如何推算 K 及 X？（90 水利高考三級，86 水利專技）

9. 回答下列有關洪水演算（flood routing）之問題：

㈠試證明一非線性水庫 $(S=aQ^b)$ 之出流歷線尖峰必與入流歷線重合。

㈡有一河段長度為 1280 公尺，其馬斯金更（Muskingum）參數為 $K=0.24\ hr$，$X=0.25$。今有一洪水入流歷線列如下表，試求：

⑴該洪水經過此河段之出流歷線；

⑵該洪水之傳播速度。（87 台大土木）

	1	2	3	4	5	6	7	8	9	10
$t_j(hr)$	0	0.25	0.50	0.75	1.00	1.25	1.50	1.75	2.00	2.25
$I_j(m^3/s)$	23.2	55.2	163.5	508.0	596.1	552.1	278.0	129.2	48.0	28.0
$C_1 \cdot I_{j+1}$										
$C_2 \cdot I_j$										
$C_3 \cdot Q_j$										
Q_{j+1}										

$C_1=(\Delta t-2KX)/D$；$C_2=(\Delta t+2KX)/D$；$C_3=[2K(1-X)-\Delta t]/D$；$D=2K(1-X)+\Delta t$

10.已知某河川之入流歷線。試以馬斯金更（Muskingum）法推估出流歷線。假設蓄水係數K=11小時，參數X=0.13。（88 中華土木，85 水利檢覈）

時間	6：00	12：00	18：00	24：00	6：00	12：00	18：00
入流量(*cms*)	10	30	68	50	40	31	23
出流量(*cms*)	10						

11.某河段之入流量歷線如下：

時間 (*hr*)	0	3	6	9	12	15	18	21
入流量 (*cms*)	6	32	56	45	28	10	7	3

試依馬斯金更法演算該河段之出流量。假設蓄水常數$K=6\ hr$，入流加權常數$X=0.2$，演算時距$\Delta t=3\ hr$，且時間為零時，其出流量為 5*cms*。（84 水保專技）

12.某河川之入流歷線如下表。已知該河川之蓄水常數K=12小時，加權常數X=0.1。試以馬斯金更法計算下游出流量歷線，洪峰消減量及洪峰延滯時間。（85 屏科大土木）

時間 (*hrs*)	06：00	12：00	18：00	24：00	6：00	12：00	18：00	24：00	06：00	12：00	18：00
入流量 (*cms*)	40	90	170	280	210	150	120	95	75	55	40

13.下圖中A, B兩點之河段長度原為 10 公里，水流運行時間（travel time）為 1.5 小時。截彎取直後，河段長度縮減為 8 公里。在A點之設計入流歷線如下所示時，試利用 Muskingum 法演算截彎取直後對B點設計洪峰之影響？
假設截彎取直前後之河川斷面特性不變，曼寧公式適用於計算河段平均流速，而 Muskingum 法中$X=0.2$。（86 水保檢覈）

A點設計入流歷線

時間(時)	0	1	2	3	4	5	6	7
流量(CMS)	0	1,000	2,000	4,000	2,000	1,000	500	0

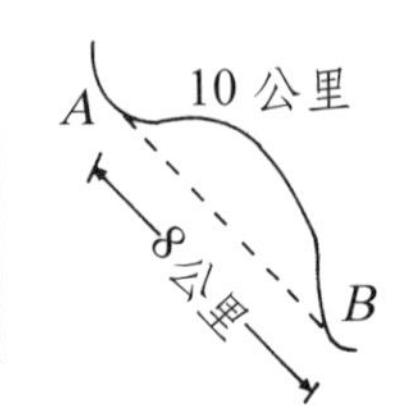

14.如圖㈠所示之矩形流域，有四個雨量站 A、B、C、D，其徐昇氏法（Thiessen method）之控制面積及延時為 2 小時暴雨之各站實測雨量記錄如下：

A	46.0 Km^2	100 mm
B	16.5	70
C	46.0	50
D	16.5	60

又對於此一暴雨在E點實測之流量歷線如圖㈡。試問：
㈠平均雨量為多少公厘？（以徐昇氏法計算）
㈡若基流量為50 cms，則此一暴雨所造成之直接逕流體積為多少立方公尺？
㈢此流域之逕流係數為多少？
㈣以馬斯金更（Muskingum）法演算F點之流量歷線，已知$k=1$小時，$x=0.3$。（90 水保檢覈）

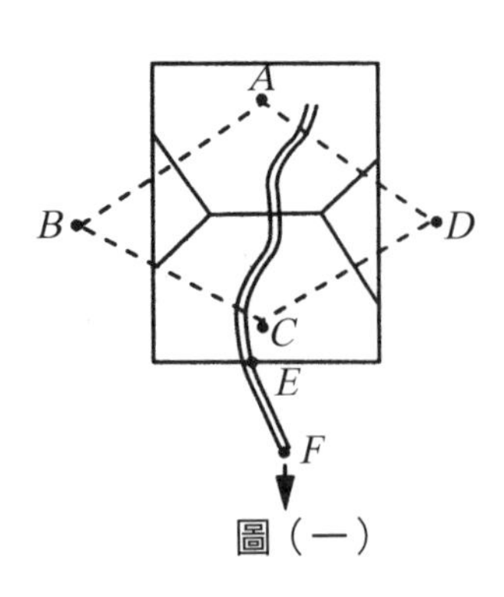

圖（一）

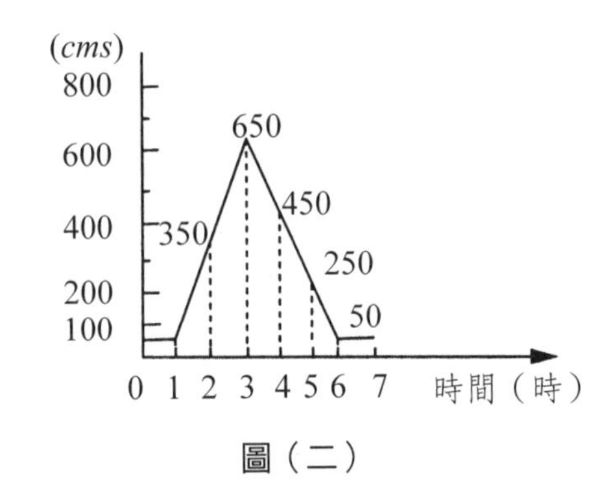

圖（二）

15.若水庫演算中之蓄水量 (S) 與出流量 (Q) 成 $S=KQ$ 之關係，K 為蓄水常數。

(一)試證 $Q_{t+\Delta t}=Q_t+C_1(I_t-Q_t)+C_2(I_{t+\Delta t}-I_t)$，式中，$I$ 為入流量；C_1, C_2 均為常數；Δt 為演算時距。

(二)已知 $K=0.785$ 日，$\Delta t=0.5$ 日，試求上式中之 C_1 及 C_2 值。（82 水利中央簡任升等考試）

16.已知某河川之河段蓄水量 S 與該河段之出流量 O 間之關係如圖所示。

(一)試依據水文方程式以係數法 $S=KO$ 推求出流量與入流量間之關係式中各係數值

$$O_{t+\Delta t}=C_1I_t+C_2I_{t+\Delta t}+C_3O_t$$

(二)依(一)所得結果及下表入流歷線推求該河段出流歷線之尖峰流量（演算時距為 1 日）。（89 中興土木）

時間 (day)	1	2	3	4	5	6	7	8
入流量 (cms)	100	140	340	600	300	150	100	100

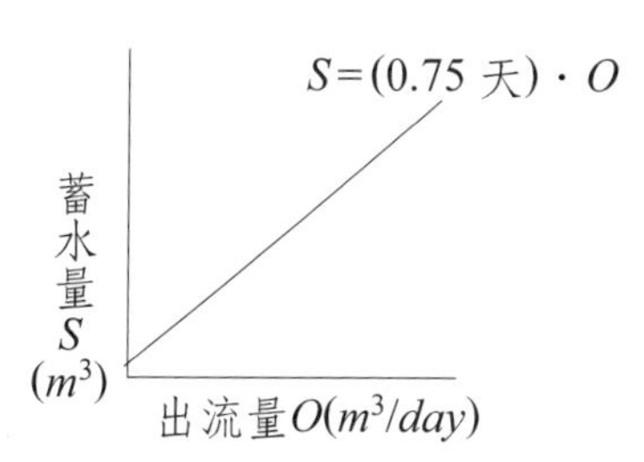

17.已知某河川之蓄水量 S、入流量 I 和出流量 O 間之關係為：$S=aI+bO$，其中 a 及 b 為常數，試導出下列方程式中的係數項：

(a)$O_2=c_1I_2+c_2I_1+c_3O_1$；

(b)$O_2=O_1+c_1'(I_1-O_1)+c_2'(I_2-I_1)$。（86 水保高考三級）

18.某河川之蓄水量 (S) 與入流量 (I)、出流量 (Q) 之關係為 $S=0.5I\Delta t+Q\Delta t$，且已知在起始時間 $t=0$ 時之出流量 $Q=0\ cms$，試以連續方程式 $(I-Q)\Delta t=\Delta S$ 演算下表之出流量值。（89 中原土木）

時間 t，hr	0	1	2	3	4	5
入流量 I，cms	15	31	60	30	15	0

19.試利用 Muskingum method 推導考慮側流情況下之出流方程式。（87 海大河工）

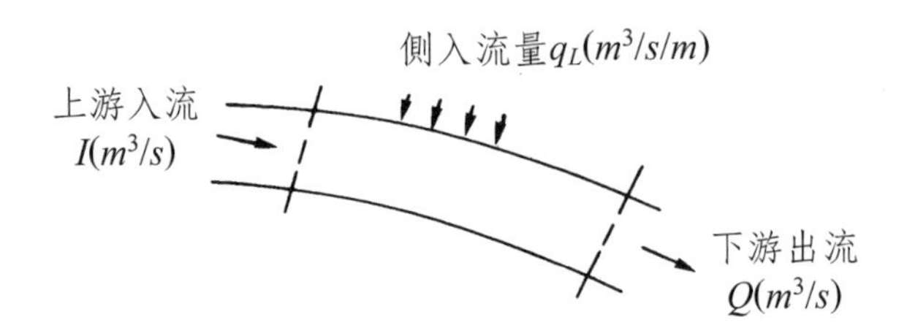

20.#如何以馬斯金更法計算某一特定時刻之出流量？

21.#試以習題 20 所述方式，計算例題 8-4 中 $t = 11\ hr$ 之時的出流量。

22.#試以運動波模式推導單一坡面之集流時間，並說明坡面出口處之水深變化。

23.#試利用運動波（Kinematic wave）方法演算下列停車場地面出口處之漫地流歷線（Overland flow hydrograph），並作圖示之。

一停車場長 120 公尺，寬 60 公尺，地面斜坡度為 0.0025，降雨強度為 3.8 公分/時，且均勻分佈，延時為 40 分鐘，蔡希（Chezy）係數 $C = 75$。（83 水利檢覈）。

CHAPTER 9

水文統計與頻率分析

水文歷程因其不確定性 (uncertainty) 因素，導致水文的隨機性變化量相對於確定性變化量佔有甚大之比例，特別是對於極端事件的發生，就目前的水文科技而言仍無法確切掌握。基於此水文歷程之不確定特性，水文學家嘗試應用統計與機率觀點，以分析水文量之序率歷程 (stochastic process)。本章將應用水文統計與頻率分析方法，說明如何解決水文設計工作所面臨的問題。

9.1 水文統計理論

水文統計方法是基於數學原理，描述水文歷程內觀測量的隨機變化，其重點在於觀測量之數學特性而非物理歷程，所以統計著重於現象之描述而非因果之探究。本節首先說明進行水文分析之前的水文資料選取工作，而後闡釋基本統計理論。

9.1.1 水文資料選取

水文資料通常是具有時間發生先後特性的時間序列 (time series)，例如水文測站之雨量或流量紀錄。所謂的完全延時序列 (complete duration series) 是由全部量測所得資料組成；但水文學家往往僅對特殊極端的事件感到興趣，故只選擇數量大於某一門檻值的資料序列，稱之為部分延時序列 (partial duration series)。若選定特殊的門檻值，使得序列中超過此門檻值之資料，數目恰等於紀錄中之年數，則稱此序列為年超過值序列 (annual exceedence series)。而極端值序列 (extreme value series) 則是選取紀錄中，固定時距內所發生的最大或最小值；如採用每年紀錄之最大值，則此種序列稱為年最大值序列 (annual maximum series)。

一般而言，當工程之損壞可能僅肇因於一次極端水文事件所造成的破壞，可採用年最大值序列；如溢洪道設計常採用年最大值序列進行分析。

而當工程之損壞乃因重複性水文事件所造成之破壞，則可採用超過值序列；如橋墩基礎可以超過值序列進行分析。然而大洪水的發生，可能是稍早發生的前一場暴雨所造成集水區土壤飽和，所導致的高洪水量；故年超值序列難以保證所有的觀測值都為獨立。因此水文分析時，仍以採用年最大值序列較佳。事實上，在高重現期情況下，此二種方法的結果將相當接近，因為很少在一年內會發生兩次大小相同的洪水。

例題 9-1

某水文站近五年颱洪暴雨事件所產生之洪峰流量紀錄如下：

1996 年：300 m^3/s , 150 m^3/s , 700 m^3/s

1997 年：900 m^3/s , 600 m^3/s

1998 年：400 m^3/s , 550 m^3/s , 200 m^3/s

1999 年：850 m^3/s , 350 m^3/s , 650 m^3/s , 100 m^3/s

2000 年：100 m^3/s , 350 m^3/s , 500 m^3/s

試：㈠以年最大值選用法，選取洪峰流量序列。

㈡以年超過值選用法，選取 5 個洪峰流量序列。（83 環工高考二級類似題）

解：

年最大值選用法是從每年的紀錄值中選取一個最大值；年超過值選用法是由全部的紀錄資料中選取最大的 5 個值。

Year	Storm events Q_p (m^3/s)	Annual maximum (m^3/s)	Annual exceedence (m^3/s)
1996	300,150,700	700	700
1997	900,600	900	900, 600
1998	400,550,200	550	-
1999	850,350,650,100	850	850,650
2000	100,350,500	500	-

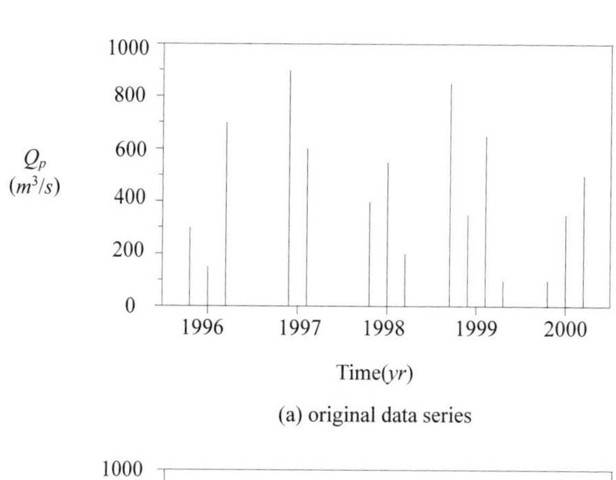

(a) original data series

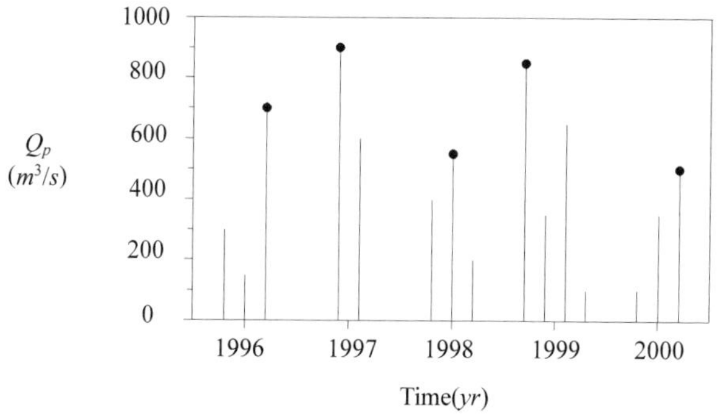

(b) annual maximum series

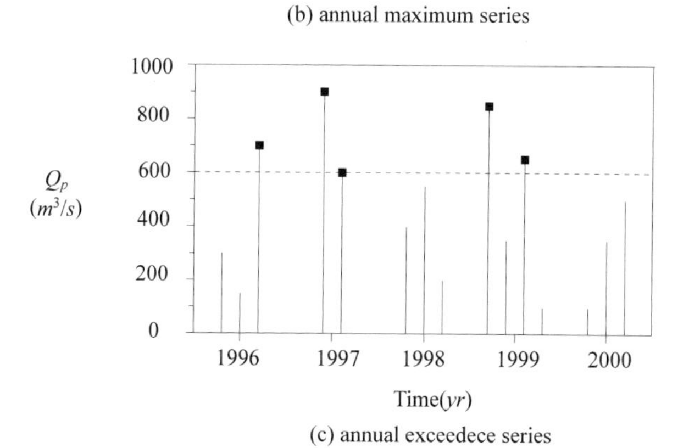

(c) annual exceedece series

圖 E9-1 水文資料選取

圖 E9-1 分別表示原水文紀錄分佈、年最大值序列與年超過值序列資料；在此例中，5 個年最大值中只有 3 個出現在年超值序列，表示某些年的第二大值在數量上超過其它年的年最大值，這是因為年最大值序列並不包括這些第二大值，是以分析時忽略掉了這些次大值的影響。 ◆

9.1.2 機率定則

水文測站所量測的洪峰流量，可視為水文統計上的一個隨機變數 X (random variable)，此隨機變數之特性可由水文測站歷年所量測的洪水量紀錄描述。例如由水文測站紀錄，可得知年洪峰流量大於600 m^3/s所發生的次數。當觀測樣本 (sample) 趨近於無限大，即樣本之統計特性接近於母體 (population) 之統計特性，則事件發生之相對頻率 (relative frequency) 等於事件發生之機率 (probability)，可表示如下

$$P(A) = \lim_{n \to \infty} \frac{n_A}{n} \tag{9-1}$$

式中 $P(A)$ 為 A 事件之發生機率；n 為觀測樣本數；n_A 為 A 事件發生之次數。

不同機率事件依其發生之關聯性，又可分為獨立 (independent)、相依 (dependent) 與互斥 (mutually exclusive) 事件。若 A 事件的發生不受 B 事件影響，則稱兩事件互為獨立；若兩事件的發生彼此關聯，則稱為相依；若 A 與 B 兩事件不可能同時發生，則稱為互斥。因此在不同情況下，A 事件與 B 事件之聯合機率 (joint probability) 可表示為

1. $P(A \cap B) = P(A)P(B)$；若 A 與 B 互為獨立 （9-2）
2. $P(A \cap B) = P(A)P(B|A)$；若 A 與 B 互為相依 （9-3）
3. $P(A \cap B) = 0$；若 A 與 B 為互斥 （9-4）

式中 $P(B|A)$ 為 A 事件發生情況下，B 事件將發生的機率，稱之為條件機率 (conditional probability)。當 A 與 B 互為獨立的情況下，$P(B|A)$ 等於 B 事件

獨自發生的機率，即$P(B|A)=P(B)$。

例題 9-2

已知某地發生洪水溢堤的機率為$P(A)=0.1$，發生瘟疫的機率為$P(B)=0.3$，試問兩事件分別在㈠互斥，㈡獨立，㈢相依（且知$P(B|A)=0.6$）之情況下，洪水溢堤與瘟疫同時發生的機率為何？而瘟疫後發生洪水溢堤的條件機率為何？

解：

兩事件同時發生之聯合機率為$P(A\cap B)$

㈠若A與B為互斥事件，則$P(A\cap B)=0$；

㈡若A與B為獨立事件，則$P(A\cap B)=P(A)P(B)=0.03$；

㈢若A與B為相依事件，則$P(A\cap B)=P(B|A)P(A)=0.06$；

瘟疫後發生洪水溢堤的條件機率為$P(A|B)=\dfrac{P(A\cap B)}{P(B)}=\dfrac{0.06}{0.3}=0.2$。

此例說明當洪水溢堤與發生瘟疫為相依事件時，在洪水溢堤之後發生瘟疫的機率（$P=0.6$）頗大，但在瘟疫後才發生洪水溢堤的機率（$P=0.2$）則相對地較小。 ◆

為瞭解觀測樣本之分佈特性，常將隨機變數區分成離散的區間，以計算落於各區間之觀測數目，再繪成柱狀圖即所謂的頻率柱狀圖 (frequency histogram)。理論上，需有足夠的觀測值落於各區間中，使得柱狀圖呈現平滑變化。Sturges (1926) 建議觀測樣本之區間個數為

$$k=1+3.3\log n \tag{9-5}$$

式中k為區間個數；n為觀測樣本數。

就某一區間i而言，包含於範圍$[a,b]$內之觀測數目n_i除以觀測總數n，代表隨機變數X在此區間之發生機率，即

$$P(a \le x \le b) = \frac{n_i}{n} \tag{9-6}$$

若隨機變數 X 為連續性函數，則

$$P(a \le x \le b) = \int_a^b f(x)dx \tag{9-7}$$

式中 $f(x)$ 稱為機率密度函數 (probability density function)；在 $[a, b]$ 區間內，機率密度函數下之積分面積即為發生機率。而整個機率密度函數的積分面積應等於 1.0，即

$$\int_{-\infty}^{\infty} f(x)dx = 1.0 \tag{9-8}$$

機率密度函數之累積函數可以表示為

$$F(x) = P(X \le x) = \int_{-\infty}^{x} f(x)dx \tag{9-9}$$

式中 $F(x)$ 稱為累積分佈函數 (cumulative distribution function)；$F(x)$ 代表機率密度函數 $f(x)$ 在範圍 $X \le x$ 內之發生機率。因此由（9-9）式可知，累積分佈函數對隨機變數 x 之微分，等於機率密度函數，即

$$f(x) = \frac{dF(x)}{dx} \tag{9-10}$$

上述之發生機率與累積分佈函數均為無因次函數，其範圍介於 0~1 之間。但是 $dF(x)$ 為無因次，而 dx 因次為 $[X]$，故機率密度函數之因次為 $[1/X]$，變化範圍則在介於 $0 \sim \infty$ 之間。如圖 9-1 所示，為基隆河流域五堵流量站之流量機率密度圖與流量累積分佈圖，其分析方式將於例題 9-8 作詳細說明。

9.1.3 水文量重現期

由例題 9-1 中可以得知，若以年最大值選用法分析該水文站的流量紀錄，則每年至少發生一次流量大於 500 m^3/s 的洪水事件，且每兩年至少發生一次流量大於 550 m^3/s 的洪水事件。水文學上將水文量大於或等於某一

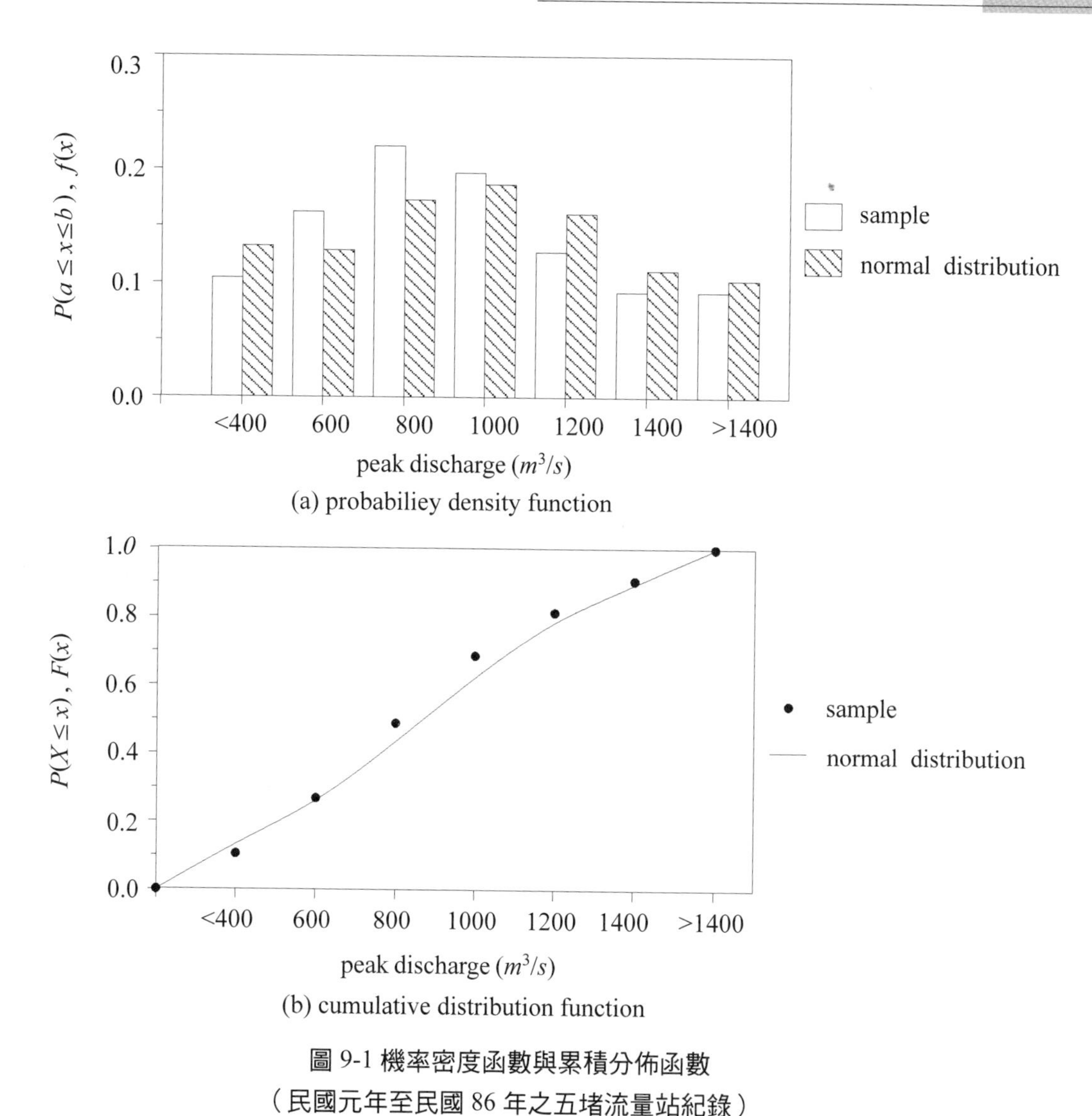

圖 9-1 機率密度函數與累積分佈函數
（民國元年至民國 86 年之五堵流量站紀錄）

特定值之發生時距稱為重現期距 (recurrence interval)；而此重現期距之平均值（或期望值）稱為重現期 (return period)。重現期一般以年為表示單位；所以某特定水文量所相對應之重現期，即表示發生大於或等於此水文量所需之平均年數 T。藉由 9.1.2 節所述之機率定則，可將重現期與累積分佈函數進行聯結。

若假設某特定水文量 x_T 之重現期距為 τ，對任一時刻的觀測值而言，若非 $X \geq x_T$，則是 $X < x_T$。因重現期距為 τ 之水文事件，代表在 τ 年之間發生一次 $X \geq x_T$ 之水文量，而在其它 $\tau - 1$ 年中均發生 $X < x_T$ 之水文量。因此若定義 $X \geq x_T$ 的發生機率為 p，而 $X < x_T$ 的發生機率為 $1 - p$；則重現期距 τ 之平均值為 (Chow et al., 1988)

$$
\begin{aligned}
E(\tau) &= \sum_{\tau=1}^{\infty} \tau\,[\,p(1-p)^{\tau-1}\,] \\
&= p + 2\,(1-p)\,p + 3(1-p)^2 p + 4(1-p)^3 p + \cdots \\
&= p\,[1 + 2(1-p) + 3(1-p)^2 + 4(1-p)^3 + \cdots]
\end{aligned}
\qquad (9\text{-}11)
$$

因為 $(1+x)^n = 1 + nx + [\,n(n-1)/2\,]\,x^2 + [\,n\,(n-1)\,(n-2)/6\,]\,x^3 + \cdots$，故若指定 $x = -(1-p)$ 且 $n = -2$ 時，則可改寫上式如下 (Chow et al., 1988)

$$
E(\tau) = \frac{p}{[1-(1-p)]^2} = \frac{1}{p} \qquad (9\text{-}12)
$$

因定義重現期距 τ 之平均值稱為重現期 T，所以可得任一年內發生水文量 $X \geq x_T$ 之機率為

$$
p = P(X \geq x_T) = \frac{1}{T} \qquad (9\text{-}13)
$$

此發生 $X \geq x_T$ 事件之機率，又可稱為風險度 (risk)。而任一年內不發生水文量大於或等於 x_T 之機率為

$$
p' = 1 - p = P(X < x_T) = 1 - \frac{1}{T} \qquad (9\text{-}14)
$$

相對於（9-13）式之風險度，此不發生 $X \geq x_T$ 事件之機率，可稱為可靠度 (reliability)。

如例題 9-1 所示，某些年的第二大值其實已超過其它年的年最大值，是以應用年最大值序列分析時，將忽略掉這些次大值的影響。從年超過值序列得到某事件大小的重現期 T_E，相較於年最大值序列所導出相同事件大小的重現期 T 間之關係為 (Chow, 1964)

$$T_E = \left[\ln\left(\frac{T}{T-1}\right)\right]^{-1} \tag{9-15}$$

例題 9-3

若堤防是以十年重現期為設計標準，試問㈠堤防於三年內未發生溢頂之機率，㈡堤防於任一年內發生溢頂之機率，㈢堤防於三年內只發生一次溢頂之機率，㈣堤防於三年內至少發生一次溢頂之機率，㈤堤防恰於第三年發生溢頂之機率。

解：

因堤防是以十年重現期為設計標準，所以 $P=1/T=1/10$；$p'=1-1/T=9/10$。

㈠堤防於三年內未發生溢頂之機率 $P=(1-1/10)^3=0.729$。

㈡堤防於任一年內發生溢頂之機率 $P=1/T=0.1$。

㈢堤防於三年內只發生一次溢頂之機率 $P=C_1^3p^1(1-p)^2=3\times0.1\times0.9^2=0.243$。

㈣堤防於三年內至少發生一次溢頂之機率 $P=1-(1-1/10)^3=0.271$。

㈤堤防恰於第三年發生溢頂之機率 $P=(1-p)(1-p)p=0.9^2\times0.1=0.081$。◆

9.1.4 統計參數

常用以表示資料特性的統計參數如期望值、變異性以及對稱性，可詳述如下。

1. 期望值 (expected value)

所謂的期望值即是隨機變數的平均值 μ，其等於隨機變數對原點的一

次矩（重心），可表示如下

$$E(X) = \mu = \int_{-\infty}^{\infty} x\, f(x)dx \tag{9-16}$$

而樣本統計之平均值則可表示為

$$\bar{x} = \frac{1}{n}\sum_{i=1}^{n} x_i \tag{9-17}$$

式中 n 為樣本個數；因此期望值代表該分佈之中點或中央趨勢 (central tendency)。

2. 變異性 (variability)

變異數 σ^2 (variance) 是隨機變數對平均值的二次矩，其意義為樣本對平均值之集中度；變異數可表示為

$$E[(x-\mu)^2] = \sigma^2 = \int_{-\infty}^{\infty} (x-\mu)^2\ f(x)dx \tag{9-18}$$

而樣本統計之變異數則可表示為

$$s^2 = \frac{1}{n-1}\sum_{i=1}^{n}(x_i - \bar{x})^2 \tag{9-19}$$

式中分母為 $n-1$ 而不使用 n，是為確保樣本統計能保持無偏差 (unbiased) 之特性。

一般將變異數 σ^2 的開根號值，稱之為標準偏差 σ (standard deviation)。如圖 9-2 所示，若樣本之差異性較小，則分散性較低，因此當變異數（或標準偏差）較小，分佈曲線較為集中；反之，當樣本之差異性較大，則分散性較明顯，因此變異數（或標準偏差）較大，其分佈曲線較為平緩。由（9-18）式可知，變異數 σ^2 之因次為 $[X^2]$，標準偏差 σ 之因次為 $[X]$，為便於對資料變異性作量測，可定義無因次之變異係數 C_v (coefficient of variation) 如下

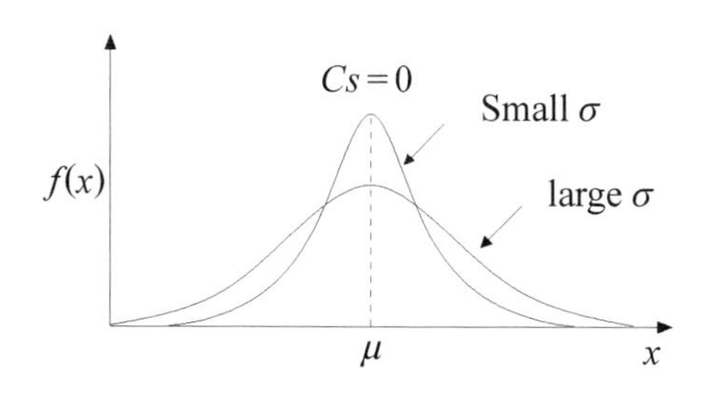

(a) standard deviation σ

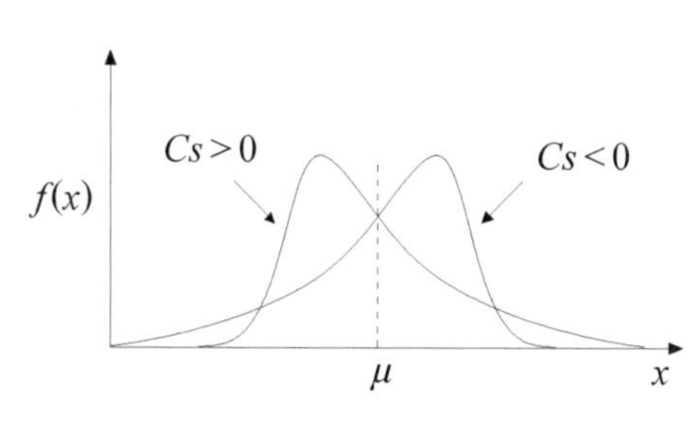

(b) coefficient of skewness C_s

圖 9-2 統計參數與機率密度函數

$$C_v = \frac{\sigma}{\mu} \tag{9-20}$$

而樣本統計之變異係數則可表示為

$$\hat{C_v} = \frac{s}{\bar{x}} \tag{9-21}$$

3. 對稱性 (symmetry)

偏度 (skewness) 是隨機變數對平均值的三次矩，其意義為樣本分佈對平均值之對稱性；偏度可表示為

$$E[(x-\mu)^3] = \int_{-\infty}^{\infty} (x-\mu)^3 f(x)dx \tag{9-22}$$

將偏度除以 σ^3 即成為無因次的偏度係數 γ (coefficient of skewness)

$$\gamma = \frac{1}{\sigma^3} E[(x-\mu)^3] \tag{9-23}$$

而樣本統計之偏度係數則可表示為

$$C_s = \frac{n}{(n-1)(n-2)s^3} \sum_{i=1}^{n} (x_i - \bar{x})^3 \tag{9-24}$$

如圖 9-2 所示，正偏度($C_s>0$)表示少數極端值偏向右邊，負偏度($C_s<0$)則是表示少數極端值偏向左邊。若資料有明顯的偏度，表示有少數極端值對資料之算術平均具有重大的影響；此時應改用中數 (median) 或幾何平均數 (geometric mean)，來描述資料之中央趨勢較為恰當。所謂的中數即當 $F(x)=0.5$ 所對應之 x 值；而幾何平均數可表示為

$$\overline{X}_g=(x_1\cdot x_2\cdot x_3\cdots x_n)^{1/n} \tag{9-25}$$

式中 $\overline{X}_g$ 為幾何平均數。由於樣本之期望值、變異數與偏度，僅能提供樣本的部分統計特性，若要正確掌握樣本之整體統計特性，則需採用機率密度函數，以進行詳細的分析。

例題 9-4

表中所列為基隆河流域五堵流量站，由民國 67 年至民國 86 年之年最大流量紀錄，試求該水文紀錄之統計參數。

年份	67	68	69	70	71	72	73	74	75	76
流量 (m^3/s)	1,390	1,030	183	1,260	682	980	1,420	1,250	731	2,070

年份	77	78	79	80	81	82	83	84	85	86
流量 (m^3/s)	734	946	857	584	398	410	548	228	1,090	1,040

解：

下表第(1)欄位所列，是以樣本統計公式計算資料之平均值、變異數與偏度係數；因水文資料常採用對數分佈的形態分析，故若將資料取以 10 為底之對數後，再以相同公式計算，即可得到對數之統計參數，如第(2)欄位所列。

統計參數	(1)原始資料	(2)對數資料
平均值	$\bar{x}=891.55$	$\bar{y}=2.88388$
變異數	$s_x^2=210{,}432.4$	$s_y^2=0.071238$
偏度係數	$C_{sx}=0.637278$	$C_{sy}=-0.87849$

◆

9.2 頻率分析理論

應用頻率分析 (frequency analysis) 理論分析水文資料，是希望將極端事件的水文量與其發生的頻率（單位時間內發生的次數）進行聯結。頻率分析的前提為樣本事件為獨立而且屬於同一分佈，此樣本資料是由該水文系統隨機產生而得，不論在空間上或時間上均應符合獨立之假設。

9.2.1 頻率分析通式

水文紀錄資料因受集水區水文與地文環境之影響，有其特殊之統計性質。某特定重現期水文量之大小，可表示為 (Chow, 1951)

$$x_T = \mu + \sigma K_T \tag{9-26}$$

式中 x_T 為重現期為 T 之水文量大小；μ 為水文資料之平均值；σ 為水文資料之標準偏差；K_T 稱為頻率因子 (frequency factor)。上式表示重現期為 T 之水文量 x_T，等於水文資料之平均值 μ 加上一個變異量，而此變異量等於水文資料之標準偏差 σ 與頻率因子 K_T 之乘積。一般工程水文分析上，是以所收集到之水文紀錄的平均值 $\bar{x}$ 代替 μ 值，而以水文紀錄之標準偏差 s 代替 σ 值。

（9-26）式被稱為頻率分析之通式，對於某特定重現期而言，不同的機率分佈會有不同的頻率因子；所以該頻率分析通式可應用於水文紀錄分別隸屬於不同的機率分佈之上。不同機率分佈之頻率因子與相對應重現期之關係，可以表示為數學方程式或以列表方式呈現；因此若確認水文紀錄之機率分佈並知其統計特性參數，則當給定一重現期後，即可利用（9-26）式計算出水文量 x_T 之數值大小。以下章節將詳述水文頻率分析中，常用的機率分佈以及頻率因子 K_T 之表示方式。

9.2.2 常用的機率分佈

水文學上常用以分析水文量之機率分佈包括常態分佈、對數常態分佈、極端值分佈、皮爾遜 III 型分佈與對數皮爾遜 III 型分佈，茲詳述如下。

1. 常態分佈與對數常態分佈

最常見的機率密度函數為常態分佈 (normal distribution)，可表示如下

$$f(x)=\frac{1}{\sigma\sqrt{2\pi}}\exp\left[-\frac{1}{2}(\frac{x-\mu}{\sigma})^2\right], \quad -\infty \le x \le \infty \tag{9-27}$$

式中 μ 為水文資料之平均值；σ 為水文資料之標準偏差。常態分佈之形狀為左右對稱的鐘形曲線；實際應用上為便於繪製常態分佈曲線，可定義標準常態變數 z (standard normal variable) 如下

$$z=\frac{x-\mu}{\sigma} \tag{9-28}$$

則（9-27）式可簡化為標準常態機率密度函數 (standard normal probability density function) 如下

$$f(z)=\frac{1}{\sqrt{2\pi}}e^{-z^2/2}, \quad -\infty \le z \le \infty \tag{9-29}$$

故標準常態累積分佈函數 (standard normal cumulative distribution function) 可表示為

$$F(z)=\int_{-\infty}^{z}\frac{1}{\sqrt{2\pi}}e^{-u^2/2}du \tag{9-30}$$

式中 u 為虛擬變數。上式並無解析型式，其值列於表 9-1。相對於（9-26）式之頻率分析通式，常態機率分佈之頻率因子 K_T 可表示為

$$K_T=\frac{x-\mu}{\sigma} \tag{9-31}$$

表 9-1　常態累積分佈函數

z	.00	.01	.02	.03	.04	.05	.06	.07	.08	.09
0.0	0.5000	0.5040	0.5080	0.5120	0.5160	0.5199	0.5239	0.5279	0.5319	0.5359
0.1	0.5398	0.5438	0.5478	0.5517	0.5557	0.5596	0.5636	0.5675	0.5714	0.5753
0.2	0.5793	0.5832	0.5871	0.5910	0.5948	0.5987	0.6026	0.6064	0.6103	0.6141
0.3	0.6179	0.6217	0.6255	0.6293	0.6331	0.6368	0.6406	0.6443	0.6480	0.6517
0.4	0.6554	0.6591	0.6628	0.6664	0.6700	0.6736	0.6772	0.6808	0.6844	0.6879
0.5	0.6915	0.6950	0.6985	0.7019	0.7054	0.7088	0.7123	0.7157	0.7190	0.7224
0.6	0.7257	0.7291	0.7324	0.7357	0.7389	0.7422	0.7454	0.7486	0.7517	0.7549
0.7	0.7580	0.7611	0.7642	0.7673	0.7704	0.7734	0.7764	0.7794	0.7823	0.7852
0.8	0.7881	0.7910	0.7939	0.7967	0.7995	0.8023	0.8051	0.8078	0.8106	0.8133
0.9	0.8159	0.8186	0.8212	0.8238	0.8264	0.8289	0.8315	0.8340	0.8365	0.8389
1.0	0.8413	0.8438	0.8461	0.8485	0.8508	0.8531	0.8554	0.8577	0.8599	0.8621
1.1	0.8643	0.8665	0.8686	0.8708	0.8729	0.8749	0.8770	0.8790	0.8810	0.8830
1.2	0.8849	0.8869	0.8888	0.8907	0.8925	0.8944	0.8962	0.8980	0.8997	0.9015
1.3	0.9032	0.9049	0.9066	0.9082	0.9099	0.9115	0.9131	0.9147	0.9162	0.9177
1.4	0.9192	0.9207	0.9222	0.9236	0.9251	0.9265	0.9279	0.9292	0.9306	0.9319
1.5	0.9332	0.9345	0.9357	0.9370	0.9382	0.9394	0.9406	0.9418	0.9429	0.9441
1.6	0.9452	0.9463	0.9474	0.9484	0.9495	0.9505	0.9515	0.9525	0.9535	0.9545
1.7	0.9554	0.9564	0.9573	0.9582	0.9591	0.9599	0.9608	0.9616	0.9625	0.9633
1.8	0.9641	0.9649	0.9656	0.9664	0.9671	0.9678	0.9686	0.9693	0.9699	0.9706
1.9	0.9713	0.9719	0.9726	0.9732	0.9738	0.9744	0.9750	0.9756	0.9761	0.9767
2.0	0.9772	0.9778	0.9783	0.9788	0.9793	0.9798	0.9803	0.9808	0.9812	0.9817
2.1	0.9821	0.9826	0.9830	0.9834	0.9838	0.9842	0.9846	0.9850	0.9854	0.9857
2.2	0.9861	0.9864	0.9868	0.9871	0.9875	0.9878	0.9881	0.9884	0.9887	0.9890
2.3	0.9893	0.9896	0.9898	0.9901	0.9904	0.9906	0.9909	0.9911	0.9913	0.9916
2.4	0.9918	0.9920	0.9922	0.9925	0.9927	0.9929	0.9931	0.9932	0.9934	0.9936
2.5	0.9938	0.9940	0.9941	0.9943	0.9945	0.9946	0.9948	0.9949	0.9951	0.9952
2.6	0.9953	0.9955	0.9956	0.9957	0.9959	0.9960	0.9961	0.9962	0.9963	0.9964
2.7	0.9965	0.9966	0.9967	0.9968	0.9969	0.9970	0.9971	0.9972	0.9973	0.9974
2.8	0.9974	0.9975	0.9976	0.9977	0.9977	0.9978	0.9979	0.9979	0.9980	0.9981
2.9	0.9981	0.9982	0.9982	0.9983	0.9984	0.9984	0.9985	0.9985	0.9986	0.9986
3.0	0.9987	0.9987	0.9987	0.9988	0.9988	0.9989	0.9989	0.9989	0.9990	0.9990
3.1	0.9990	0.9991	0.9991	0.9991	0.9992	0.9992	0.9992	0.9992	0.9993	0.9993
3.2	0.9993	0.9993	0.9994	0.9994	0.9994	0.9994	0.9994	0.9995	0.9995	0.9995
3.3	0.9995	0.9995	0.9995	0.9996	0.9996	0.9996	0.9996	0.9996	0.9996	0.9997
3.4	0.9997	0.9997	0.9997	0.9997	0.9997	0.9997	0.9997	0.9997	0.9997	0.9998

Source: Grant, E. L., and R. S. Leavenworth, *Statistical Quality and Control*, Table A, p.643, McGraw-Hill, New York, 1972.

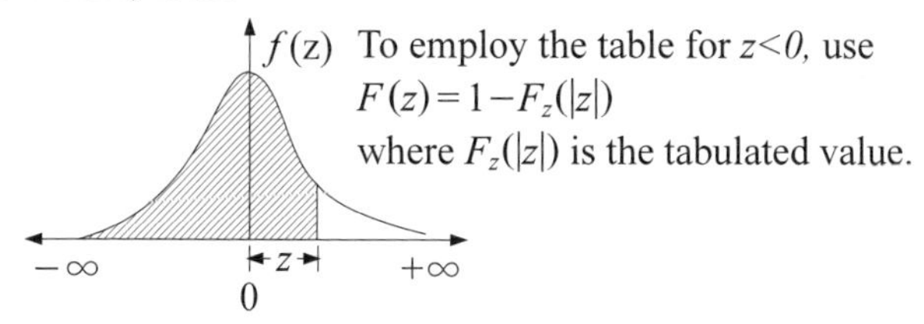

To employ the table for $z<0$, use
$F(z)=1-F_z(|z|)$
where $F_z(|z|)$ is the tabulated value.

上式表示常態機率分佈之頻率因子 K_T 即等於標準常態變數 z。

常態分佈之範圍介於 $-\infty \sim \infty$ 之間，但是水文量皆為正值，因此若水文量符合常態分佈，其分佈應對稱於平均值。一般情況而言，水文量常呈向右偏斜之分佈，此時可考慮採用對數常態分佈 (lognormal distribution)；即定義 $y=\log x$，再代入常態分佈，則其機率密度函數為

$$f(x)=\frac{1}{x\sigma_y\sqrt{2\pi}}\exp\left[-\frac{1}{2}(\frac{y-\mu_y}{\sigma_y})^2\right],\quad 0\le y\le\infty，0\le x\le\infty \qquad (9\text{-}32)$$

式中 μ_y 為隨機變數 y 之期望值；σ_y 為隨機變數 y 之標準偏差。因對數常態分佈之下邊界為 0，故較之常態分佈更適於表示水文量之分佈；且當水文量取對數之後，其向右偏斜之現象將會降低。

例題 9-5

試利用例題 9-4 中之五堵站流量紀錄，找出此資料在常態分佈與對數常態分佈情況下，重現期分別為 10 年、50 年以及 100 年之流量值。

解：

由例題 9-4 的計算得知：原始資料 $\bar{x}=891.55$；$s_x=458.73$；對數資料 $\bar{y}=2.88388$；$s_y=0.2669$。

假設兩種資料形態之偏度係數均為 0，由（9-31）式得知常態分佈之頻率因子 K_T 等於標準常態變量 z。重現期為 10 年之發生機率 $P(X\ge x)=1/10=0.1$，故不會發生的機率為 $P(X<x)=1-1/10=0.9$，查表 9-1 中 $F(x)=P(X<x)=0.9$，所相對應之標準常態變量 $z=1.282$，所以 $K_{10}=1.282$。同理，$K_{50}=2.054$ 以及 $K_{100}=2.326$，代入頻率分析通式即可得到流量值。

㈠常態分佈

$$Q_{10}=891.55+1.282\times458.73=1480\ m^3/s；$$

$Q_{50}=891.55+2.054\times 458.73=1834\ m^3/s$；

$Q_{100}=891.55+2.326\times 458.73=1959\ m^3/s$。

㈡對數常態分佈

$y_{10}=2.88388+1.282\times 0.2669=3.2260$, $Q_{10}=10^{3.2260}=1683\ m^3/s$；

$y_{50}=2.88388+2.054\times 0.2669=3.4321$, $Q_{50}=10^{3.4321}=2705\ m^3/s$；

$y_{100}=2.88388+2.326\times 0.2669=3.5047$, $Q_{100}=10^{3.5047}=3197\ m^3/s$。◆

2. 極端值分佈

極端值是從資料中選取最大值或最小值的集合；例如擷取某流量站歷年最大流量值所組成的極端值集合，再進行統計分析。由於極端值分佈 (extreme value distribution) 中的水文資料選自於原資料序列之極端值，故極端值分佈將明顯地異於母體之機率分佈；常見的極端值分佈有極端值 I 、II 、III型 (extreme value type I, II, III distributions；簡稱 EVI, EVII, 與 EVIII)。工程水文分析中，暴雨與洪峰流量常以極端值 I 型分佈近似之，極端值 I 型分佈又稱為甘保氏分佈 (Gumbel distribution)；而乾旱時期水流常用極端值III型分佈近似之，極端值III型分佈又稱為韋伯分佈 (Weibull distribution)。

極端值 I 型分佈之機率分佈函數可表示為

$$F(x)=P(X\le x)=e^{-e^{-y}},\quad -\infty<x<\infty \tag{9-33}$$

式中

$$y=\alpha(x-\beta) \tag{9-34}$$

$$\alpha=\frac{\pi}{\sqrt{6}\sigma} \tag{9-35}$$

$$\beta=\mu-\frac{0.5772}{\alpha} \tag{9-36}$$

式中μ為水文資料之平均值；σ為水文紀錄之標準偏差。由（9-14）式知$P(X\le x)=1-1/T$，所以可將（9-33）式轉換為

$$y=-\ln\left[-\ln\left(1-\frac{1}{T}\right)\right] \tag{9-37}$$

由（9-34）、（9-35）與（9-36）式可得

$$x_T=\mu+\sigma\frac{\sqrt{6}}{\pi}(y-0.5772) \tag{9-38}$$

將上式與（9-26）式比較，可得極端值 I 型分佈之頻率因子K_T為

$$\begin{aligned}K_T&=\frac{\sqrt{6}}{\pi}(y-0.5772)\\&=\frac{\sqrt{6}}{\pi}\left\{-\ln\left[-\ln\left(1-\frac{1}{T}\right)\right]-0.5772\right\}\end{aligned} \tag{9-39}$$

由（9-26）式可知，當$x_T=\mu$時，得$K_T=0$。故由（9-39）式可知，若水文紀錄符合極端值 I 型分佈時，平均水文量所代表的重現期T等於 2.33 年。

例題 9-6

試利用例題 9-4 中之五堵站流量紀錄，找出此資料在極端值 I 型分佈情況下，重現期分別為 10 年、50 年以及 100 年之流量值。

解：

由例題 9-4 的計算得知：原始資料$\bar{x}=891.55$；$s_x=458.73$。

頻率因子可分別計算如下

$$K_{10}=\frac{\sqrt{6}}{\pi}\left\{-\ln\left[-\ln\left(1-\frac{1}{10}\right)\right]-0.5772\right\}=1.3046；$$

$$K_{50}=\frac{\sqrt{6}}{\pi}\left\{-\ln\left[-\ln\left(1-\frac{1}{50}\right)\right]-0.5772\right\}=2.5923\text{；}$$

$$K_{100}=\frac{\sqrt{6}}{\pi}\left\{-\ln\left[-\ln\left(1-\frac{1}{100}\right)\right]-0.5772\right\}=3.1367\text{。}$$

代入（9-26）式得流量

$$Q_{10}=891.55+1.3046\times 458.73=1490\ m^3/s\text{；}$$
$$Q_{50}=891.55+2.5923\times 458.73=2081\ m^3/s\text{；}$$
$$Q_{100}=891.55+3.1367\times 458.73=2330\ m^3/s\text{。}$$

◆

3. 皮爾遜 III 型分佈與對數皮爾遜 III 型分佈

皮爾遜 III 型分佈 (Pearson type III distribution) 是一個較有彈性的分佈，隨著機率分佈參數之變化，可轉換成為不同的分佈；例如常態分佈就是皮爾遜 III 型分佈在偏度為零情況下之特例。皮爾遜 III 型分佈之機率密度函數可表示為

$$f(x)=\frac{\lambda^{\beta}(x-\varepsilon)^{\beta-1}e^{-\lambda(x-\varepsilon)}}{\Gamma(\beta)}\text{；}x\geq\varepsilon \qquad (9\text{-}40)$$

式中 $\lambda=\frac{\sigma}{\sqrt{\beta}}$；$\beta=\left(\frac{2}{C_s}\right)^2$ 以及 $\varepsilon=\mu-\sigma\sqrt{\beta}$。相對於頻率分析之通式，當偏度係數 $C_s=0$ 時，皮爾遜 III 型分佈之頻率因子 K_T 等於標準常態變數 z；當偏度係數 $C_s\neq 0$ 時，則 K_T 值可由表 9-2 中查得。

表 9-2　皮爾遜 III 型分佈之頻率因子K_T（Linsley et al., 1988）

Skew coefficient C_s	Recurrence interval, years							
	1.0101	1.2500	2	5	10	25	50	100
	Percent chance							
	99	80	50	20	10	4	2	1
3.0	−0.667	−0.636	−0.396	0.420	1.180	2.278	3.152	4.051
2.8	−0.714	−0.666	−0.384	0.460	1.210	2.275	3.114	3.973
2.6	−0.769	−0.696	−0.368	0.499	1.238	2.267	3.071	3.889
2.4	−0.832	−0.725	−0.351	0.537	1.262	2.256	3.023	3.800
2.2	−0.905	−0.752	−0.330	0.574	1.284	2.240	2.970	3.705
2.0	−0.990	−0.777	−0.307	0.609	1.302	2.219	2.912	3.605
1.8	−1.087	−0.799	−0.282	0.643	1.318	2.193	2.848	3.499
1.6	−1.197	−0.817	−0.254	0.675	1.329	2.163	2.780	3.388
1.4	−1.318	−0.832	−0.225	0.705	1.337	2.128	2.706	3.271
1.2	−1.449	−0.844	−0.195	0.732	1.340	2.087	2.626	3.149
1.0	−1.588	−0.852	−0.164	0.758	1.340	2.043	2.542	3.022
0.8	−1.733	−0.856	−0.132	0.780	1.336	1.993	2.453	2.891
0.6	−1.880	−0.867	−0.099	0.800	1.328	1.939	2.359	2.755
0.4	−2.029	−0.855	−0.066	0.816	1.317	1.880	2.261	2.615
0.2	−2.178	−0.850	−0.033	0.830	1.301	1.818	2.159	2.472
0	−2.326	−0.842	0.	0.842	1.282	1.751	2.054	2.326
−0.2	−2.472	−0.830	0.033	0.850	1.258	1.680	1.945	2.178
−0.4	−2.615	−0.816	0.066	0.855	1.231	1.606	1.834	2.029
−0.6	−2.755	−0.800	0.099	0.857	1.200	1.528	1.720	1.880
−0.8	−2.891	−0.780	0.132	0.856	1.166	1.448	1.606	1.733
−1.0	−3.022	−0.758	0.164	0.852	1.128	1.366	1.492	1.588
−1.2	−3.149	−0.732	0.195	0.844	1.086	1.282	1.379	1.449
−1.4	−3.271	−0.705	0.225	0.832	1.041	1.198	1.270	1.318
−1.6	−3.388	−0.675	0.254	0.817	0.994	1.116	1.166	1.197
−1.8	−3.499	−0.643	0.282	0.799	0.945	1.035	1.069	1.087
−2.0	−3.605	−0.609	0.307	0.777	0.895	0.959	0.980	0.990
−2.2	−3.705	−0.574	0.330	0.752	0.844	0.888	0.900	0.905
−2.4	−3.800	−0.537	0.351	0.725	0.795	0.823	0.830	0.832
−2.6	−3.889	−0.499	0.368	0.696	0.747	0.764	0.768	0.769
−2.8	−3.973	−0.460	0.384	0.666	0.702	0.712	0.714	0.714
−3.0	−4.051	−0.420	0.396	0.636	0.660	0.666	0.666	0.667

當水文紀錄資料的偏度很大時，可嘗試採對數轉換以降低偏度，此時之分佈稱作對數皮爾遜 III 型分佈 (log-Pearson type III distribution)。對數皮爾遜 III 型分佈之機率密度函數可表示為

$$f(x)=\frac{\lambda^{\beta}(y-\varepsilon)^{\beta-1}e^{-\lambda(y-\varepsilon)}}{x\Gamma(\beta)} \quad , \log x \geq \varepsilon \qquad (9\text{-}41)$$

式中 $y=\log x$；$\lambda=\frac{\sigma_y}{\sqrt{\beta}}$；$\beta=(\frac{2}{C_{sy}})^2$；$\varepsilon=\mu_y-\sigma_y\sqrt{\beta}$。對數皮爾遜Ⅲ型分佈之邊界 ε 位置決定於資料的偏度，若資料為正偏則 $\log x \geq \varepsilon$ 且 ε 為下邊界，當資料為負偏則 $\log x \leq \varepsilon$ 且 ε 為上邊界。

例題 9-7

試利用例題 9-4 中之五堵站流量紀錄，找出此資料在皮爾遜Ⅲ型分佈與對數皮爾遜Ⅲ型分佈情況下，重現期分別為 10 年、50 年以及 100 年之流量值。

解：

由例題 9-4 的計算得知：原始資料 $\bar{x}=891.55$；$s_x=458.73$；$C_{sx}=0.637278$；對數資料：$\bar{y}=2.88388$；$s_y=0.2669$；$C_{sy}=-0.87849$。查表 9-2 並內插得 $K_{10}=1.3295$、$K_{50}=2.3765$、$K_{100}=2.7803$。

㈠皮爾遜Ⅲ型分佈

代入（9-26）式得流量

$Q_{10}=891.55+1.3295\times458.73=1501\ m^3/s$；

$Q_{50}=891.55+2.3765\times458.73=1982\ m^3/s$；

$Q_{100}=891.55+2.7803\times458.73=2167\ m^3/s$。

㈡對數皮爾遜Ⅲ型分佈

同理，查表 9-2 並內插得 $K_{10}=1.1511$、$K_{50}=1.5613$ 以及 $K_{100}=1.6761$，代入（9-26）式得流量

$y_{10}=2.88388+1.1511\times0.2669=3.1911$，$Q_{10}=10^{3.1911}=1553\ m^3/s$；

$y_{50}=2.88388+1.5613\times0.2669=3.3006$，$Q_{50}=10^{3.3006}=1998\ m^3/s$；

$y_{100} = 2.88388 + 1.6761 \times 0.2669 = 3.3312$，$Q_{100} = 10^{3.3312} = 2144\ m^3/s$。

將例題 9-5 至例題 9-7 應用各種機率分佈所得之流量值列表比較，由表中可以看出不同重現期之洪峰量增加率，隨重現期的昇高而降低。此外，比較常態分佈與皮爾遜Ⅲ型分佈，即可發覺偏度係數在此計算中影響流量推估值，且對 $T = 100$年流量之影響明顯高於 $T = 10$年之情況；而正的偏度係數造成流量推估值增加，負值則減少。

重現期流量	Q_{10}	Q_{50}	Q_{100}
常態分佈	1,480	1,834	1,959
對數常態分佈	1,683	2,705	3,197
極端值 I 型分佈	1,490	2,081	2,330
皮爾遜Ⅲ型分佈	1,501	1,982	2,167
對數皮爾遜Ⅲ型分佈	1,553	1,998	2,144

單位：m^3/s ◆

9.3 合適機率分佈之選取

機率分佈是用以代表某地區水文事件發生機率的函數，藉由機率分佈函數即可在有限水文紀錄情況下，推求得極端水文事件的水文量大小。然而水文紀錄資料究竟屬於何種機率分佈，則需要先以適合度檢定 (goodness of fit test) 方式加以判別，而後將水文紀錄以機率點繪 (probability plotting) 方式與所假設之機率分佈進行比較，以確認機率分佈選取之正確性。

9.3.1 適合度檢定

常用以檢定水文資料機率分佈的方法為χ^2檢定 (chi-square test)，其基本架構是在計算樣本之發生機率與所假設分佈之理論機率值的差異，以確定所假設的機率分佈是否合理。在進行χ^2檢定之前，需先將水文資料予以分組。資料分組數目可以（9-5）式計算，但原則上每一組別之資料數不得少於 5 個；若資料數少於 5 個，則需將相鄰組別之資料併為一組再進行分析。

若紀錄資料可分為k組，則樣本之發生機率與所假設分佈之理論機率的χ^2值可表示為

$$\chi^2 = \sum_{i=1}^{k} \frac{(O_i - E_i)^2}{E_i} \tag{9-42}$$

式中k為資料分組數；O_i為紀錄資料在第i分組內之實際觀測數量 (observed value)；E_i為所假設機率分佈在第i分組內之期望發生數量 (expected value)。應用統計理論可推導出可被接受的理論χ^2值，若（9-42）式所得之計算值大於理論值，則表示所假設的機率分佈並不適合此水文紀錄資料。

理論的χ^2值為自由度v (degree of freedom) 與信賴度β (confidence level) 的函數，如表 9-3 所列。自由度$v = k - m - 1$，式中m為所假設分佈之參數個數；例如常態分佈之m等於 2。信賴度是因為水文紀錄資料之不確定性，所導致分析結果之可信賴程度。檢定時必須選定信賴度大小，信賴度β常表示為$1 - \alpha$，α稱為顯著度 (significance level)；顯著度的意義為發生錯誤估計的機率。典型統計分析所採用之信賴度值為 95%，此時顯著度$\alpha = 5\%$。

表 9-3 χ^2 分佈函數

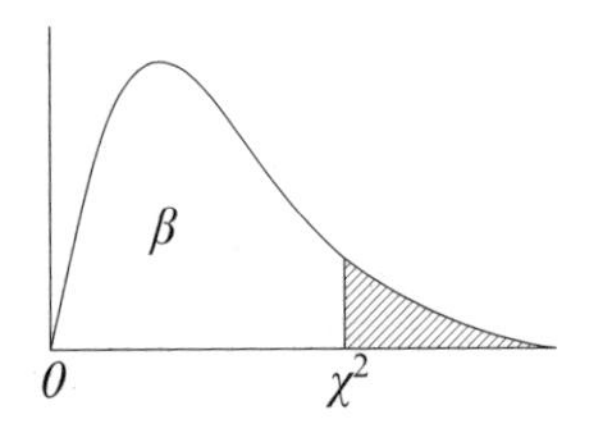

v	β=0.01	0.02	0.05	0.10	0.20	0.30	0.50	0.70	0.80	0.90	0.95	0.98	0.99
1	0.000157	0.000628	0.0393	0.0158	0.0642	0.148	0.455	1.074	1.642	2.706	3.841	5.412	6.635
2	0.0201	0.0404	0.103	0.211	0.446	0.713	1.386	2.408	3.219	4.605	5.991	7.824	9.210
3	0.115	0.185	0.352	0.584	1.005	1.424	2.366	3.665	4.642	6.251	7.815	9.837	11.341
4	0.297	0.429	0.711	1.064	1.649	2.195	3.357	4.878	5.989	7.779	9.488	11.668	13.277
5	0.554	0.752	1.145	1.610	2.343	3.000	4.351	6.064	7.289	9.236	11.070	13.388	15.086
6	0.872	1.134	1.635	2.204	3.070	3.828	5.348	7.231	8.558	10.645	12.592	15.033	16.812
7	1.239	1.564	2.167	2.833	3.822	4.671	6.346	8.383	9.803	12.017	14.067	16.622	18.475
8	1.646	2.032	2.733	3.490	4.594	5.527	7.344	9.542	11.030	13.362	15.507	18.168	20.090
9	2.088	2.532	3.325	4.168	5.380	6.393	8.343	10.656	12.242	14.684	16.919	19.679	21.666
10	2.558	3.059	3.940	4.865	6.179	7.267	9.342	11.781	13.442	15.987	18.307	21.161	23.209
11	3.053	3.609	4.575	5.578	6.989	8.148	10.341	12.899	14.631	17.275	19.675	22.618	24.725
12	3.571	4.178	5.226	6.304	7.807	9.034	11.340	14.011	15.812	18.549	21.026	24.054	26.217
13	4.107	4.765	5.892	7.042	8.634	9.926	12.340	15.119	16.985	19.812	22.362	25.472	27.688
14	4.660	5.368	6.571	7.790	9.467	10.821	13.339	16.222	18.151	21.064	23.685	26.873	29.141
15	5.229	5.985	7.261	8.547	10.307	11.721	14.339	17.322	19.311	22.307	24.996	28.259	30.578
16	5.812	6.614	7.962	9.312	11.152	12.624	15.338	18.418	20.465	23.542	26.296	29.633	32.000
17	6.408	7.255	8.672	10.085	12.002	13.531	16.338	19.511	21.615	24.769	27.587	30.995	33.409
18	7.015	7.906	9.390	10.865	12.857	14.440	17.338	20.601	22.760	25.989	28.869	32.346	34.805
19	7.633	8.567	10.117	11.651	13.716	15.352	18.338	21.689	23.900	27.204	30.144	33.687	36.191
20	8.260	9.237	10.851	12.443	14.578	16.266	19.337	22.775	25.038	28.412	31.410	35.020	37.566
21	8.897	9.915	11.591	13.240	15.445	17.182	20.337	23.858	26.171	29.615	32.671	36.343	38.932
22	9.542	10.600	12.338	14.041	16.314	18.101	21.337	24.939	27.301	30.813	33.924	37.659	40.289
23	10.196	11.293	13.091	14.848	17.187	19.021	22.337	26.018	28.429	32.007	35.172	38.968	41.638
24	10.856	11.992	13.848	15.659	18.062	19.943	23.337	27.096	29.553	33.196	36.415	40.270	42.980
25	11.524	12.697	14.611	16.473	18.940	20.867	24.337	28.172	30.675	34.382	37.652	41.566	44.314
26	12.198	13.409	15.379	17.292	19.820	21.792	25.336	29.246	31.795	35.563	38.885	42.856	45.642
27	12.879	14.125	16.151	18.114	20.703	22.719	26.336	30.319	32.912	36.741	40.113	44.140	46.963
28	13.565	14.847	16.928	18.939	21.588	23.647	27.336	31.391	34.027	37.916	41.337	45.419	48.278
29	14.256	15.574	17.708	19.768	22.475	24.577	28.336	32.461	35.139	39.087	42.557	46.693	49.588
30	14.953	16.306	18.493	20.599	23.364	25.508	29.336	33.530	36.250	40.256	43.773	47.962	50.892

例題 9-8

試以χ^2檢定判別五堵流量站 86 年來之年最大逕流量紀錄，是否適於選用常態分佈以及極端值 I 型分佈？

年	流量	年	流量	年	流量	年	流量	年	流量	年	流量
1	702	16	542	31	1,117	46	965	61	708	76	2,070
2	909	17	953	32	1,031	47	665	62	660	77	734
3	628	18	669	33	657	48	1,274	63	848	78	946
4	723	19	1,511	34	263	49	1,213	64	449	79	857
5	510	20	1,278	35	159	50	994	65	262	80	584
6	847	21	1,422	36	509	51	1,488	66	1,380	81	398
7	1,925	22	678	37	905	52	1,075	67	1,390	82	410
8	1,122	23	413	38	544	53	356	68	1,030	83	548
9	659	24	943	39	877	54	487	69	183	84	228
10	690	25	418	40	344	55	892	70	1,260	85	1,090
11	765	26	995	41	660	56	939	71	682	86	1,040
12	647	27	796	42	1,270	57	1,100	72	980		
13	954	28	943	43	304	58	1,090	73	1,420		
14	1,669	29	1,128	44	785	59	569	74	1,250		
15	2,480	30	458	45	504	60	1,040	75	731		

單位：m^3/sec

解：

紀錄資料共有 86 筆，以（9-5）式計算得 $k=7.4$，若採用下表第(2)欄之分組方式，能使各組的觀測數目（第(3)欄）均大於 5，因此無須合併即可進行分析。

(一)常態分佈：

(1) 組別 i	(2) 範圍	(3) O_i	(4) z_i	(5) $P(X \le x_i)$	(6) $p(x_i)$	(7) E_i	(8) χ^2
1	<400	9	−1.1119	0.1331	0.1331	11.4	0.505
2	400-600	14	−0.6367	0.2622	0.1291	11.1	0.758
3	600-800	19	−0.1616	0.4358	0.1736	14.9	1.128
4	800-1,000	17	0.3136	0.6231	0.1873	16.1	0.050
5	1,000-1,200	11	0.7888	0.7849	0.1618	13.9	0.605
6	1,200-1,400	8	1.2640	0.8969	0.1120	9.6	0.267
7	>1,400	8	3.8299	0.9999	0.1031	8.9	0.091
合計		86			1.0000	85.9	3.404

1. 紀錄之統計參數分別為：$\bar{x}=868$、$s_x=420.9$；
2. 第(4)欄位為標準常態變數。例如，當 $i=3$ 時，$z_3=(800-868)/420.9=-0.1616$；

3. 第(5)欄位為常態分佈之累積機率，以 z_i 值查表 9-1 而得；

4. 第(6)欄位為增量機率函數。例如，當 $i=3$ 時，$p(x_3)=0.4358-0.2622=0.1736$；

5. 第(7)欄位為期望發生數量。例如，當 $i=3$ 時，$E_3=0.1736\times 86=14.9$

6. 第(8)欄位為 χ^2 值。例如，當 $i=3$ 時，$\chi^2=(19-14.9)^2/14.9=1.128$；其累計值為 3.404；

7. χ^2 檢定之自由度 $v=7-2-1=4$，若取信賴度 95%，查表 9-3 得 $\chi^2_{4,0.95}=9.488$，由於 χ^2 之計算值小於理論值，因此常態分佈適用於此一水文紀錄資料。本題之機率密度函數與累積機率函數，表示於圖 9-1。

(二)極端值 I 型分佈

(1) 組別 i	(2) 範圍 (m^3/s)	(3) O_i	(4) y_i	(5) $P(X\le x_i)$	(6) $p(x_i)$	(7) E_i	(8) χ^2
1	<400	9	−0.8488	0.0966	0.0966	8.3	0.059
2	400-600	14	−0.2394	0.2807	0.1841	15.8	0.205
3	600-800	19	0.3700	0.5012	0.2205	19.0	0.000
4	800-1,000	17	0.9794	0.6869	0.1857	16.0	0.063
5	1,000-1,200	11	1.5888	0.8153	0.1284	11.0	0.000
6	1,200-1,400	8	2.1982	0.8949	0.0796	6.8	0.212
7	>1,400	8	5.4890	0.9959	0.1010	8.7	0.056
合計		86			0.9959	85.6	0.595

1. 由（9-35）式與（9-36）式

$$\alpha=\frac{\pi}{\sqrt{6}\times 420.9}=3.047\times 10^{-3}$$

$$\beta=868-\frac{0.5772}{3.047\times 10^{-3}}=678.57\text{；}$$

2. 第(4)欄位為遞減變量 $y=\alpha(x-\beta)$。例如，當 $i=3$ 時，$y_3=3.047\times 10^{-3}\times(800-678.57)=0.3700$；

3. 第(5)欄位為極端值 I 型分佈之累積機率。例如，當 $i=3$ 時，

$P(X \le x_3) = \exp(-\exp(-y_3)) = 0.5012$；

4. 第(6)、第(7)與第(8)欄位之計算方式與常態分佈所示者相同；

5. 同理，由於χ^2之計算值（0.595）小於理論值（9.488），故極端值 I 型分佈亦適用於此一水文紀錄資料；此外，極端值 I 型分佈之χ^2計算值較小，代表它比常態分佈更能描述此一紀錄資料之特性。 ◆

9.3.2 機率點繪法

前一節所述的χ^2檢定法為檢驗機率分佈，是否適於描述某特定水文紀錄資料。然而χ^2檢定法僅適於排除不合適的機率分佈假設，卻無法提供精確標準以決定最適切的機率分佈（McCuen, 1998）。所以若希望確認水文紀錄資料所隸屬的機率分佈，則需將水文紀錄以機率點繪（probability plotting）方式表示，再觀察水文紀錄資料與所假設機率分佈間之差距。當某些紀錄資料點與機率分佈理論值差異過大時，雖然所假設的機率分佈可通過χ^2檢定，但是仍不宜採用該機率分佈。

如何將水文紀錄與事件發生機率加以聯結，一直是水文學上爭議的問題。若將n個水文紀錄值由大到小排列，將最大值指定為$m=1$，次大值指定為$m=2$，依次類推排列，故最小值應指定為$m=n$。由統計理論可知，當n很大時，第m大值x_m的超過機率 (exceedence probability) 為

$$P(X \ge x_m) = \frac{m}{n} \tag{9-43}$$

但是上式在$m=n$時，發生機率為 1，並不合理。因此衍生許多修正公式，修正公式之通式可表示如下 (Stedinger et al., 1993)

$$P(X \ge x_m) = \frac{m-a}{n+1-2a} \tag{9-44}$$

式中a為係數。Hazen (1914) 建議$a=0.5$，Weibull (1939) 建議$a=0$，Cunnane (1978) 建議$a=0.44$；目前水文分析是以採用 Weibull 公式較為普遍。由（9-13）式可知$P(X \ge x) = 1/T$，所以利用 Weibull 公式可以得到排序為第

m 大紀錄值，所相對應的重現期為

$$T=\frac{n+1}{m} \tag{9-45}$$

式中 n 為紀錄之年數。上式顯示水文紀錄之最大值 $(m=1)$ 的重現期，將大於紀錄年限一年。

例題 9-9

試利用例題 9-4 中之五堵站流量紀錄，以 Weibull 公式計算各流量值所相對應之重現期，並繪圖比較點繪法與常態分佈（例題 9-5）以及極端值 I 型分佈（例題 9-6）之差異。

解：

㈠依紀錄資料之大小排序，則各流量所相對應之重現期為 $21/m$。

年份	67	68	69	70	71	72	73	74	75	76
流量 (m^3/s)	1,390	1,030	183	1,260	682	980	1,420	1,250	731	2,070
排序 (m)	3	8	20	4	14	9	2	5	13	1
重現期（年）	7.00	2.63	1.05	5.25	1.50	2.33	10.50	4.20	1.62	21.00

年份	77	78	79	80	81	82	83	84	85	86
流量 (m^3/s)	734	946	857	584	398	410	548	228	1,090	1,040
排序 (m)	12	10	11	15	18	17	16	19	6	7
重現期（年）	1.75	2.10	1.91	1.40	1.17	1.24	1.31	1.11	3.50	3.00

㈡以內插或外插方式，求得 Weibull 公式在不同重現期之流量值，連同常態分佈與極端值 I 型分佈之流量值列於下表，由圖 E9-9 即可窺見其中差異。

重現期	2 年	5 年	10 年	25 年	50 年	100 年	200 年
Weibull 公式	899	1,258	1,416	2,318	3,865	6,960	13,151
常態分佈	892	1,278	1,480	1,695	1,834	1,959	2,073
極端值 I 型分佈	816	1,222	1,490	1,829	2,081	2,330	2,579

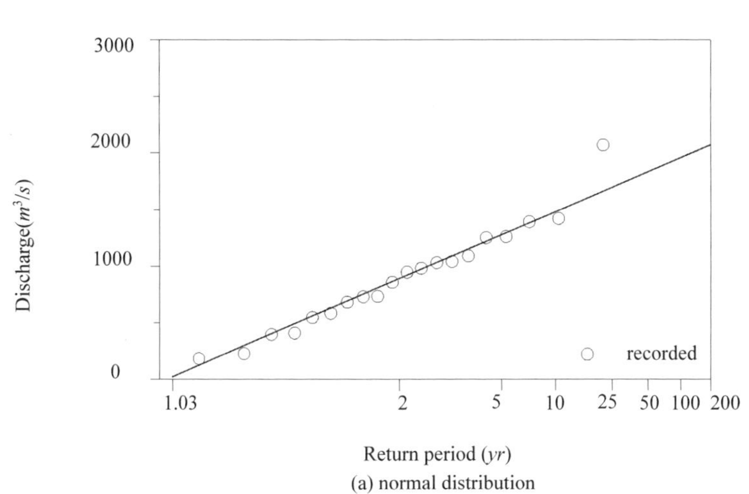

(a) normal distribution

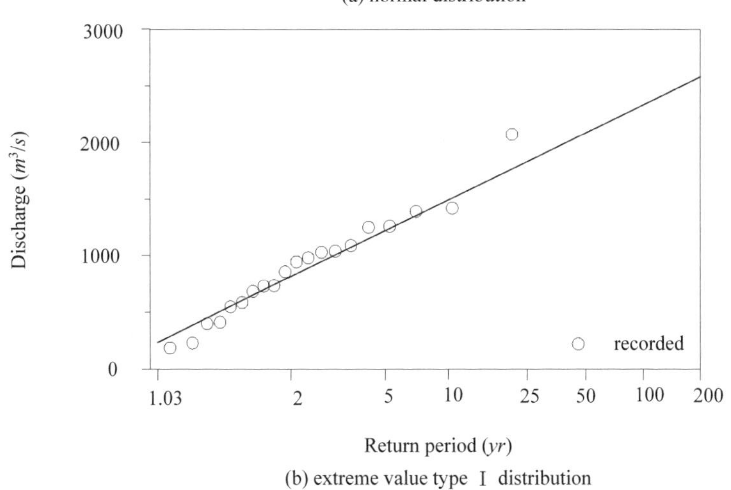

(b) extreme value type Ⅰ distribution

圖 E9-9 機率點繪法

參考文獻

Chow, V. T. (1951). “A general formula for hydrologic frequency analysis,” ***Tran. Am. Geophysical Union***, 32(2) , 231-237.

Chow, V. T. (1964). “Statistical and probability analysis of hydrologic data,” Section 8-1, in ***Handbook of Applied Hydrology***, ed. By V. T. Chow, McGraw-Hill, New York.

Chow, V. T., Maidment, D. R., and Mays, L. W. (1988). ***Applied Hydrology***, McGraw-Hill Book Co., New York.

Cunnane, C. (1978). “Unbiased plotting positions—a review,” ***J. Hydrol***., 37, 205-222.

Grant, E. L., and R. S. Leavenworth, (1972). ***Statistical Quality and Control***, Table A, P. 643, McGraw-Hill, New York.

Hazen, A. (1914). “Discussion on 'Flood flows' by W. E. Fuller,” ***Trans. Amer. Soc. Civ. Eng.***, 77, 526-632

Linsley, R. K., Kohler, M. A., and Paulhus, J. L. H., (1988). ***Hydrology for Engineers***, McGraw-Hill Book Co., New York.

McCuen, R. H. (1998). ***Hydrologic Analysis and Design***, Prentice Hall, New Jersey.

Stedinger, J. R., Vogel, R. M., Foufoula-Georgiou, E. (1993). “Frequency analysis of extreme events,” CH-18 in ***Handbook of Hydrology***, D. R. Maidment ed., McGraw-Hill Book Co., New York.

Sturges, H. A. (1926). “The choice of a class interval,” ***J. Amer. Statistical Assoc***., 21, 65-66.

Weibull, W. (1939). “A Statistical Theory of the Strength of Materials,” ***Irg. Vetenskaps Akad. Handl.***, Stockholm, 151, 15.

習 題

1. 解釋名詞

⑴年超過量選用法（annual exceedence series）。（85 水保檢覈，84 水利高考二級）

⑵迴歸週期（return period）。（85 水保檢覈）

⑶通用極端值分佈（general extreme value distribution）。（83 水利檢覈）

⑷對數皮爾遜 III 型分佈（log Pearson type III distribution）。（84 中原土木）

⑸機率紙（probability paper）。（85 水保檢覈）

⑹點繪法公式（plotting position formula）。（85 水保檢覈）

⑺威伯定點法（Weibull's plotting position）。（81 環工專技）

2. 設 A 水庫之水位高於正常水位之機率為 0.7，B 水庫之水位低於正常水位之機率為 0.2，又已知 A、B 兩水庫之水位均高於正常水位之機率為 0.6，試求：

㈠已知 A 水庫之水位高於正常水位之情況下，B 水庫之水位亦高於正常水位之機率。

㈡ A、B 兩水庫中，任一水庫之水位高於正常水位之機率。（86 水保工程高考三級）

3. 興建防洪圍堤以保護低窪地區住戶之安全，設該圍堤之設計流量足以防禦 20 年重現期距之洪水，試推求：

㈠興建完成當年即溢堤之機率。

㈡興建完成第二年才溢堤之機率。

㈢興建完成後 20 年中不會溢堤之機率。（87 水保工程高考三級）

4. 重現期距為 50 年之洪水，在 50 年中，⑴只發生一次之機率，⑵發生三次之機率，⑶至少發生一次之機率。（88 淡江水環）

5. 茲欲建一蓄水庫之水壩，必須先建一擋水副壩，其所需保護主壩之期間為五年；若以二十五年一次洪水頻率而言，試求在下列情況下擋水副壩溢頂之風險各為何：

㈠五年內可能發生一次者；
㈡五年內均不會發生者；
㈢在第一年發生者；
㈣在第四、第五年發生者。（84 中原土木）

6. 某一洪氾區由 A 與 B 兩河堤保護如右圖，其設計週期分別為 20 年與 50 年，假設兩河川之洪水事件具有獨立性，試問：
㈠該洪氾區每年之淹水機率為多少？
㈡為提高保護程度擬改建 A 河堤，其設計週期由原來之 20 年提高為 50 年，試問改建後第二年該洪氾區之淹水機率？
㈢ A 河堤改建後，該洪氾區 10 年內淹水風險可降低多少？（87 成大水利）

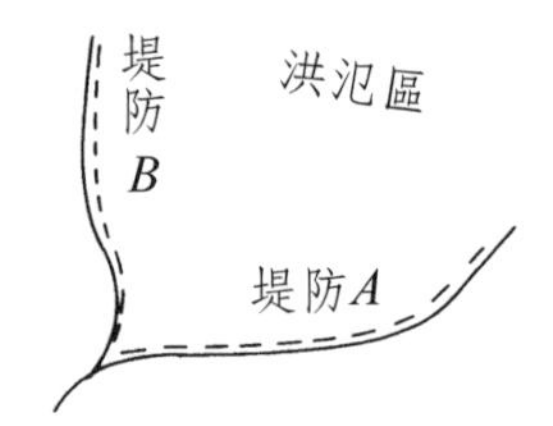

7. 某一小集水區，面積為 800 ha，區內河川長度 L 為 2.5 km，河川平均坡度 s 為 0.035，該區降水強度-延時-頻率之關係可表示為：

$$I=90T^{0.3}/(t+12)^{0.45}$$

式中，I：降雨強度，cm/hr
T：重現期距，年
t：降雨延時，分鐘

假設集流時間 $t_c=0.005\left(\frac{L}{\sqrt{S}}\right)^{0.64}$（$t_c$：$hours$，$L$：$m$，$s$：%），

逕流係數 $C=0.7$，試估算該集水區 10 年及 50 年重現期距之設計流量。（89 水保檢覈）

8. 某雨量站過去 20 年來之年一日最大暴雨量記錄如下：

雨量(mm)	180～200	200～220	220～280	280～300	300～320	320～340
年數	1	2	0	10	5	2

試推求：

㈠ 320 *mm* 以上之年一日最大暴雨量之重現期距。

㈡ 20 年來年一日最大暴雨量之平均值。（82 水利普考）

9. 某河流的年最大洪水位 H，其機率密度函數示如下圖：

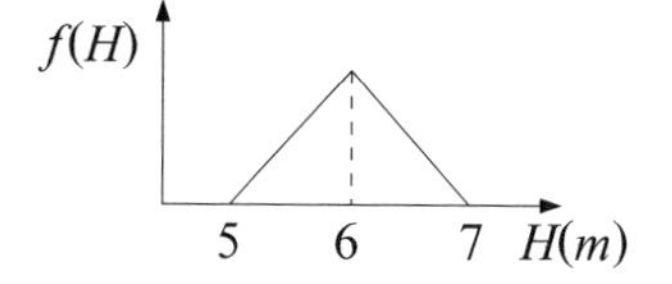

㈠求迴歸週期為 20 年的洪水位 H_{20} 為多少？

㈡在未來 20 年間，河流水位 H 將超過 H_{20} 至少一次的機率為多少？

㈢未來 5 年間，洪水位超過 H_{20} 恰為一次的機率為多少？

㈣未來 5 年間，洪水位超過 H_{20} 至多兩次的機率為多少？（82 水利中央薦任升等考試）

10. 某水文量 X 之機率密度函數如下：

$$f(X)=\alpha X^2,\quad 0\le X\le 10$$
$$=0，\quad 其他值$$

㈠求 α 值，

㈡求 X 之平均值（mean）；

㈢求 X 之變方值（variance）。（82 水保丙等特考）

11. #如何以動差法推求機率密度函數之參數？

12. #已知指數分佈可表示為 $f(x)=\lambda e^{-\lambda x}$，$x>0$，試以動差法推求參數 λ。

13. #如何以最大概似法推求機率密度函數之參數？

14. #試以最大概似法推求指數分佈之參數。

15. 某地延時 12 小時之年最大降雨量 X 具對數常態分佈（Log-Normal Distribution）。已知其降雨強度-延時-頻率曲線（*IDF* curve）如下圖，且 $\log_{10}X$ 之標準偏差為 0.18 *mm/hr*。試計算該地延時 12 小時，重現期距 T（recurrence interval）為 50 年之降雨深度為若干？（89 台大農工）

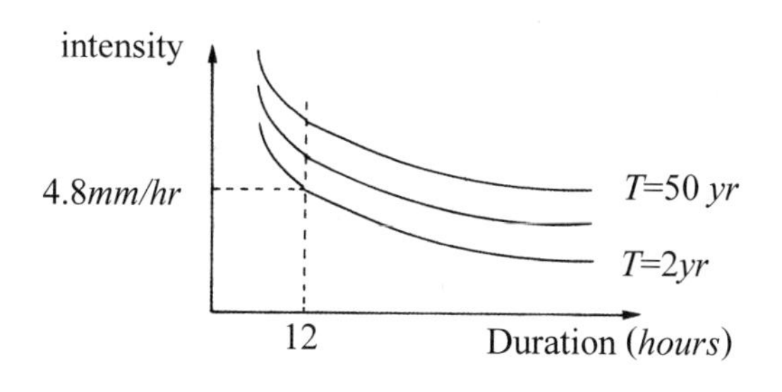

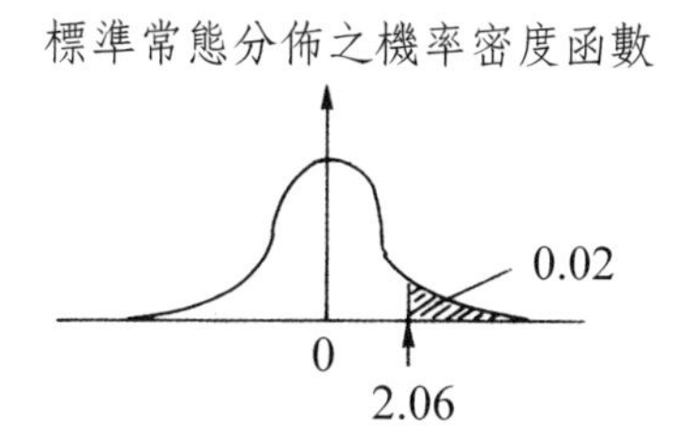

16.某站之年最大流量為對數常態分佈，流量記錄（單位為 m^3/sec）取以 10 為底之對數後之平均值為 3.0，試求未來五年中發生二次大於或等於1,000 m^3/sec 洪水之機率。（88 水利中央簡任升等考試，88 台大土木）

17.某測站年最大流量為對數常態分佈，流量的中值（Median）為1,000 cms；又取以 10 為底之對數後，流量的標準偏差為 0.5。

㈠試求具有超越機率為 0.16 的設計流量值？

㈡試求第 5 年發生第 2 次大於或等於 1,000 cms 洪水之機率？

（提示：標準常態變量等於 1 時，累積機率等於 0.84。）（86 水保高考三級）

18.回答下列有關頻率分析之問題：

㈠試說明如何利用頻率因子（frequency factor）K_T 計算迴歸週期（return period）為 T 之水文量 x_T。

㈡假設一水文變數 x 屬極端值第一類分佈，其累積機率曲線可表示如下：

$$P(x \le x_T) = F(x_T) = \exp\left[-\exp\left(-\frac{x_T - u}{a}\right)\right]，\ -\infty \le x_T \le \infty$$

$$\alpha = \frac{\sqrt{6}}{\pi}s；u = \bar{x} - 0.5772\alpha；$$

試推導此機率分佈之頻率因子 K_T（表示為 T 之函數）。（87 台大土木）

19.某一地區內 40 年之洪水記錄若點繪於半對數紙上呈一直線，（迴歸年限繪於對數軸），40 年記錄中之最小事件為 2500 cms，最大事件是 8000 cms，請推求 $T=25$之事件，流量為多少？

若以 25 年一次之洪流量（$T=25$）設計一堤防，該堤防之規劃壽年為 10 年，請問在規劃壽年中，該堤防破壞之機率為多少？（82 水保專技）

20.根據某河川 60 年之洪水資料得知該河川之平均年洪水量為 8,000 cms，其標準偏差為 1,500 cms，假設該河川流量適合極端值第一類分佈。

㈠求該河川次年將發生超逾 10,000 cms流量之機率。

㈡該 10,000 cms之洪水在 5 年內發生之機率。

㈢該 10,000 cms之洪水在 5 年內至少發生三次之機率。

㈣該 10,000 cms之洪水在 10 年內不會發生之機率。

㈤求迴歸週期為 50 年之洪水量。（88 水利中央薦任升等考試）

21.某水文站 40 年記錄年數之洪水量分析結果如下：

重現期距（年）	洪水量
5	500
100	800

試求：㈠重現期距為 50 年之洪水量。

㈡重現期距為 10 年之洪水在 3 年內會發生的機率。（87 水保專技）

已知該洪水量適合極端值第一類分佈，且記錄年數為 40 年之重現期距與頻率因子對應值如下：

重現期距（年）	頻率因子
5	0.838
50	2.94
100	3.55

22.下表所列為某河川流量站之年最大洪水流量系列。試：

⑴以「第一型極端值分佈」推求該處之 25，50 及 100 年頻率洪水流量。

⑵推求該處未來 15 年中洪水流量等於或超過700 m^3/s 的風險度。（86 水利中央簡任升等考試）

年次	1	2	3	4	5	6	7	8	9	10
流量（m^3/s）	43	170	43	154	31	75	114	124	652	94
年次	11	12	13	14	15	16	17	18	19	20
流量（m^3/s）	36	323	312	346	198	91	92	175	115	207
年次	21	22	23	24	25	26	27	28	29	30
流量（m^3/s）	110	126	110	150	218	139	70	258	174	195

註：第一型極端值分佈之關係示如下：

$$F(x)=\exp[-\exp(-y)]$$

$$y=\frac{x-u}{\alpha}$$

$$\alpha=\frac{\sqrt{6}}{\pi}s$$

$$u=\bar{x}-0.5772\alpha$$

23.㈠某大壩施工時以導水隧道導引河水，若在 5 年的施工期間容許的風險為 18.5%，試求導水隧道設計流量的重現期距？

㈡若壩址處之年最大流量為甘保（Gumbel）分佈，流量記錄之平均值為 120 *cms*，標準偏差為 90 *cms*，試求導水隧道的設計流量？

㈢試求連續 5 年發生二次大於或等於 120 *cms* 洪水之機率？（83 水利省市升等考試）

24.假設某流域水文站之年最大流量可由對數皮爾生第三類分佈（log-Pearson type III distribution）加以套配，如將流量記錄取以 10 為底之對數後，其平均值為 2.07、標準偏差為 0.701、偏度係數為 0.6。今擬在水文站附近河段興建堤防，其設計流量為 1000 *cms*。試求：

㈠未來 5 年中會發生 1 次洪水溢堤之機率。

㈡未來 5 年中至少會發生 2 次洪水溢堤之機率。

㈢未來 5 年中只有第 3 年會發生洪水溢堤之機率。（85 水利檢覈）

*提示：(*A*)標準常態分佈累積機率表：

Z	0	0.8416	1.2816	1.6449	2.3264
$F(Z)$	0.5	0.8	0.9	0.95	0.99

(*B*) 皮爾生第三類分佈頻率因子 K_T 之近似公式：

$$K_T = \frac{2}{C_s}\left\{\left[\left(Z - \frac{C_s}{6}\right)\frac{C_s}{6} + 1\right]^3 - 1\right\}$$

註：Z：標準化變量；

C_s：偏度係數。

25.㈠某大壩施工時以擋水壩保護大壩施工區，若在三年的大壩施工期間只容許有 27.1%的風險，試問該擋水壩係針對多少年重現期距的流量而設計？

㈡若壩址處之年最大流量為對數皮爾森第三類（log-Pearson type III）分佈，流量記錄之單位為 *cms*，取以 10 為底之對數後，其平均值為 3.0，標準偏差為 0.4，偏態係數 C_s 為 0.6，試求擋水壩的設計流量。（83 水利高考二級）

提示：皮爾森第三類分佈頻率因子近似公式：

$$K_T = \frac{2}{C_s}\left\{\left[\left(Z - \frac{C_s}{6}\right)\frac{C_s}{6} + 1\right]^3 - 1\right\}$$

標準常態分佈累積機率表：

Z	0	0.8416	1.2816	1.6449	2.3264
$F(Z)$	0.5	0.8	0.9	0.95	0.99

26.(一)試簡述頻率分析（Frequency analysis）中圖解法的步驟？其有何缺點？
(二)試繪圖說明迴歸週期（return period）的統計意義。（87 海大河工）

27.某測站 19 年來的年最大流量如下表所示，現擬於該測站興建大壩，大壩施工時以圍堰保護大壩施工區，若在三年的施工期間只容許 27.1%的風險，試求圍堰的設計流量？（83 環工專技）
（採用韋伯（Weibull）點繪公式）

年	1	2	3	4	5	6	7	8	9	10	11	12	13	14	15	16	17	18	19
流量（cms）	380	350	410	400	430	455	370	320	290	465	520	485	500	330	360	420	435	445	390

28.#如何判定頻率分析結果的可靠度（reliability）？

29.#例題 9-5 估算基隆河重現期為 100 年之流量，其可信界限應為多少？

CHAPTER 10

水文量測

水文學發展至今仍有許多未明瞭之處，因此需藉由實地水文觀測，獲得水文紀錄資料，以進行後續之水文分析工作。就水文學而言，降雨為水文系統之輸入，因此降雨量測為首要工作。河川水流之觀測，則可分為水位量測與流速量測。而後藉由此水位與流速之量測數據，得到河川流量紀錄資料。以下謹就常見之降雨量測、水位量測、流速量測以及流量量測方法作一概述。

10.1 雨量量測

雨量計 (rain gage) 一般是由圓柱形容器裝配而成，置於空地上以收集雨水。為能正確呈現該位置之降雨量，故雨量計應置於水平空曠處，通常雨量計僅露出地面 20 *cm* ~30 *cm* 以降低風的影響。儀器一般以柵欄隔離，儀器旁 30 *m* 內應無其它物體或高大障礙物。

一般可將雨量計概分為非自記式雨量計 (nonrecording rain gage) 與自記式雨量計 (recording rain gage)，亦有利用微波雷達以進行降雨觀測，茲分述於下。

10.1.1 非自記式雨量量測

非自記式雨量計一般由圓形漏斗 (funnel) 連接至集水瓶 (collecting bottle) 與集水筒 (collecting tank) 所組成（如圖 10-1）；降雨落入漏斗收集面後導入集水瓶中，當集水瓶貯滿後，再流入集水筒。一般之記錄方式為每日定時量測累積雨量，記錄為該日之雨量。在正常情況下，集水瓶內所保存的雨量應不超過 10*cm*，但若遇上大雨時，則必須縮短量測與登錄工作之時距。

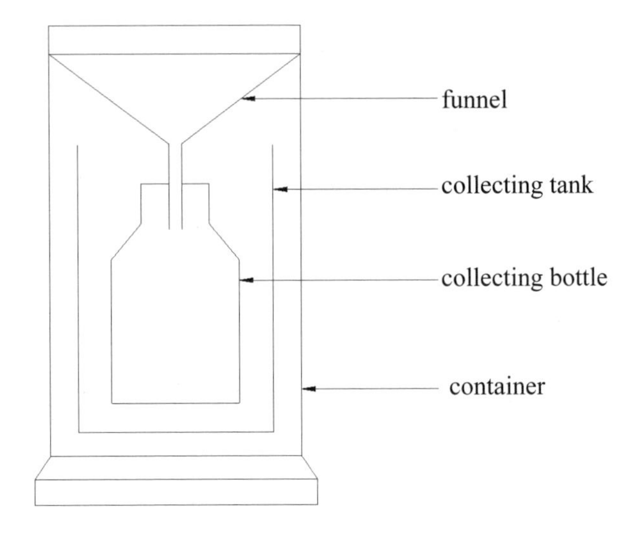

圖 10-1　非自記式雨量計

10.1.2　自記式雨量量測

自記式雨量計可連續記錄降雨量在時間上的變化情形，以提供暴雨分析中之逐時降雨強度及降雨延時資料，以下簡述三種常見的自記式雨量計。

1. 傾斗式雨量計 (tipping-bucket rain gage)

如圖 10-2 所示，傾斗式雨量計由漏斗收集器與一對小傾斗構成，為目前最廣泛使用的自記式雨量計。當雨量由漏斗進入其中一個傾斗，若貯滿 0.25 *mm*（或 0.10 *mm*）雨量即行傾倒，並以另一傾斗承接雨水。傾斗傾倒雨水時可輸出訊號，並予以記錄儲存。傾斗所傾倒出之雨水則收集於集水筒中，再定期量測集水筒內所收集的水量以檢驗總雨量之正確性。

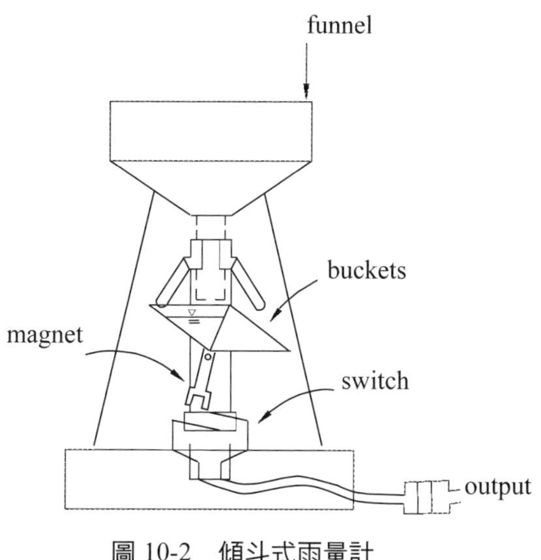

圖 10-2 傾斗式雨量計

2. 衡重式雨量計 (weighing-bucket rain gage)

衡重式雨量計是將漏斗收集器所收集之雨量，連接至具有秤重功能的集水筒內，而後逐時記錄所收集雨水的總量。此種衡重式雨量計可隨著時間繪出降雨累積曲線 (rainfall mass curve)，方便進行後續降雨分析。

3. 浮標式雨量計 (float recording rain gage)

浮標式雨量計是將雨量收集至集水筒內，筒內置有浮標可隨水位上昇，經由附加的記錄系統，可記錄逐時筒內水位高度。當浮標達到預設的最大水位，則可經由虹吸配備或以人工方式排除筒內水量。

10.1.3 雷達雨量量測

氣象雷達是觀測暴雨中心位置與暴雨移動之有效儀器，大面積之降雨量可經由雷達觀測迅速做出預測。雷達所發射出的電磁波，遇到雲層或降

雨核所反射回接收器之功率，可表示為

$$P_r = c\frac{R}{r^2} \tag{10-1}$$

式中 P_r 為雷達波反射功率；R 為雷達波反射因子（reflectivity factor）；r 為雷達至目標體之距離；c 為常數。通常雷達波反射因子 R 與降雨強度有關，其關係為

$$R = aI^b \tag{10-2}$$

式中 a 與 b 為待定係數；I 為降雨強度。由於特定雷達站之 a 與 b 值可利用自記雨量計的資料檢定而得知，因此只要量測得雷達波的反射功率，即可推估區域降雨量。

例題 10-1

若某一傾斗式（Tipping bucket）雨量計之承雨口有 30% 之面積為樹葉所遮蔽，今記錄某場暴雨得 13 *mm* 之數據，若承雨口直徑為 20 *cm*，試問正確之雨量應為若干？（85 水利專技）

解：

傾斗式雨量計之量筒面積通常為承雨口面積的 1/10，故實際暴雨之雨量為

$$13/10 = 1.3\ mm$$

又承雨口有 30% 之面積為樹葉所遮蔽，所以正確之雨量應為

$$1.3/(1-30\%) = 1.86\ mm$$

◆

10.2 水位量測

河川水位之定義為某基準面以上所測得之水面高程，此基準可以是平均海平面或任一基準面；河川水位之量測可分為非自記式水位量測 (non-recording stage gage) 與自記式水位量測 (recording stage gage)。

10.2.1 非自記式水位量測

最簡單的水位量測，為固定於橋柱或堤防與擋水牆等建物之固定刻度水尺 (staff gage)，經由目視方式判定河川水位之昇降。如圖 10-3 所示，有時河川主河道與兩側洪水平原之斷面高程差異過大，無法從單一水尺測得全部水位範圍，此時可將水尺豎立在不同的位置上，稱為分段水尺 (sectional staff gage)。需注意的是，設置分段水尺時必須使得不同水尺間存有一重疊區域，且所有水尺均應使用相同的基準面。

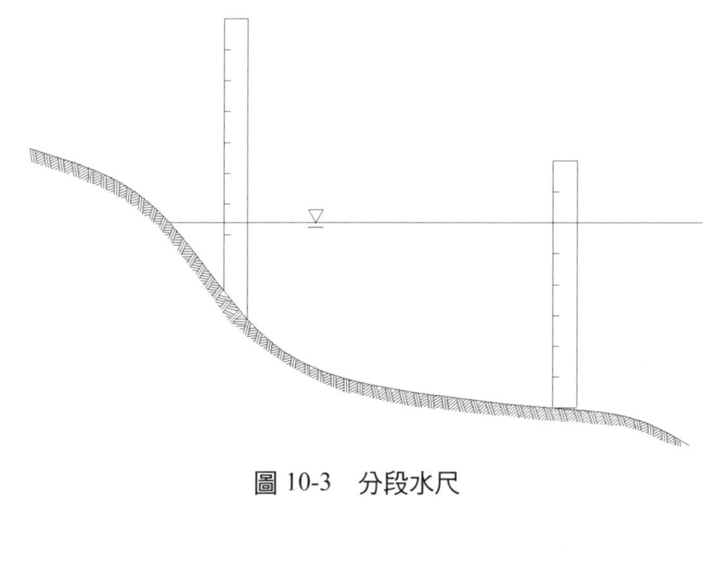

圖 10-3 分段水尺

10.2.2 自記式水位量測

自記水位計是以機械連續記錄方式，取代人工間斷式之記錄。利用自計水位計所量測得之逐時水位紀錄，繪成圖形即稱為水位歷線 (stage hydrograph)。長期可靠的洪水水位資料可用於水文分析，以推估橋樑或堰等水工結構物所需通過之設計最高水位。

浮標式水位計 (float gage recorder) 是目前自記水位計中最常見之機型；如圖 10-4 所示，此水位計是由靜水井中之浮標，經由滑輪聯結平衡重錘所組成。靜水井以引水管連接河川形成通路，故河川水位昇降將引致浮標位移，並傳輸至記錄器上。水位記錄器需置放在河川最高水位之上，以避免洪水時期遭到毀損。目前此類改良型自記水位計已能夠提供數位訊號，便於洪水時期資料之即時傳遞與分析。浮標水位計安置於靜水井之目的，在於避免浮標受水中漂浮雜物干擾並降低水面波之影響。為免引水管遭泥沙或雜物堵塞，通常設有沖洗引水管之沖洗貯水設備 (flush tank)。

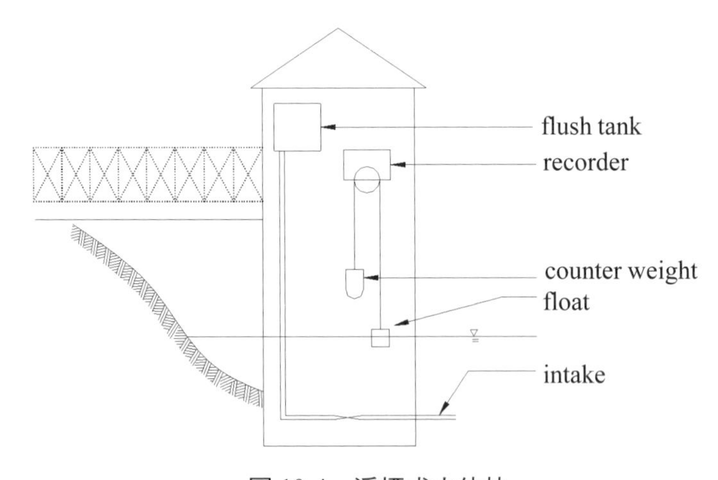

圖 10-4　浮標式水位站

10.3　流速量測

河川水流之流速量測方式，一般常見的有流速計流速量測、浮體流速量測，以及超音波流速量測等方式，茲分述如下。

10.3.1　流速計量測

流速計一般分為旋杯式流速計 (cups-type current meter) 與旋葉式流速計 (propeller-type current meter) 兩種；旋杯式流速計是由固定於垂直軸的圓錐形旋杯所組成（如圖 10-5），因水流帶動旋杯轉動，再將旋杯轉動所產生的訊號傳至記錄器。旋杯式流速計之缺點在於圓錐形旋杯易被沖損，故適用於流速較小，水流含沙量較低之河川。旋葉式流速計是在水平軸端點安置一旋葉（如圖 10-6），此種流速計相當堅固，適用於流速較大，水流含沙量較高之本省河川。上述兩種流速計之流速量測範圍，約在0.15 *m*/*sec*～5.0*m*/*sec*之間。流速計一般均附有重錘 (sounding weight) 與穩定翼片 (stabilizing fin)，以增加量測時儀器之穩定度。

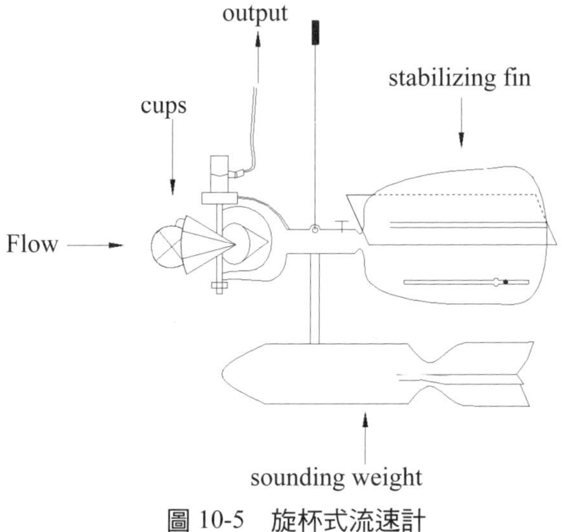

圖 10-5　旋杯式流速計

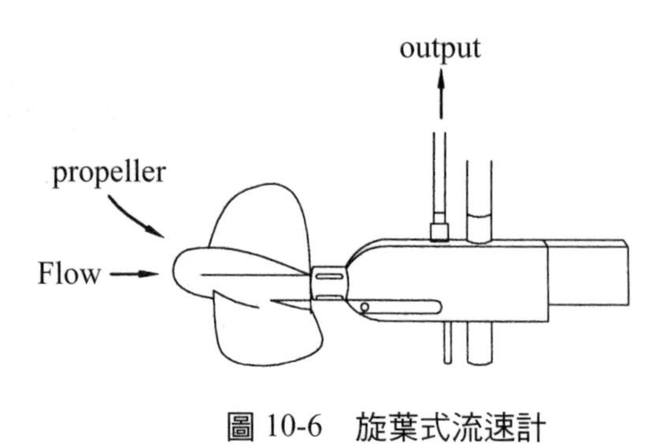

圖 10-6　旋葉式流速計

流速計的旋杯或旋葉旋轉速度與量測位置之水流速度 V 之關係，可表示為

$$V=a+bN \tag{10-3}$$

式中 V 為水流速度(m/sec)；N 為旋杯或旋葉流速計每秒轉數；a 與 b 為流速計之檢定常數。（10-3）式所計算出之流速值代表流速計量測位置之水流速度，然而因河川水流之斷面垂直流速為不均勻分佈，因而發展出多種簡易的量測方式以求得斷面的平均流速。

在深度小於 3.0 m 以下之河川，可以水面下 0.6 倍水深處所測得的流速視為斷面平均流速 $\bar{V}$，即

$$\bar{V}=V_{0.6} \tag{10-4}$$

此作法稱為單點觀測法。對於較深河川之流速，則以水面下 0.2 倍水深的流速 $V_{0.2}$ 與水面下 0.8 倍水深的流速 $V_{0.8}$ 取其平均，即

$$\bar{V}=\frac{1}{2}(V_{0.2}+V_{0.8}) \tag{10-5}$$

或是利用三點所量測得之流速(*USGS*, 1982)

$$\bar{V}=\frac{1}{4}(V_{0.2}+2V_{0.6}+V_{0.8}) \tag{10-6}$$

一般將（10-5）式稱作兩點觀測法，（10-6）式稱作三點觀測法。

洪水來臨時，河川流速量測較為不易，故可僅量測水面下0.5 m的流速 $V_{0.5m}$，再將此一接近水面的流速乘上常數k即得平均流速如下

$$\overline{V}=kV_{0.5m} \tag{10-7}$$

式中k值是由非洪水期時的觀測所獲得，範圍約在0.85～0.95之間。

例題 10-2

試利用對數流速分佈公式證明，水表面以下0.6倍水深處之流速可代表該斷面之水流平均速度。

解：

假設流速為對數流速分佈（如圖 E10-2），表示為

$$\frac{V}{V_*}=\frac{1}{\kappa}\ln y+c \tag{E10-2-1}$$

式中V_*為剪力速度；V為水深y之水流速度。因對數流速分佈之最大流速發生於水面位置（$y=d$），所以代入上式求解c值，而後可得

$$V=V_{max}+\frac{V_*}{\kappa}\ln\frac{y}{d} \tag{E10-2-2}$$

式中V_{max}為最大流速，即$y=d$處之流速；將上式積分可得斷面之平均流速$\overline{V}$為

$$\overline{V}=\frac{1}{d}\int_0^d Vdy=V_{max}-\frac{V_*}{\kappa} \tag{E10-2-3}$$

將$V_{max}=\overline{V}+V_*/\kappa$代入（E10-2-2）式，可得

$$V=\overline{V}+\frac{V_*}{\kappa}\left(1+\ln\frac{y}{d}\right)=\overline{V}+\frac{V_*}{\kappa}\left(1+2.3\log\frac{y}{d}\right) \tag{E10-2-4}$$

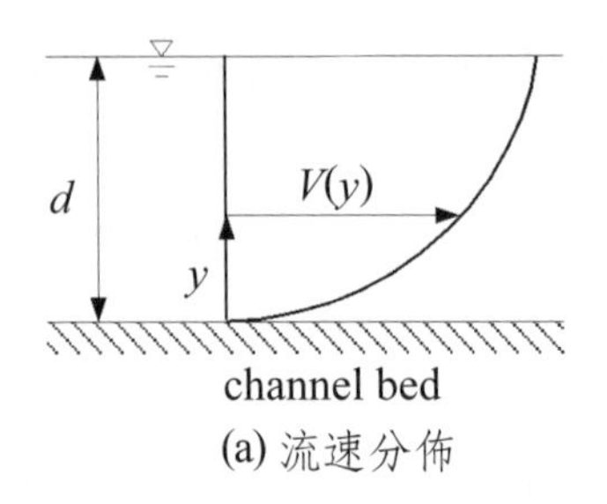

(a) 流速分佈

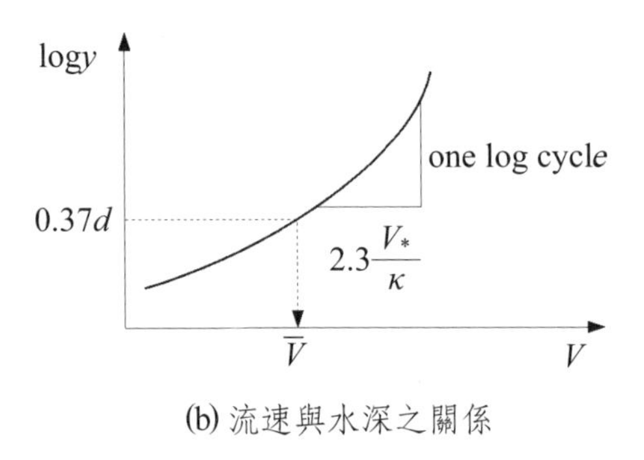

(b) 流速與水深之關係

圖 E10-2

當 $V=\overline{V}$ 時，$\ln\dfrac{y}{d}=-1$

$$\therefore \frac{y}{d}=\frac{1}{e}=0.37\approx 0.4$$

此即代表自底床以上 0.4 倍水深處之流速恰等於平均流速，故現地量測時常以自水面下 0.6 倍水深處之流速為平均流速。◆

10.3.2 浮標量測

將浮標擲入河川，觀測單位時間內浮標所運行之距離，即可得到水面速度。如（10-7）式所示，將觀測所得的水面流速乘上常數 k 即是斷面平均流速。使用浮標觀測流速時，最好能選擇平直河段間的兩斷面，於上游斷面擲入易辨識之浮標，再記錄浮標通過下游斷面的時間，便能計算水面速度。

如圖 10-7 所示，水面浮標 (surface float) 之製作最為簡易，然而水面浮標易受風的影響。水面浮標如改為底部加重，部分沈於水中之圓柱桿，則浮標可呈垂直式的漂流而反應垂直斷面的平均流速，稱之為桿浮標 (rod float)。

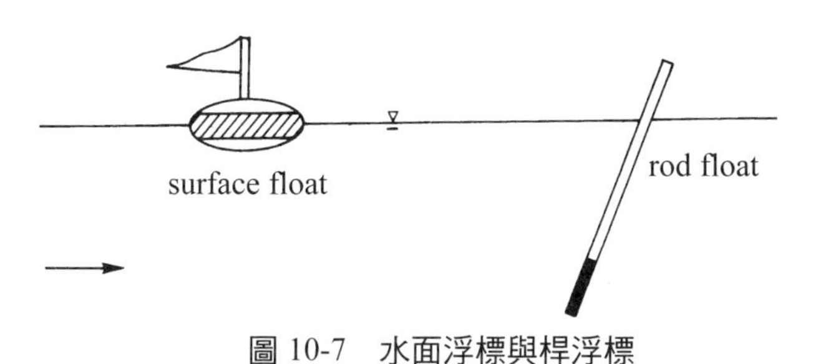

圖 10-7 水面浮標與桿浮標

10.3.3 超音波量測

在河兩岸距底床上某位置處分別裝置超音波訊號檢測器 (transducer)，此超音波訊號檢測器可以發送並接收超音波訊號。如圖 10-8 所示，若從 A 處發射一超音波訊號，而經 t_A 時刻之後在 B 處接收到該超音波訊號，則

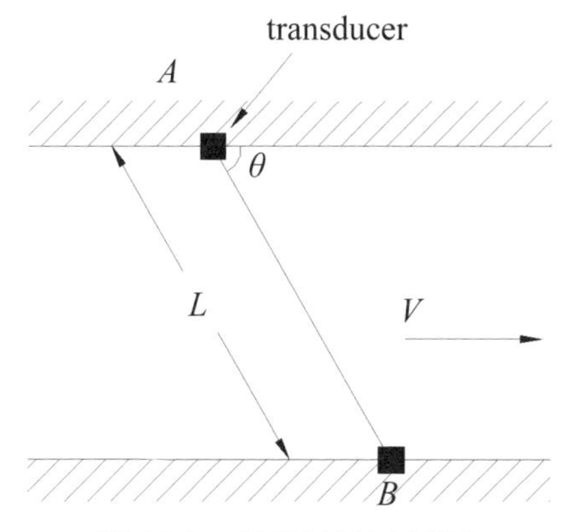

圖 10-8 超音波流速量測

$$t_A = \frac{L}{C + V\cos\theta} \tag{10-8}$$

式中L為由A至B的距離；C為水中超音波速；$V\cos\theta$為水流速度在音波路徑上的分量。同樣地，由B處發射訊號並在t_B時刻之後，在A處接收到訊號，則

$$t_B = \frac{L}{C - V\cos\theta} \tag{10-9}$$

因此

$$V = \frac{L}{2\cos\theta}\left(\frac{1}{t_A} - \frac{1}{t_B}\right) \tag{10-10}$$

故由距離L以及AB連線與流向之夾角θ，和儀器所測定的t_A與t_B，便能決定出距底床上某位置處之流速V；而斷面平均流速則應以前述之單點觀測法、兩點觀測法或三點觀測法得之。

10.4 流量量測

流量為單位時間內通過某斷面的水體積，一般以m^3/sec（公制）或ft^3/sec（英制）表示。流量測定方法頗多，較小的流量可以容器直接量測單位時間內水流之體積，天然河道則可以流速-面積法、稀釋法、水工結構物量測法或坡度-面積法等方式量測之。由於水工結構物量測法與坡度-面積法是由水深量測資料，配合特殊之水深與流量關係以推求流量，故又稱為間接量測法 (indirect method)；而流速-面積法與稀釋法則稱為直接量測法 (direct method)。

10.4.1 流速-面積法

流速-面積法 (velocity-area method) 是在選定的水位站位置，量測河川通水斷面積與斷面之水流速度而得。如圖 10-9 所示，可將河川劃分成 N 個次斷面，而後利用 10.3 節之流速量測方式，量測各垂直次斷面之平均流速，則可計算總流量 Q 如下

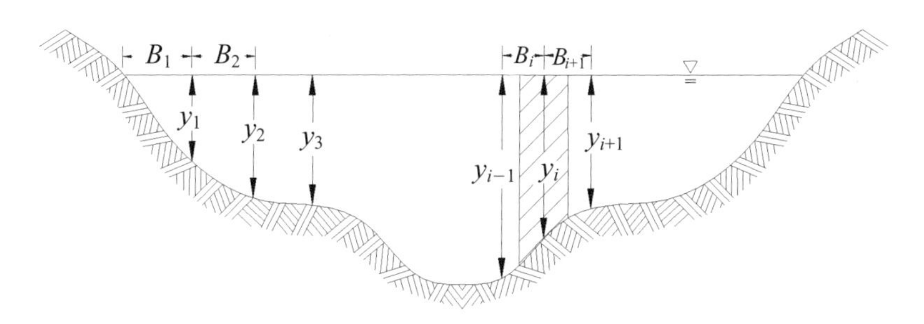

圖 10-9 流速-面積法

$$
\begin{aligned}
Q &= \sum_{i=1}^{N} Q_i = \sum_{i=1}^{N} A_i \overline{V}_i \\
&= \sum_{i=1}^{N} \frac{1}{2}(B_i + B_{i+1}) y_i \overline{V}_i
\end{aligned}
\quad (10\text{-}11)
$$

式中 Q_i 為第 i 個次斷面的流量；y_i、B_i 與 $\overline{V}_i$ 分別為第 i 個次斷面之水深、寬度以及平均流速。可想而知的，所計算流量之精度將隨次斷面數目之增多而增加，但是斷面數目愈多則量測工作量也將隨著增大。

為確保水位-流量曲線 (即率定曲線，rating curve) 在長期間內能維持合理的定值，水位站必需設於具有良好定型橫斷面之長直、穩定的河段，且該位置應不受迴水之影響。

例題 10-3

某水文站之觀測記錄如下：

離左岸距離	水深	流速（m/sec）		
(m)	(m)	$V_{0.2}$	$V_{0.6}$	$V_{0.8}$
0	0	-	-	-
1.2	0.7	-	0.4	-
2.4	1.7	0.7	-	0.5
3.6	2.5	0.9	0.8	0.6
4.8	1.3	0.6	-	0.4
6.0	0.5	-	0.35	-
7.2	0	-	-	-

試依平均斷面法計算下列各項：

㈠每一垂直測線之平均流速；

㈡每一斷面之面積；

㈢每一斷面之流量；

㈣總斷面積及總流量；

㈤總斷面之平均水深及平均流速。（84 水保專技）

解：

表中第⑴欄位為已知，其餘欄位可依下述步驟分析：

㈠每一垂直測線之平均流速，可依量測數據而採用單點法、兩點法或是三點法計算，列於表中第(2)欄位；

㈡ 每一斷面之面積＝斷面寬度 × 水深，例於表中第⑸ 欄位；

㈢每一斷面流量＝斷面面積 × 垂直測線之平均流速，列於表中第(6)欄位；

㈣總斷面積為 8.76 m^2，總流量為 5.148 m^3/sec。

㈤總斷面之平均水深＝總面積/河寬＝8.76/7.2＝1.22(m)

總斷面之平均流速＝總流量/總面積＝5.148/8.76＝0.588 (m/sec)

(1) 離左岸距離 (m)	(2) 垂直測線之平均流速 (m/sec)	(3) 斷面寬度 (m)	(4) 水深 (m)	(5) 斷面面積 (m^2)	(6) 流量 (m^3/sec)
0	0	0	0	0	0
1.2	0.4	1.8	0.7	1.26	0.504
2.4	0.6	1.2	1.7	2.04	1.224
3.6	0.775	1.2	2.5	3	2.325
4.8	0.5	1.2	1.3	1.56	0.78
6.0	0.35	1.8	0.5	0.9	0.315
7.2	0	0	0	0	0
			合計	8.76	5.148

◆

10.4.2 稀釋法

稀釋法 (dilution method) 是將化學藥劑加入水流之中，以量測河川流量。在實際操作中，是選用不與水或環境產生反應的化學藥劑作為追蹤劑 (tracer)。

假設起始時刻河川內之追蹤劑含量濃度為 C_0，而後在上游斷面注入體積為$\forall$，濃度為 C_1 的追蹤劑；若下游斷面的追蹤劑濃度 $C_2(t)$ 從 t_0 時的基值 C_0 逐漸增加至尖峰值，而在 t' 時刻回復至基值 C_0。假設河川流量為穩定，依質量守恆定理可知所投入追蹤劑質量 m 為

$$\begin{aligned} m &= \forall C_1 \\ &= \int_0^{t'} Q[C_2(t)-C_0]dt \end{aligned} \qquad (10\text{-}12)$$

式中 Q 為河川流量，故可得

$$Q=\frac{\forall C_1}{\int_0^{t'}[C_2(t)-C_0]\,dt} \qquad (10\text{-}13)$$

因此若知 $\forall$、C_0、C_1 以及下游斷面之逐時追蹤劑濃度變化 $C_2(t)$，即可計算出河川流量 Q；此種以積分方式推求流量之方法稱為瞬間注入法 (sudden injection method)。

另一種稀釋方法則是將濃度為C_1的追蹤劑以定流量ΔQ注入於上游斷面，而下游斷面的濃度則會從t_0時的初始值C_0逐漸增加至固定值C_2。在河川流量為穩定情況下，追蹤劑之質量守恆方程式可表示為

$$QC_0 + \Delta QC_1 = (Q + \Delta Q)\,C_2 \tag{10-14}$$

所以

$$Q = \frac{\Delta Q\,(C_1 - C_2)}{C_2 - C_0} \tag{10-15}$$

此方法是從已知的C_0、C_1、C_2與ΔQ計算流量Q，稱作定量注入法 (constant rate injection method)。

例題 10-4

以瞬間倒入之方式將重量為20公斤之化學藥劑置於某河川上游段某一定點，時間為上午8點，並分別於距離倒入點12.8公里及25.6公里處設量測站每隔1小時取樣分析水中化學藥劑含量，其結果如下所示：

時間	8	9	10	11	12	13	14	15	16	17	18	19	20	21
12.8 *km* 處量得濃度（*ppb*）	0	0	2	7	12	7	6	4	2	0	0	0	0	0
25.6 *km* 處量得濃度（*ppb*）	0	0	0	0	2	5	8	6	5	4	3	1	1	0

㈠試分別求12.8公里處與25.6公里處之流量為多少？

㈡試求化學藥劑在12.8公里與25.6公里處兩測站間運行之平均流速，以*m/sec*表示。（87水保檢覈）

解：

表中時間為已知，其餘欄位分析步驟如下：

t_i	12.8 km		25.6 km	
	$C_2(t)\Delta t$	$t_iC_2(t)\Delta t$	$C_2(t)\Delta t$	$t_iC_2(t)\Delta t$
8	0	0	0	0
9	0	0	0	0
10	2	6	0	0
11	7	28	0	0
12	12	60	2	10
13	7	42	5	30
14	6	42	8	56
15	4	32	6	48
16	2	18	5	45
17	0	0	4	40
18	0	0	3	33
19	0	0	1	12
20	0	0	1	13
21	0	0	0	0
合計	40	228	35	287

(一)起始河川內化學藥劑含量 $C_0=0$；投入河川之化學藥劑含量為

$$C_1=\frac{\text{化學藥劑質量}}{\text{河川水流質量}}$$

$$=\frac{\text{化學藥劑質量}}{\text{水密度}\times\text{水體積}}$$

$$=\frac{20}{1000\times\forall}$$

$$Q=\frac{\forall C_1}{\int_0^{t'}[C_2(t)-C_0]dt}$$

$$=\frac{\frac{20}{1000}}{\Sigma_8^{21}C_2(t)\Delta t}$$

$$12.8\ km\text{處之流量}Q=\frac{\frac{20}{1000}}{40\times10^{-9}\times3600}=138.89\ m^3/s\ ；$$

$$25.6\ km\text{處之流量}Q=\frac{\frac{20}{1000}}{35\times10^{-9}\times3600}=158.73\ m^3/s\ 。$$

(二)以濃度歷線之形心代表化學藥劑濃度中心到達時間，則

$$t=\frac{\sum_8^{21}t_iC_2(t)\Delta t}{\sum_8^{21}C_2(t)\Delta t}$$

$$t_{12.8km}=\frac{228}{40}=5.7\ hr$$

$$t_{25.6km}=\frac{287}{35}=8.2\ hr$$

平均流速為$(25.6-12.8)/(8.2-5.7)=5.12km/hr=1.42\ m/sec$ ◆

10.4.3 水工結構物量測法

試驗室中之流量量測常用 V 型缺口 (notch)、堰 (weir)、水槽 (flume) 以及洩水閘門 (sluice gate) 等水工結構物，這些結構物亦可用於現場之流量量測；但使用時須注意此等水工結構物適用之水頭範圍，以及結構物建造後所產生的迴水影響。應用上述水工結構物量測流量之基本原理，乃藉由控制斷面上所量測得之水位，以計算河川流量 Q，即

$$Q=f(H) \tag{10-16}$$

式中 H 是由設定之基準面所量測的水面高程。常見的矩形堰之堰流公式如下

$$Q=1.84LH^{3/2} \tag{10-17}$$

式中 Q 為流量 (m^3/s)；L 為堰寬 (m)；H 為堰頂水頭 (m)。

10.4.4 坡度-面積法

在河川流量為穩定情況下，若量測得河川中兩斷面之水位，則可利用曼寧公式 (Manning formula) 或蔡斯公式 (Chezy equation) 以推求河川流量。如圖 10-10 所示，若已知河川兩斷面間之水面高程，則可由伯努利方程式得

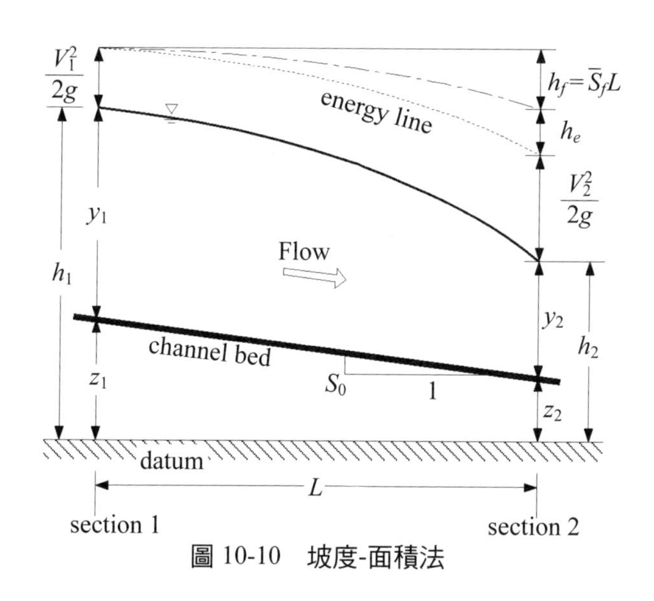

圖 10-10　坡度-面積法

$$z_1+y_1+\frac{V_1^2}{2g}=z_2+y_2+\frac{V_2^2}{2g}+h_L \tag{10-18}$$

式中 z_1、z_2、y_1、y_2、V_1 與 V_2 分別為斷面 1 與斷面 2 之渠底高程、水深與斷面平均流速；h_L 為河段內因摩擦損失 h_f (friction loss) 以及渦流損失 h_e (eddy loss) 所致之水頭損失。渦流損失 h_e 一般可表示為

$$h_e=K_e\left|\frac{V_1^2}{2g}-\frac{V_2^2}{2g}\right| \tag{10-19}$$

式中K_e為渦流損失係數；在河段束縮情況下$K_e = 0.1 \sim 0.6$，在河段擴張情況下$K_e = 0.3 \sim 0.8$ (subramanya,1994)。

若定義基準面上之水面高程$h = z + y$，則

$$h_1 + \frac{V_1^2}{2g} = h_2 + \frac{V_2^2}{2g} + h_e + h_f \tag{10-20}$$

或

$$h_f = (h_1 - h_2) + \left(\frac{V_1^2}{2g} - \frac{V_2^2}{2g}\right) - h_e \tag{10-21}$$

若河段長度為L，由曼寧公式可得

$$\frac{h_f}{L} = S_f = \frac{Q^2}{K^2} \tag{10-22}$$

式中S_f為能量坡度；K為輸水因子 (conveyance factor)，即

$$K = \frac{1}{n} A R^{2/3} \tag{10-23}$$

式中A為通水斷面積；R為水力半徑 (hydraulic radius)；n為曼寧糙度係數。若以兩斷面間之平均輸水因子推估平均能量坡度，即

$$Q = \overline{K}\left(\frac{h_f}{L}\right)^{\frac{1}{2}} = \overline{K} S_f^{1/2} \tag{10-24}$$

式中$\overline{K} = (K_1 K_2)^{1/2}$；$K_1 = 1/n_1 \cdot A_1 R_1^{2/3}$；$K_2 = 1/n_2 \cdot A_2 R_2^{2/3}$。將（10-19）式、（10-21）式、（10-24）式與水流連續方程式$Q = A_1 V_1 = A_2 V_2$合用，即可由兩斷面間已知的水位h、河川斷面特性與n值估算流量Q。

應用坡度-面積法 (slope-area method) 計算流量之試算程序，可歸納如下：

(1)先假設$V_1 = V_2$，則$V_1^2/2g = V_2^2/2g$，由（10-21）式得$h_f = h_1 - h_2 = F$，為斷面1與2間之水面落差；

(2)以（10-24）式計算流量Q；

(3)計算$V_1 = Q/A_1$與 $V_2 = Q/A_2$，再求算速度頭$V_1^2/2g$與$V_2^2/2g$及渦流損失 h_e；

(4)由（10-21）式重新計算h_f並重回步驟2，反覆此運算直到流量值（或h_f）之差異可忽略為止。

例題 10-5

如圖 E10-5 所示之渠道，(a)斷面寬 250 公尺，底床高程 10 公尺，曼寧糙率係數 0.035，能量係數 1.0，(b)斷面寬 300 公尺，底床高程 9.6 公尺，曼寧糙率係數 0.040，(a)、(b)二斷面均為矩形，相距 500 公尺。請計算(a)斷面水位 12.5 公尺；(b)斷面水位 11.4 公尺時之流量，但忽略因沿流向斷面寬窄變化造成的渦流損失。（89 水利高考三級，渠道水力學）

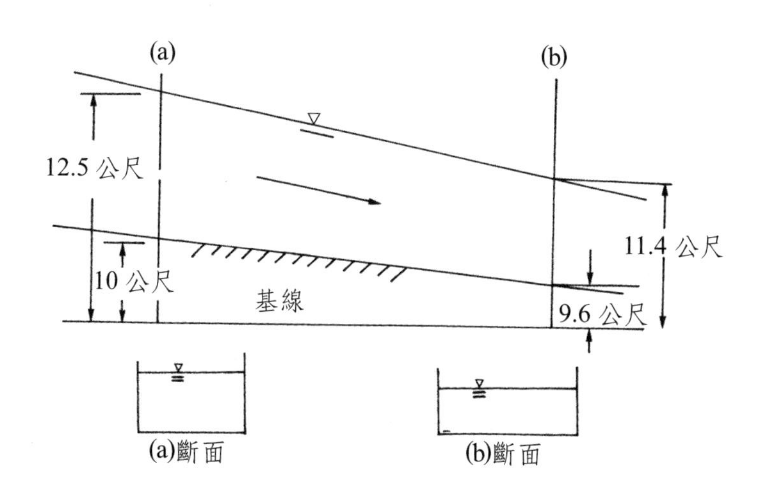

圖 E10-5

解：

以下標a和b註記上、下游斷面，斷面特性計算如下：

項目	Section a	Section b
$y(m)$	$y_a=2.5$	$y_b=1.8$
$A(m^2)$	$A_a=625$	$A_b=540$
$P(m)$	$P_a=255$	$P_b=303.6$
$R(m)$	$R_a=2.4510$	$R_b=1.7787$
K		$K_b=1/0.040\times 540\times(1.7787)^{2/3}$ $=19{,}818$

河段之平均$\bar{K}$值為$(K_aK_b)^{1/2}=25364$；假設起始損失等於水面高程落差$h_f=1.1\ m$；$V_a=V_b$；渦流損失$h_e=0$。計算如下表：

(1) 運算次數	(2) h_f (m)	(3) S_f	(4) Q (m^3/s)	(5) $V_a^2/2g$ (m)	(6) $V_b^2/2g$ (m)	(7) h_f (m)
1	1.1000	0.002200	1190	0.1848	0.2475	1.0373
2	1.0373	0.002075	1155	0.1741	0.2332	1.0409
3	1.0409	0.002082	1157	0.1747	0.2340	1.0407
4	1.0407	0.002081	1157	0.1747	0.2340	1.0407

1. 第(2)欄位之第1個值等於水面高程落差F；第2個值則採用前次運算所得的第(7)欄位值；
2. 第(3)欄位$S_f=h_f/L=h_f/500$；
3. 第(4)欄位$Q=\bar{K}(h_f/L)^{1/2}=\bar{K}S_f^{\ 1/2}$；
4. 第(5)欄位$V_a^2/(2g)=(Q/625)^2/19.62$；
5. 第(6)欄位$V_b^2/(2g)=(Q/540)^2/19.62$；
6. 第(7)欄位$h_f=(h_a-h_b)+\left(\dfrac{V_a^2}{2g}-\dfrac{V_b^2}{2g}\right)$。

最後結果得知河川內之流量為1157 m^3/s。◆

參考文獻

Subramanya, K. (1994) . ***Engineering Hydrology***, Tata McGraw-Hill Co., New Delhi.

U. S. Geological Survey (1982). Measurement and computation of Streamflow: Vol.1 measurement of stage and discharge, United States Government Printing Office, Washington.

習 題

1. 解釋名詞

 (1)推估流速之一點法。（87 水利專技）

 (2)#洪痕水尺。（88 水利檢覈）

2. (一)降水量測的方法有哪些？

 (二)某雨量計收集器（直徑為 8 英吋）正量測某場暴雨。由於遭到碎片覆蓋，導致面積減少 30%，今量測到的總雨量深度為 0.51 英吋，試問實際的總雨量深度為多少？（83 水利高考二級）

3. 在量測河川流速時，在垂直方向，若水深較淺時可只量一點，試問應在哪一點量測？若水較深時，至少需量二點，試問應選哪二點？原因為何？（84 水利檢覈）

4. 某試驗求得流速 V（公分/秒）與流速儀之轉數 N（轉數/分）如下：

試驗次別	1	2	3	4	5
V	40	50	65	75	79
N	25	50	100	150	200

 若其關係式滿足 $V=a+bN$

 (一)試以最小二乘方法推求 a 與 b 兩值。

 (二)若利用該流速儀測得轉數 $N=120$，試以(一)之結果推求河川流速。

 (三)若利用該流速儀測得轉數 $N=300$時，可否以(一)之結果推求河川流速？試述其理由。（87 環工專技）

5. 河川水流之率定曲線如何推得，其用途為何？而曲線會產生遲滯現象，其原因又為何？（87 逢甲水利轉學考）

6. 解釋下列名詞並述明該曲線之製作方法。

 (一)率定曲線；

 (二)恆定落差率定曲線；

 (三)正常落差率定曲線。（88 淡江水環博士班入學考）

7. 試說明如何利用蔡氏（Chezy）或曼寧（Manning）公式來延伸率定曲線（Rating Curve），並說明其假設條件為何？（89 水保檢覈）

8. 某河段水位及流量之觀測記錄如下：

主要水位站 水位(m)	輔助水位站 水位(m)	流量 (cms)
30.0	29.0	2,500
30.0	27.0	4,700

試推求當主要水位站水位為 30.0 m及輔助水位站水位為 28.0 m時之流量。（88 水利中央薦任升等考試）

9. 已知某河川水文站之流量 Q 與水位 H 之紀錄如下：

$H(m)$	1.6	1.9	2.2	2.5	3.0	3.6	4.5
$Q(cms)$	1.8	4.5	6.0	8.2	12.5	18.0	31.2

設由對數延伸法得 $Q=a(H-z)^2$，試決定 a 及 z 值。（86 水利高考三級）

10. 試以下表測量數據計算河川流量，流速儀之公式如下 $V=0.1+2.2N$。（89 淡江水環）

距岸邊距離 （英呎）	水深 （英呎）	流速儀深度 （英呎）	轉數	時間 （秒）
2	1	0.6	10	50
4	3.5	2.8	22	55
		0.7	35	52
6	5.2	4.2	28	53
		1.0	40	58
9	6.3	5.0	32	58
		1.3	45	60
11	4.4	3.5	28	45
		0.9	33	46
13	2.2	1.3	22	50
15	0.8	0.5	12	49
17	0			

11. A 、B 兩河川於 J 處匯合形成 C 河川，假定以螢光劑測定 C 河川之流量，並以

每小時10公升定量注入A、B兩河川之上游，設該螢光劑之濃度為0.03。同時，經試當均勻混合後，並於A、B兩河川之J處上游取出水樣，分別測得其濃度為4.0 *ppb* 及7.0 *ppb*，試推求C河川之流量。（89水利技師）

12. 以螢光劑全量注入法測定河川之流量。由某處上午7時注入色液400 *kg*後，每隔1小時分別在下游14及25 *km*處取水樣，經分析後斷面平均濃度結果如下：

時間(*hr*)	0700	0800	0900	1000	1100	1200	1300	1400	1500	1600	1700	1800
14 *km* 濃度(*mg*/*l*)	0	0	3	10	20	15	10	6	2	0	0	0
25 *km* 濃度(*mg*/*l*)	0	0	0	0	2	8	18	15	9	8	3	0

㈠求14 *km*下游測站之流量，*cms*

㈡求25 *km*下游測站之流量，*cms*。

㈢試問螢光劑之濃度與流量有何關係？（82水利中央薦任升等考試）

13. 試推導銳緣堰單位寬度之流量公式

$$q=\frac{2}{3}C\sqrt{2g}\left[\left(H+\frac{V_0^2}{2g}\right)^{3/2}-\left(\frac{V_0^2}{2g}\right)^{3/2}\right]$$

14. 試推導下圖三角形堰之流量公式（須詳細證明）。（87水利專技）

$$Q=\frac{8}{15}C\sqrt{2g}H^{5/2}\cdot\tan\left(\frac{\theta}{2}\right)$$

式中H：水深，C：流量係數，θ：三角堰之角度，g：重力加速度。

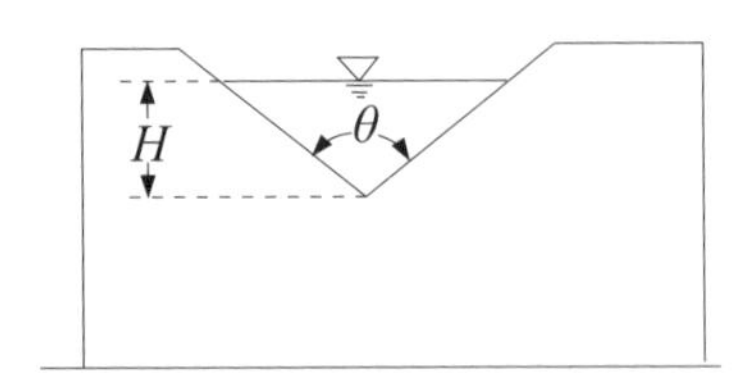

15. #已知某一水庫之囚砂效率（trap efficiency）E_T可表示如：

$$E_T=\frac{\frac{S}{I}}{0.012+1.02\frac{S}{I}}$$

其中，S：水庫容積，以 m^3 表示；

I：水庫年入流量，以 m^3 表示。

假設水庫之年入流量為水庫設計容積之 20 倍，且泥沙進入量為水庫設計容積之 2%，求經過完工運轉多少年後該水庫容積為原來設計容積之一半？（84 水利專技）

16.# 某一水庫容積為 $2.0 \times 10^7 m^3$，集水區面積為 1,000km^2，河溪平均年入流量為 500mm，進入水庫年泥沙量為 320ton/km^2，泥沙平均比重量為 1,600 kg/m^3。另假設水庫囚砂效率為 y，水庫容量與年入流量之比為 x，且兩者之關係式為 $y = 1.0 + 0.1\,lnx$，試推求該水庫容量減為原來一半之年數。（90 水利高考三級）

索 引

▶中文部分

一劃

二劃

三劃

四劃

五劃

六劃

七劃

八劃

九劃

十劃

十一劃

十二劃

十三劃

十四劃

十五劃

十六劃

十七劃

十八劃

十九劃

二十劃

二十一劃

二十二劃

二十三劃

▶英文部分

附　錄

表 1　長度換算表

UNIT	mm	cm	m	km	in.	ft	yd	mi
1mm	1	0.1	0.001	10^{-6}	0.0397	0.00328	0.00109	6.21×10^{-7}
1cm	10	1	0.01	0.0001	0.3937	0.0328	0.0109	6.21×10^{-6}
1m	1000	100	1	0.001	39.37	3.281	1.094	6.21×10^{-4}
1km	10^{6}	10^{5}	1000	1	39,370	3281	1093.6	0.621
1in.	25.4	2.54	0.0254	2.54×10^{-5}	1	0.0833	0.0278	1.58×10^{-5}
1ft	304.8	30.48	0.3048	3.05×10^{-4}	12	1	0.333	1.89×10^{-4}
1yd	914.4	91.44	0.9144	9.14×10^{-4}	36	3	1	5.68×10^{-4}
1mi	1.61×10^{6}	1.01×10^{5}	1.61×10^{3}	1.6093	63,360	5280	1760	1

表 2　面積換算表

UNIT	cm^2	m^2	km^2	ha	in^2	ft^2	yd^2	mi^2	ac
1cm^2	1	0.0001	10^{-10}	10^{-8}	0.155	1.08×10^{-3}	1.2×10^{-4}	3.86×10^{-11}	2.47×10^{-8}
1m^2	10^{4}	1	10^{-6}	10^{-4}	1550	10.76	1.196	3.86×10^{-7}	2.47×10^{-4}
1km^2	10^{10}	10^{6}	1	100	1.55×10^{9}	1.076×10^{7}	1.196×10^{6}	0.3861	247.1
1hectare(ha)	10^{8}	10^{4}	0.01	1	1.55×10^{7}	1.076×10^{5}	1.196×10^{4}	3.861×10^{-3}	2.471
1in^2	6.452	6.45×10^{-4}	6.45×10^{10}	6.45×10^{-8}	1	6.94×10^{-3}	7.7×10^{-4}	2.49×10^{-10}	1.574×10^{-7}
1ft^2	929	0.0929	9.29×10^{-8}	9.29×10^{-6}	144	1	0.111	3.587×10^{-8}	2.3×10^{-5}
1yd^2	8361	0.8361	8.36×10^{-7}	8.36×10^{-5}	1296	9	1	3.23×10^{-7}	2.07×10^{-4}
1mi^2	2.59×10^{10}	2.59×10^{6}	2.59	259	4.01×10^{9}	2.79×10^{7}	3.098×10^{6}	1	640
1ac	4.04×10^{7}	4047	4.047×10^{-3}	0.4047	6.27×10^{6}	43,560	4840	1.562×10^{-3}	1

表 3　體積換算表

UNIT	ml	liters	m^3	in^3	ft^3	gal	ac-ft	million gal
1ml	1	0.001	10^{-6}	0.06102	3.53×10^{-5}	2.64×10^{4}	8.1×10^{10}	2.64×10^{-10}
1liter	10^3	1	0.001	61.02	0.0353	0.264	8.1×10^{-7}	2.64×10^{-7}
$1m^3$	10^6	1000	1	61,023	35.31	264.17	8.1×10^{-4}	2.64×10^{-4}
$1in^3$	16.39	1.64×10^{-2}	1.64×10^{-5}	1	5.79×10^{-4}	4.33×10^{-3}	1.218×10^{-8}	4.329×10^{-9}
$1ft^3$	28,317	28.317	0.02832	1728	1	7.48	2.296×10^{-5}	7.48×10^{6}
1U.S. gal	3785.4	3.785	3.78×10^{-3}	231	0.134	1	3.069×10^{-6}	10^6
1 ac-ft	1.233×10^{9}	1.233×10^{6}	1233.5	75.27×10^{6}	43,560	3.26×10^{5}	1	0.3260
1 million gallons	3.785×10^{9}	3.785×10^{6}	3785	2.31×10^{8}	1.338×10^{5}	10^6	3.0684	1

表 4　流量換算表

UNIT	m^3/s	m^3/day	ℓ/s	ft^3/s	ft^3/day	ac-ft/day	gal/min	gal/day	mgd
$1m^3/s$	1	8.64×10^{4}	10^3	35.31	3.051×10^{6}	70.05	1.58×10^{4}	2.282×10^{7}	22.824
$1m^3/day$	1.157×10^{-5}	1	0.0116	4.09×10^{-4}	35.31	8.1×10^{-4}	0.1835	264.17	2.64×10^{-4}
1liter/s	0.001	86.4	1	0.0353	3051.2	0.070	15.85	2.28×10^{4}	2.28×10^{-2}
$1ft^3/s$	0.0283	2446.6	28.32	1	8.64×10^{4}	1.984	448.8	6.46×10^{5}	0.646
$1ft^3/day$	3.28×10^{-7}	0.02832	3.28×10^{-4}	1.16×10^{-5}	1	2.3×10^{-5}	5.19×10^{-3}	7.48	7.48×10^{-6}
1ac-ft/day	0.0143	1233.5	14.276	0.5042	43,560	1	226.28	3.259×10^{5}	0.3258
1gal/min	6.3×10^{-5}	5.451	0.0631	2.23×10^{-3}	192.5	4.42×10^{-3}	1	1440	1.44×10^{-3}
1gal/day	4.3×10^{-8}	3.79×10^{-3}	4.382×10^{-5}	1.55×10^{-6}	11,337	3.07×10^{-6}	6.94×10^{-4}	1	10^{-6}
1million ga/day (mgd)	4.38×10^{-2}	3785	43.82	1.55	1.337×10^{5}	3.07	694	10^6	1

表 5 換算因子（公制轉英制）

MULTIPLY THE SI UNIT			TO OBTAIN THE U.S. CUSTOMARY UNIT	
Name	Symbol	BY	Symbol	Name
Energy	kJ	0.9478	Btu	British thermal unit
kilojoule	J	2.7778×10^{-7}	kW-h	kilowatt-hour
joule	J	0.7376	ft-$1b_f$	foot-pound(force)
joule	J	1.0000	W-s	watt-second
joule	J	0.2388	cal	calorie
joule	kJ	2.7778×10^{-4}	kW-h	kilowatt-hour
kilojoule	kJ	0.2778	W-h	watt-hour
kilojoule	MJ	0.3725	hp-h	horsepower-hour
megajoule				
Force	N	0.2248	1b	pound force
newton				
Mass	g	0.0353	oz	ounce
gram	g	0.0022	1b	pound
gram	kg	2.2046	1b	pound
kilogram				
Power	kW	0.9478	Btu/s	British thermal units per second
kilowatt	kW	1.3410	hp	horsepower
kilowatt	W	0.7376	ft-$1b_f$/s	foot-pounds(force)per second
				(*continued*)
wattPressure (force/area)	Pa(N/m^2)	1.4504×10^{-4}	$1b_f/in^2$	pounds (force) per square inch
pascal (newtons per square meter)	Pa(N/m^2)	2.0885×10^{-2}	$1b_f/ft^2$	pounds (force) per square foot
pascal (newtons per square meter)	Pa(N/m^2)	2.9613×10^{-4}	in.Hg	inches of mercury (60°F)
pascal (newtons per square meter)	Pa(N/m^2)	4.0187×10^{-3}	in.H_2O	inches of water (60°F)
pascal (newtons per square meter)	Pa(N/m^2)	1×10^{-2}	mb	millibar
kilopascal (kilonewtons per square meter)	kPa(kN/m^2)	0.0099	atm	atmosphere (standard)
Temperature				
degree Celsius (centigrade)	℃	1.8℃+32	°F	degree Fahrenheit
degree Kelvin	K	1.8K−459.67	°F	degree Fahrenheit
Velocity				
kilometers per second	km/s	2.2369	mi/hr	miles per hour
meters per second	m/s	3.2808	ft/s	feet per second

國家圖書館出版品預行編目資料

水文學／李光敦作. ——四版. ——臺北市：
五南圖書出版股份有限公司, 2024.04
面； 公分
ISBN 978-626-393-201-2（平裝）

1.CST: 水文學

351.7 113003750

5G14

水文學

作　　者— 李光敦（93.2）
發 行 人— 楊榮川
總 經 理— 楊士清
總 編 輯— 楊秀麗
副總編輯— 王正華
責任編輯— 金明芬、張維文
封面設計— 姚孝慈
出 版 者— 五南圖書出版股份有限公司
地　　址：106台北市大安區和平東路二段339號4樓
電　　話：(02)2705-5066　　傳　　真：(02)2706-6100
網　　址：https://www.wunan.com.tw
電子郵件：wunan@wunan.com.tw
劃撥帳號：01068953
戶　　名：五南圖書出版股份有限公司
法律顧問　林勝安律師
出版日期　2002年2月初版一刷
　　　　　2003年10月二版一刷
　　　　　2005年7月三版一刷（共十七刷）
　　　　　2024年4月四版一刷
定　　價　新臺幣500元